Sophialogie

Der Autor sammelte nach seinem betriebswirtschaftlichen Studium langjährige Erfahrungen im Management und Consulting mittelständischer Unternehmen. Seit seiner Promotion zum Dr. phil. im Jahr 2017 widmet er sich intensiv dem Mentoring, der Förderung der seinerseits hergeleiteten holistisch geprägten Rhetorik sowie der Erforschung und Popularisierung der Weisheit, zu der entgegen landläufiger Meinung grundsätzlich jede(r) befähigt ist. Auf der Basis seiner fundierten Kenntnisse und Berufserfahrung konzipierte er zusammen mit seiner Frau, Marion Bermeiser, das Format „Lebensmeisterei", um Menschen bei deren Entfaltung zur gereiften, authentischen und charismatischen Persönlichkeit zu begleiten und zu fördern. Da sie nicht nur Lebenspartner, sondern auch ein beruflich erfolgreiches Gespann sind, bündelten sie ab 2019 ihre Kompetenzen in der MB Coaching-Training-Mentoring GbR mit dem Anspruch, das Weisheitspotenzial selbstbestimmungswilliger Menschen zu aktivieren.

Martin Bermeiser

Sophialogie

Von der Wissenschaft zur Wissenheit

Bibliografische Information der Deutschen Nationalbibliothek: Die Deutsche Nationalbibliothek verzeichnet diese Publikation in der Deutschen Nationalbibliografie; detaillierte bibliografische Daten sind im Internet über http://dnb.dnb.de abrufbar.

Herstellung und Verlag: BoD – Books on Demand, Norderstedt

ISBN: 978-3-75342-261-9

Titelbild: © Madlen Thal www.matha-grafikdesign.de (@evening-_tao @naiauss @sebdeck @tj-rabbit @ wasant_foodtography)

Inhalt

Vorwort

Wissenschaft darf gemeinhin als der Erwerb von Erkenntnissen, genauer die Bereitstellung der Ergebnisse intellektueller und experimenteller Forschung gelten. Nach zeitgenössischen Kategorien stellt sie einen institutionellen Apparat dar, der neues Wissen (er)schafft, um es sodann der Weltgemeinschaft zugunsten des evolutiven Fortschritts zur Verfügung zu stellen. Dies impliziert, dass Wissen, wie auch immer es definiert werden mag, generell ein unbegrenztes, zu Beginn der Menschheitsgeschichte noch nahezu inhaltsleeres Reservoir darstellt, das die Menschheit im Verlauf ihrer Entwicklung sequenziell auffüllt. Im Umkehrschluss führt diese Auffassung zu der Annahme, dass die Menschheit im Zeitablauf auf immer mehr Wissen zugreifen könne. Dadurch stützt sie zugleich Darwins These, wonach das Gesamtvolumen der Intelligenz von Generation zu Generation zunehme.

Vergegenwärtigt man sich das ungeheure kreative Potenzial des technischen Zeitalters des späteren 19. sowie des 20. Jahrhunderts, das mit der Milleniumwende in die nicht minder innovative Informations- und Kommunikationsära eintrat, in der sich das Geschehen stufenlos beschleunigt, erscheint diese Sichtweise realitätskonform. Dies umso mehr angesichts des mittlerweile via Internet jederzeit frei zugänglichen Wissenspools gigantischen Ausmaßes, zumal adäquates Wissen einschlägigen Quellen zufolge bis in die Neuzeit nur einem relativ kleinen Kreis – Gelehrten, klerikalen und weltlichen Machthabern, Logenmitgliedern bzw. »Magiern« – zugänglich gewesen sein soll.

Erst wenn die kulturellen Blütezeiten der chinesischen Dynastien, die Errungenschaften des antiken Griechenlands, des Römischen Reiches, die Maya-Funde, die sogenannten goldenen Zeitalter und Weltwunder, wie Pyramiden etc. in die Betrachtung miteinbezogen werden, öffnet sich der Horizont für differenziertere Betrachtungen. Wenn demzufolge, um ein beliebiges Beispiel herauszugreifen, jüngste wissenschaftliche Erkenntnisse einzuräumen gebieten, dass die Errichtung einer Pyramide der Komplexität jener von »Gizeh« allein aufgrund der sich dem aktuellen Hightech-Knowhow entziehenden Statik selbst mit modernstem technologischen Gerät nicht zu vollbringen sei, geschweige denn mit den vermeintlich seinerzeitigen technischen Möglichkeiten, wäre die Neubewertung so manches »gesicherten« Wissensstandes[1] anzudenken. Die Grundfläche der Cheopspyramide belaufe sich auf 5,3 ha, ihre Höhe soll ursprünglich 146,5 m betragen haben. Sie bestehe aus 2,3 Millionen Steinblöcken in 201 Lagen mit einem Durchschnittsgewicht von 2,5 Tonnen pro Block. Einzelne Steine sollen bis zu 400 Tonnen wiegen, das Gesamtgewicht erreiche demnach knapp 6 Millionen Tonnen.[2]

Als gesichertes Wissen gilt seit jeher, was zum jeweiligen Zeitpunkt von autorisierten Meinungsbildnern als zutreffend freigegeben wird. Was jenem Dogma entgegensteht, wird im günstigsten Fall als unwissenschaftlich zurückgewiesen. Die Wissenschaftsgeschichte hält von der Erde als Scheibe über die Ableugnung von UFOs, Kornkreisen oder Telepathie, die Infragestellung der Erkenntnisse der Quantenphysik, das Festhalten an umweltbelastenden Explosionsverfahren statt der Nutzung umweltverträglicher implosionsbasierter und regenerativer Technologien[3] bis zur Kollusion bahnbrechender Forschungsergebnisse[4] unzählige Beispiele doktrinärer Abwehrmaßnahmen vor.

Der Ansatz, es gebe einen unendlichen Wissensozean, den sich die Menschheit kontinuierlich erschließe, ist einerseits begründet und andererseits modifikationsbedürftig. In Anbetracht der Verschränkung der transnationalen Demokratisierungstendenzen mit der Globalisierung der Weltwirtschaft, der Finanzwelt sowie den Kommunikationsplattformen dürfte der menschliche Reifungsprozess an einem neuen historischen Wendepunkt angekommen sein. Dieser verspricht nicht nur die Vernetzung der Außenwelt voranzutreiben, son-

---

[1] Vgl. Weiß, Anton: *Die große Ratlosigkeit*, eBook, Pos. 2021
[2] Vgl. Berner, Rudi: *Auf ein Wort*, S. 105
[3] Vgl. ebenda, S. 52 ff.
[4] Beispielsweise der von Nikola Tesla, Viktor Schauberger, Wilhelm Reich, Silvio Gesell u.v.m. (vgl. ebenda, S. 46 ff., S. 84 ff. und Senf, Bernd: *Der Tanz um den Gewinn*, S. 143)

dern damit einhergehend die Globalisierung des erdplanetaren Bewusstseins. Die Zeit ist, wie aufzuzeigen sein wird, reif für einen Paradigmenwechsel der tragenden soziokulturell-ökonomischen Säulen Politik, Religion, Wirtschaft, Wissenschaft und damit verbunden einen Quantensprung der innovationsphob verkrustenden akademischen Strukturen. Im Vordergrund dieser Neuausrichtung wird das Hauptaugenmerk auf eine allmähliche Ablösung überkommener Dogmen, vermeintlicher Naturgesetzmäßigkeiten, Glaubensrichtungen, Weltbilder, sogenannter gesellschaftlicher Wertmaßstäbe, Pseudomachtstrukturen wie auch vor allem nationaltradierten Gedankengutes zu richten sein. Das Ergebnis eines solchen substanziellen Umdenkens verspricht nicht nur, sondern zeitigt unmittelbar und nachhaltig enorme Vorteile für alle Beteiligten, möge dies noch so unvorstellbar erscheinen.

Epochenlang sicherten sich die Herrschenden ihre Machtpositionen durch das Privileg des Informationsvorsprungs. Wissen sei Macht – dies glaubten entsprechend Ambitionierte seit jeher zwingend beherzigen zu müssen. Eine Intention dieser Abhandlung besteht darin, zu verdeutlichen, dass »wahre« Macht weder der »Volksverdummung« bedarf noch deren Voraussetzung sei. Der weltweite Run aller Bevölkerungsschichten in die akademische Ausbildung lässt erkennen, wie überholt sich das Festhalten an der schwer bzw. nur für Eingeweihte verständlichen wissenschaftlichen Fachsprache darbietet, doch die Machtpositionen veränderten sich dadurch lediglich strukturell und keineswegs faktisch. Neben der fachspezifischen Terminologie gilt das Quellenverzeichnis als unverzichtbares Kriterium seriöser Wissenschaftlichkeit. Grundsätzlich gilt: je üppiger, desto besser. Dies bedingt, dass insbesondere Promovenden und Habilitanden, aber auch grundsätzlich wissenschaftlich Publizierende ausgiebig darbringen mögen, was zu ihrer Thematik bislang gedacht und gesagt bzw. geschrieben wurde, unabhängig davon, wie relevant jenes fremde Gedankengut für die eigenen Erkenntnisse sein mag. Auf diese Weise entfällt ein Großteil der schriftlichen wissenschaftlichen Arbeit auf die aufwändige Suche nach und Auseinandersetzung mit Dritttheorien, wodurch sie ihren Mindestumfang sowie quasiwissenschaftlichen Anschein erhält. Angesichts des mittlerweile unerschöpflichen Vorrats an gedrucktem sowie elektronisch gespeichertem Wissen kann ein sich von Grund auf neu auszurichtendes Wissen(schaft)swesen, das den Anforderungen einer evolutiven Weiterentwicklung gerecht werden will, nicht umhin, sich von dem überkommenen Ballast der komparativen Analyse zu befreien. Unter einem vergleichenden Diskurs verstehen wir heute den Wissenschaftlichkeit determinierenden Anspruch, sich so umfassend wie möglich mit dem thematisch verwandten Schrifttum vertraut zu machen. Dieses bislang unabdingbare Gebot vermag innovatives Gedankengut zu verzögern, zu verwässern, im ungünstigsten Fall zu verhindern. Doch Einfallsreichtum, Novität und Originalität machtpolitischen berufsständischen Dogmen unterzuordnen steht in Widerspruch zum Postulat der wissenschaftlichen Freiheit. Denken wir an die antiken Universalgelehrten und Begründer der Wissenschaft wie beispielsweise Platon oder Aristoteles. Schon Jahrhunderte vor Christus formulierten sie Erkenntnisse und verfassten Schriften, die noch heute gelten, höchste Anerkennung genießen – und weitestgehend auf eigenen »Quellen« beruhen! Kreativität bedarf nicht der Intertextualität.

Im gegenwärtigen Zeitalter, in dem der Wissenschaftsboom dazu führt, dass selbst die Nachvollziehbarkeit der Bedienungsanleitungen von Haushaltsgeräten eines Expertenwissens bedarf, könnten die Forschenden und Lehrenden hinreichend souverän sein, Intellektualität nicht in der Weise zu demonstrieren, Sachverhalte möglichst schwer verständlich darzulegen. Obwohl sich diese Abhandlung als Brücke zu einem diesbezüglich neuen Selbstverständnis anbietet, kann, darf und mag sie sich nicht von der seither anerkannten und angewandten Praxis des wissenschaftlichen Arbeitens abwenden, zumal sich auch methodisch mancherlei bewährte. Deshalb bedient auch sie sich soweit geboten der herkömmlichen Konzeptionierung und Strukturelemente, möchte dabei allerdings formal wie inhaltlich diejenigen Ansätze spürbar werden lassen, die zu einer emanzipierteren Wissenschaftlichkeit anregen und im Idealfall führen.

Einleitung

In der Ausgangsposition erscheint es angebracht, sich zunächst der (Be)Deutung und dem Inhalt des Begriffs »Wissen« zuzuwenden. Wissen wird in seiner einfachsten Definition als die Gesamtheit dessen deklariert, woran man sich erinnert. Diese Bezeichnung umfasst jedoch lediglich das abrufbare Individualwissen, demnach Wissen im engsten Sinn. Jenes ist zum einen um die Gesamtheit der individuellen Belegung der menschlichen Wissensspeicher sowie den globalen Wissenspool in gedruckter sowie in Form von Wissensdatenbanken zu erweitern. Will man allerdings bis zum äußersten Rand vordringen, kommt man nicht umhin, das ahumane Wissen bis zur sogenannten »Akasha-Chronik« miteinzubeziehen.

Wie mit nahezu allem, was die irdische Existenz zu bieten hat, beschäftigten und beschäftigen sich mit dem Wesen des Wissens seit Menschengedenken unzählige Wissenschaftler, in diesem Fall in erster Linie Philosophen, aber auch Pädagogen, Psychologen, Sozialwissenschaftler und neuerdings Informatiker. Diesem Umstand verdanken wir die gewohnt inflationäre Begriffs- und Erkenntnisvielfalt und damit konsequenterweise kollektive Verwirrung, da jeder Einzelne stets die Hoffnung hegt, den ultimativen Einblick gewonnen zu haben. Deshalb verwundert es nicht, letztlich zu erfahren, es bliebe umstritten, ob eine universelle Definition von »Wissen« verfügbar sei.

Zur selben Zeit, als sich Wissen zur Wissenschaft zu profilieren beginnt, wird es von einem derer Begründer auch schon wieder in Frage gestellt. Er, Sokrates, der ‚Meister aller Meister‘[5] wisse, dass er nicht wisse (οἶδα οὐκ εἰδώς - *oîda ouk eidōs* – ich weiß als Nichtwissender/ich weiß, dass ich nicht weiß), die Menschen mithin Nichtwissende seien. Die populäre Darstellung, wonach Sokrates von ‚ich

---

[5] Kaufmann, Eva-Maria: *Sokrates,* S. 93

weiß, dass ich nichts weiß'[6] gesprochen habe, wird seitens der Wissen Schaffenden wohlweislich dementiert. Einer, der als „einer der wichtigsten[7] und einflussreichsten[8] Denker des 20. Jahrhunderts" gehandelt wird und sich intensiv mit der „sokratischen Weisheit"[9] des wissenschaftlichen (Nicht)Wissens bzw. Vermutungswissens [10] beschäftigt hat, war Karl R. Popper.[11]

Wenn daher Weisheit unter anderem darin besteht, zu wissen, wie unwissend man sich durch das irdische Leben hinwegbewegt, kann sie mit Fug und Recht als evolutionärer Fortschritt der menschlichen Bewusstwerdung begrüßt werden. Das Wissen (»Form«) des Unwissens (»Leere«) führt geradewegs zur paradoxalen Logik der Identität des Differenten, die George Spencer Brown (1923-2016) anno 1969 mathematisch-philosophisch dem allgemeinen (Un)Wissen anheimstellte.[12] Zu wissen, dass man nicht(s) weiß, stellt anders als die Widersprüchlichkeit oder scheinbare Paradoxie eine »echte« Paradoxie dar, die sich durch Selbstreferenz bzw. Oszillation zwischen den beiden Seiten einer Unterscheidung auszeichnet.

> „Nicht wissen, was Wissen ist, ist ein Leiden. Nur wenn man unter diesem Leiden leidet, wird man frei von Leiden. Daß der Berufene nicht leidet, kommt daher, daß er an diesem Leiden leidet; darum leidet er nicht."[13]

Diese Arbeit versteht sich als Impulsgeber, sich nach rund 2500 Jahren Wissenschaft zu jener parallel einem zeitgemäß neuen Forschungsterrain, der »Weisheitschaft«, d. h. der »Wissenheit« zuzuwenden. Die Nachsilbe -heit in Weisheit drückt eine Eigenschaft aus, die Endung -schaft in Wissenschaft hingegen sowohl die Gesamtheit von Dingen als auch den Aspekt des Erschaffens. Indessen wird Weis-

---

[6] Gabriel, Markus: *Warum es die Welt nicht gibt*, eBook, S. 28
[7] Popper, Karl R.: *Auf der Suche nach einer besseren Welt*, Rückdeckel
[8] Popper, Karl R.: *Alles Leben ist Problemlösen*, Rückdeckel
[9] Ebenda, S. 240
[10] Vgl. Popper, Karl R.: ebenda, S. 114, 125
[11] Vgl. Weiß, Anton: *Der trügerische Verstand*, eBook, Pos. 598
[12] Vgl. Spencer Brown, George: *Laws of Form*
[13] Laotse: *Tao te king*, S. 84

heit nicht erschaffen, sondern aktiviert. In dem neologistischen Begriff »Wissenheit« bildet sich daher die Eigenschaft eines weisen Wissens ab. Die Essenz der Weisheit mag darin bestehen, beim Treffen von Unterscheidungen und Wahrnehmen von Unterschieden stets die undifferenzierte Einheit, mithin das Ganze im Auge bzw. Bewusstsein zu behalten.

„Die Wissenschaft des 21. Jahrhunderts wird
spirituell oder überhaupt nicht sein.“
André Malraux

I.   Wissen~schaft

Etymologisch wird »wissen« auf die indogermanische Wurzel $\underset{\circ}{u}eid$- von »erblicken, sehen« oder »gesehen haben« zurückgeführt. Im germanischen Sprachgebrauch besteht zudem eine Verbindung dieser Wurzel zu »weise« mit dessen Bedeutung als »wissend«. Die Ableitungssilbe »-schaft« (aus dem Althochdeutschen »Beschaffenheit, Gestalt, Verhalten, Zustand«) gehört auch zum Stamm des Verbs »schaffen«.[14] Daraus lässt sich Wissenschaft sprachlich wie philosophisch auf verschiedene Weise interpretieren: als Zusammentragung und Beurteilung von Gesehenem, als Darlegung der Beschaffenheit, der Gestalt, des Verhaltens und des Zustandes von Erblicktem oder als Erschaffung von Sichtbaren sowie deren Kombinationen. Philosophisch geht es um Fragen epistemologisch idealistischer, konstruktivistischer, relativistischer und realistischer Positionen und Theorien.

1   Wissen schaffende Wissenschaft

Wissenschaft wird allgemein als „die Gesamtheit des menschlichen Wissens, der Erkenntnisse und der Erfahrungen einer Zeitepoche, welches systematisch erweitert, gesammelt, aufbewahrt, gelehrt und tradiert wird“[15] deklariert. Forschung sei die methodische Suche nach neuen Erkenntnissen und deren Dokumentation sowie wissenschaftskonforme Veröffentlichung. Unter Lehre wird die Vermittlung der Grundlagen des wissenschaftlichen Forschens und eines Überblicks über den aktuellen Stand der Forschung verstanden.

Die deutsche Sprache birgt wie vielleicht keine andere Weltsprache in der heutigen Anwendungspraxis ein gegenwärtig kaum beach-

---

[14] Vgl. *Duden – Das Herkunftswörterbuch*, S. 931 i. V. mit S. 921 und S. 704
[15] http://de.wikipedia.org/wiki/Wissenschaft Stand: 01/2019

9

tetes Vermögen, aus sinnhaften Wortbestandteilen auf die ursprüngliche, manchmal zu heute gegensätzliche Bedeutung rückzuschließen und dadurch bewusster mit Sprache umzugehen. Interessante Beispiele bieten Begriffe wie not-wendig (Not [ab]wendend), herrschen, re-gier-en, in-form-ieren ([sich] in Form bringen), forsch-en, Fort-schritt (die Forschung dient dem forschen Fortschreiten), un-sinn-ig/sinn-los (ohne [Einbeziehung der] Sinne) oder die Mehrdeutigkeit von über-legen (nachdenken, bedecken, überlegen sein). Das Gleiche gilt für eine Reihe von Redewendungen (einen [unerwünschten] körperlichen oder seelischen Zustand mittels sprachlicher Erkenntnis wenden können) »die Nase voll haben«, »im Nacken sitzen«, »ein Dorn im Auge sein«, »auf die Nerven gehen«, »an die Nieren gehen«, »in die Knie gehen«, »weiche Knie bekommen«, »verarscht werden«, »einen dicken Hals haben«, »in den falschen Hals bekommen«, »zum Halse heraushängen«, »eine Laus über die Leber gelaufen«, »auf dem Zahnfleisch gehen«, »die Galle überlaufen lassen«, »sauer sein«, »schwer im Magen liegen«, »etwas verdauen müssen«, »an gebrochenem Herzen leiden«, die bei näherem Hinsehen (»wissen«) psychosomatische Disharmonien zu erkennen und bei entsprechender Hinwendung aufzulösen verhelfen.

Mit diesem Exkurs, auf dessen Bedeutung hier noch öfter zu sprechen kommen sein wird, sei der Bogen zur obigen Begriffsbestimmung fortgeführt, wonach die Wissenschaft phonetisch wahrgenommen neues Wissen (er)schafft. Heutzutage konzentriert sich die nichtexperimentelle wissenschaftliche Arbeit auf Universitäten, Hochschulen und Akademien, daneben sind Wissenschaftler im Staatsdienst, in privat finanzierten Forschungsinstituten, Consultingunternehmen und der freien Wirtschaft gefragt und tätig. In der interdisziplinären Forschung erfolgt über eigens hierfür gegründete Institute ein gegenseitiger Wissenstransfer zwischen Hochschulen und der Industrie. Zur Grundlagenforschung bedienen sich Unternehmen zuweilen auch eigener Forschungseinrichtungen. Die gesetzlich normierte Forschungsfreiheit erlaubt gewissermaßen jedermann bedingungsfreie wissenschaftliche Aktivität. Außerhalb des beruflichen Kontextes beschränkt sich die wissenschaftliche Betätigung jedoch auf Ausnahmen.

Die Gretchenfrage, die mangels Wissen (Sichtbarem, Gesehenem) vorerst unbeantwortet bleiben muss, lautet: Schafft Wissenschaft Wissen oder deckt und zeichnet sie (»lediglich«) vorhandenes Wissen auf? Oder anders gefragt: Könnte »neues« Wissen vielleicht bereits gewusst und wieder verschüttet worden oder gar latent vorhanden sein beziehungsweise auf seine Entdeckung (Erforschung) warten? Ein wahrer Wissenschaftler sollte aus gutem Grund nichts ausschließen. Weiß er doch, wie radikal sich gesichertes Wissen und axiomatische Bezugssysteme zu wandeln vermögen. Die Paradigmenwechsel von der Erde als Scheibe und Mittelpunkt des Universums über Kopernikus' Heliozentrismus, Newtons Mechanik, Einsteins Relativitätstheorie bis zur Quantentheorie und einem holistischen Weltbild seien beispielhaft genannt. In oszillierenden Evolutionskonzepten wird auf hoch entwickelte prähistorische Zivilisationen und Hochkulturen[16] hingewiesen, die über Technologien verfügt haben sollen, die zum Teil unseren heutigen überlegen gewesen sein könnten. Archäologe Frank Joseph zitiert aus Wishar S. Cerves Klassiker *Lemuria - The Lost Continent Of The Pacific* (Erstausgabe 1931):

> ‚Ich habe bereits erläutert, dass die Religion der Lemurier auf wissenschaftlichen Erkenntnissen beruhte. Sie betrachteten es als fundamentales Prinzip, dass Gott, oder der Schöpfer aller Dinge, dem Menschen alles Wissen offenbart in einem Entwicklungsprozess, dessen Ziel es ist, dass der Mensch den gleichen Erkenntnisstand erreicht wie Gott selbst. Daher war der Erwerb von Wissen für sie gleichbedeutend mit Vertiefung ihrer Spiritualität, und sie betrachteten die Erweiterung des Wissens als Ausdruck von Ehrfurcht und nicht als kommerzielle Angelegenheit.‘[17]

Von der Bezugnahme auf Gott und Allwissenheit abgesehen, kommt hier der Erwerb eines vorhandenen Wissens als Alternative zur Erschaffung von Wissen zur Sprache. Dieser korrespondiert mit den

---

[16] Vgl. etwa Joseph, Frank: *Lemurien* sowie *Der Untergang von Atlantis* und deren Bibliografien.
[17] Joseph, Frank: *Lemurien,* S. 73

Vorstellungen eines globalen Bewusstseins[18] oder Weltgehirns[19] und holistischer Beziehungsstrukturen.

Natürlich ist es kein Zufall im modernen Verständnis einer zusammenhanglosen Zufälligkeit, sondern ein Zu ~fall im wortgetreuen Sinne des intentionalen Zufallens oder Zuspiels, dass Cerves die wissenschaftliche Erkenntnis mit der Betrachtung gleichsetzt. Wenn sich »wissen« aus »gesehen haben« ableitet, dann erscheint es konsequent, Wissenschaft mit der Lehre von dem Erblickten gleichzusetzen. Wissen ist demnach das, was es zu betrachten gibt bzw. gesehen werden kann. In der Wissenschaft kommt es mithin auf das Visuelle an: was gemessen, gewogen, optisch erkannt und damit beobachtet werden kann. Das Unsichtbare besitzt daher aus deren Blickwinkel zu Recht den faden Beigeschmack des Okkulten, Unergründlichen, Unwissenschaftlichen. Wir machen es uns vielleicht kaum bewusst, aber der Sehsinn unterscheidet sich von den anderen menschlichen Sinneswahrnehmungen durch die höchste Konformität und Bestimmbarkeit. Was wir sehen, nehmen die meisten Menschen genauso oder sehr ähnlich optisch wahr. Sichtbares, beispielsweise einen See, eine Hütte, Bäume, sich und andere Lebewesen wird die überwiegende Mehrheit der Menschen mit ihren Augen übereinstimmend als solche erkennen. Dagegen hört, riecht, schmeckt und tastet jeder Mensch weit individueller. Was dem einem zu laut und disharmonisch vorkommt, hört sich für einen anderen von der Lautstärke her angenehm und melodiös an. Worin manche ein herannahendes Gewittergrollen zu vernehmen meinen, kann sich als ein Flugzeuggeräusch, ein Lawinenabgang, Tagebau- oder Sprengarbeiten herausstellen. Was als Gekreische in höchster Not klingen mag, erweist sich als Paarungslaune eines Igels[20]. Der nächtliche Anschein, es seien Einbrecher eingedrungen, kann auf sich ausstülpende PET-Flaschen zurückzuführen sein. Der Geruchssinn (Olfaktus), Geschmackssinn (*gustus*) und Tastsinn (*tactus*) werden ähnlich heterogen empfunden. Von Gerüchen und Düften nimmt nahezu jeder Mensch seine individuelle

---

[18] Vgl. Warnke, Ulrich: *Quantenphilosophie und Spiritualität*, S. 100; McTaggart, Lynne: *Das Nullpunkt-Feld*, S. 309

[19] Vgl. Russell, Peter: *Das Weltgehirn – die nächste Stufe unserer Entwicklung*, S. 21

[20] Vgl. www.deutschewildtierstiftung.de/wildtiere/igel Stand: 01/2019

Note wahr. Es mag duften, riechen oder stinken und bestenfalls nach etwas Konkretem riechen, doch über diese Groborientierung kommt der kollektive Geruchssinn nicht hinaus. Man versuche einfach jemandem einen Geruch zu beschreiben, ohne einen konkreten singulären Vergleichsodor zu bemühen. Also nicht etwa in Form von »das riecht wie eine Orange«. Sondern »eine Orange riecht folgendermaßen« oder »ich beschreibe nun den Duft einer blühenden Wiese«. Das Gleiche gilt für den Geschmackssinn. Nicht von ungefähr besagt eine Volksweisheit, dass sich über Geschmack streiten lässt, womit nicht nur dessen ästhetisches Moment gemeint ist. Zu guter Letzt bleibt auch der Tastsinn an ein subjektives Empfindungsvermögen gebunden. Sichtbares kann vorgeführt oder beschrieben werden und jeder, der ein hinreichendes Sehvermögen besitzt, wird ungefähr dasselbe wahrnehmen oder sich vorstellen können. Geräusche, Gerüche, Geschmäcker und Berührungen werden dagegen sehr individuell empfunden und diese Individualität ist anderen nicht vermittelbar. Demnach können auch andere wissen (visualisieren), zu welchem (korrekten) Resultat einer mathematischen Aufgabe jemand gelangt, jedoch nicht, was jemand riecht, der einen Mitmenschen nicht riechen kann. Wie hört sich Beethovens Klaviersonate Nr. 4 Es-Dur op. 7 an? Wie schmeckt die Longkong-Frucht oder ein »Kneitinger Edelpils«? Wie fühlt sich eine Geige an? Der Leser weiß, wie diese Assoziationen zu verstehen sind. Aber: Wie sieht die Longkong-Frucht oder ein Kneitinger Sommerbier 1861 aus? Die moderne Bildübertragungstechnik erlaubt es, gleichsam in aller Welt ein und dieselbe Antwort auf die letzte Frage zu wissen. Aus menschlicher Sicht (!) kann man mithin wissen, wie etwas »wirklich« aussieht, nicht dagegen, wie etwas »wirklich« riecht, schmeckt, sich anhört oder anfühlt. Mathematische Berechnungen, physikalische Gesetzmäßigkeiten und wissenschaftliche Erkenntnisse überhaupt werden so gut wie ausschließlich visuell ermittelt und auf deren Gesamtheit bezogen lediglich marginal erhört, errochen, erschmeckt oder ertastet. Folglich beschränkt sich die Wissenschaft letztlich auf das Sichtbare, wodurch sich menschliches Wissen auf dessen visuellen Wahrnehmungssektor verengt. Doch wie heißt es bei Antoine de Saint-Exupéry: Das Wesentliche ist für die Augen unsichtbar.

Der Umkehrschluss bestünde sodann in der Annahme, dass angeborene Blindheit ohne tätige Beteiligung visuell Unversehrter weder inspiriert noch befähigt, sich wissenschaftlich zu betätigen. Andererseits sind auch Geisteswissenschaften wie die Philosophie oder die Bewusstseinsforschung von optischen Eindrücken nicht unabhängig.

> „Bewusstseinstechnologie meint die Kompetenz der Steuerung des eigenen Bewusstseins im jeweiligen Moment und dem damit verbundenen Bewusstseinszustand. Kern einer Bewusstseinstechnologie sind die Bewusstheit für die aktuelle Situation und die eigene Steuerungs- und Gestaltungskompetenz darin. Bewusstseinstechnologie meint einen breiten Kompetenzbereich von Beobachtungsfähigkeit über Selbststeuerung bis hin zur bewussten Intuition oder gar nondualer Präsenz."[21]

Auch hier ist von Beobachtung(sfähigkeit) die Rede. Auch dort wird gemessen, analysiert, evaluiert, klassifiziert und visualisiert.[22] Und die weisheitsverliebte Philosophie? Sie kann ebenso wenig auf ihre Beobachterrolle verzichten. Ohne Be(rück)sichtigung des menschlichen Handelns lässt sich nicht philosophieren. Wie heißt es doch, um ein willkürliches Beispiel herauszugreifen, in dieser Hinsicht bezeichnend: „Diese zweite These, […], ist, wie wir sehen werden, von der Wahrheit oder der Falschheit der ersten unabhängig. Ich werde am Ende meines Vortrags auf diese zweite These zu sprechen kommen und zeigen …"[23]. Wer etwas zeigt, das zu sehen sein wird, bezieht sich auf Sichtbares.

So betrachtet kommt wissenschaftliches Arbeiten (Forschen) dem vigilant-wissbegierigen Ausschauhalten nach noch unentdeckten Aspekten des aus menschlichen Blickwinkeln ergründbaren Universums gleich. Caesars *veni, vidi, vici* erhält in diesem Kontext eine wissenschaftliche Relevanz. Ein Wissen Schaffender kommt daher, sieht hin und besiegt den Wächter des in dieser Beobachtung noch nicht Ge-

---

[21] www.bewusstseinswissenschaften.de/angewandte-bewusstseinswissenschaften.html Stand: 01/2019
[22] Vgl. www.ab-wissenschaften.de/index.php?id=forschung Stand: 01/2019
[23] Tugendhat, Ernst: *Aufsätze*, S. 13

sehenen, will heißen in dieser Spezifität noch nicht Gewussten. Bekanntlich entsteht Wissen nicht zuletzt vor dem geistigen Auge, von Wissensbildung durch mentales Hören, Riechen, Schmecken oder Tasten ist in dieser Hinsicht nicht die Rede. Mancher geht sogar davon aus, dass Gedankenbilder die höchste Stufe wissenschaftlicher Kreativität inspirieren.[24]

Die Erfindung der Wissen schaffenden Wissenschaft ist vergleichbar grandios wie die Entdeckung der Möglichkeiten des Geldes. Letztlich haben sie sich Hand in Hand zu immer einflussreicheren Machtinstrumenten entwickelt. Die aus dieser Inspiration hervorgehende Erkenntnis besagt: Wer Wissen besitzt ist mächtig, wer Wissen schafft, ist allmächtig. Wie zutreffend sich diese Konklusion erweist, lässt sich an den gegenwärtigen gesellschaftlichen Verhältnissen ablesen. Ob politische, ökonomische oder juristische Entscheidungen, die meisten davon werden nur noch auf der Grundlage von sogenannten Expertisen gefällt. Der globale Wissenspool vermehrt sich exponentiell, wodurch der Überblick der Generalisten schwindet und eine sich zunehmend verengende Spezialisierung unverzichtbar erscheint. Die Spezialisten oder Experten und ihre Gutachten haben Hochkonjunktur und ohne ihr Votum geschieht von Tragweite wenig. Der wunde Punkt dieser Entwicklung besteht darin, dass die wachsende Komplexität des globalisierenden Weltgeschehens der ganzheitlichen Übersicht bzw. Einschätzung bedarf. Wenn, wofür es überzeugende Indizien gibt, alles mit allem zusammenhängt und komplexe, nichtlineardynamische deterministische Systeme selbst auf geringfügige Abweichungen ihrer Anfangsbedingungen empfindlich zu reagieren vermögen (»Schmetterlingseffekt«), ist nicht der Tunnel-, sondern der Rundblick gefragt.

---

[24] Hanimann, Joseph: *Vor meinem geistigen Auge spielen sich gespenstische Dinge ab*, datiert vom 21.03.2007 in: www.faz.net/aktuell/feuilleton/buecher/rezensionen/sachbuch/vor-meinem-geistigen-auge-spielen-sich-gespenstische-dinge-ab-1412726.html Stand: 01/2019, Rezension des Buches von Colin McGinn: *Das geistige Auge*, Darmstadt 2007

2 Broterwerb und Zeitvertreib

Die Wissenschaft ist attraktiv, herausfordernd, informativ, spannend und meist lukrativ – mit einem Wort: verführerisch. Wodurch? „Sie weitet den Blick für die Welt, in der wir leben, schafft Wohlstand, bereitet intellektuelles Vergnügen."[25] Inwiefern trifft dies zu? Der wissenschaftlich Gebildete gilt als intellektuell, genießt einen gewissen Ansehensbonus und kann sich ab einem bestimmten akademischen Grad wissenschaftlich relativ frei entfalten. Von Handwerksberufen abgesehen besitzt er gegenüber Nichtakademikern gewöhnlich die besseren Einstellungs- und Aufstiegschancen und wird insbesondere bei der Bewerberauswahl für Führungspositionen, wenn nicht präsupponiert, dann in aller Regel präferiert. Mithin kann im Schoß der Wissenschaft das Angenehme (intellektuelles Vergnügen) mit dem Nützlichen (Wohlstandsförderer) eine verlockende Verbindung eingehen. Ob die Wissenschaft den Blick auf die Welt weitet, hängt von der Perspektivität der Wissenschaftler ab. Wenn sie die Dinge, wie es das nach wie vor populäre atomistisch-mechanistische, reduktionistische Denken bevorzugt, als voneinander unabhängige Elemente betrachten und die Analyse zum wissenschaftlichen Leitprinzip erklären, engen sie ihren Blickwinkel gegenüber der holistisch-multiperspektivischen Anschauung mit deren Vorliebe für die synthetisierende Methodik nennenswert ein.

Ohne Beschäftigung fehlte es den Menschen an deren substanziellem Daseinsanreiz. Wessen physische und mentale Aktivität beständig ausbleibt, erleidet letztlich marastische Apathie, Depression, Resignation, Tristesse und körperlichen Verfall. Das Zeitalter der technologiebasierten Automatisierung, Robotisierung und Forcierung künstlicher Intelligenz wirkt sich auf die klassischen manuell ausgerichteten Arbeitsplätze zunehmend reduktiv aus. Parallel dazu findet eine Interesseverschiebung zugunsten der sogenannten höher- und hochqualifizierten Ausbildung und Beschäftigung statt. Wo noch vor einigen Jahren für einen Ausbildungsplatz ein (qualifizierter) Hauptschulabschluss reichte, wurde kurz darauf die mittlere Reife oder der Realschulabschluss gefordert, um noch etwas später das

---

[25] Könneker, Carsten: *Wissenschaft kommunizieren*, S. IX

Abitur vorauszusetzen. Analog verhielt es sich mit den leitenden Positionen. Während selbst im zur Neige gehenden vergangenen Jahrhundert bei leitenden Mitarbeitern ein Hochschulabschluss noch eher die Ausnahme bildete, fällt er heutzutage im Führungsfunktions- und Managementsegment unter die *conditio sine qua non*. Dementsprechend forciert sich der Run auf die Hochschulqualifikation und deren kompetenzfördernden Zusatzmodule. Das Angebot an Studien-, Stipendien- und Praktika-Programmen insbesondere im Bereich der Internationalisierung[26] ist mittlerweile unüberschaubar und nimmt weiterhin immer größere Ausmaße an. Die sich rapide vermehrende Menschheit treibt es mithin in drastisch expandierendem Umfang in die wissenschaftliche Betätigung, in die Beschäftigung mit Wissen als vornehmlich dem Ein- und Ausdruck visueller Phänomene.

Wenn immer mehr Menschen Wissen in den Mittelpunkt ihrer beruflichen Tätigkeit rücken, Wissen auf diese Weise einen dominierenden Stellenwert erhält und sukzessive astronomische Dimensionen annimmt, stellt sich unwillkürlich die Frage, welche Auswirkungen diese Entwicklung auf das wissensgesellschaftliche Weltszenario hat. Wissen, das eng mit Bildung zusammenhängt, wird seit der Aufklärung im Zusammenhang mit Schlagworten wie Autonomie, Chancengleichheit, Emanzipation, Freiheit, Informiertheit, Mündigkeit, Selbstbestimmung propagiert. Die Einführung des Begriffs »Bildung« wird auf Meister Eckhart (1260-1328) zurückgeführt, durch die sich der Mensch zum Abbild Gottes entwickelt und worunter er das »Erlernen der Gelassenheit« verstand. Diese Aus- bzw. Nachbildung sei allein Gottesangelegenheit, die der Mensch nicht zu beeinflussen vermag. Sogleich fällt auf, dass auch die dem Wissen übergeordnete Bild-ung auf das Sichtbare zu verweisen scheint. Denn Bilder sind dem optischen Sinnespotenzial verpflichtet, sie hört, riecht, schmeckt und ertastet man nicht oder Letzteres nur bedingt. Dieser bildhafte Bildungsprozess steht Meister Eckharts Abbild-These jedoch fern. Die Bildung, die ihm vorschwebt, vollzieht sich unwissenschaftlich unsichtbar. Der Mensch kann anhand seiner (gottgegebe-

---

nen) Fähigkeiten Gelassenheit erfahren, den „höchste[n] und folgenschwerste[n] Bewusstseinszustand, den ein Mensch erreichen kann."[27] Diese „höchste Stufe des Menschseins und der Weisheit"[28] korrespondiert mit all den Tugenden, die wir unter bedingungsloser Liebe (Agape) subsumieren: Achtung vor dem anderen und allem Leben, Barmherzigkeit, Herzlichkeit, Hilfsbereitschaft, Lauterkeit, Mitgefühl, selbstloses Denken, Handeln und Verhalten … – „Liebe und Gelassenheit sind eins; das Maß für beide ist Selbstlosigkeit."[29] Können wir uns angesichts der weltpolitischen und gesellschaftlichen Gegebenheiten in dieser Hinsicht als wissend und gebildet empfinden? Es gibt Stimmen, die der heutigen Wissensanhäufung „jede synthetisierende Kraft" absprechen und die zeitgenössischen „Konfigurationen des Wissens" für „Erscheinungsformen der Unbildung"[30] halten.

Jede Zeit besitzt ihre Besonderheiten, Schwerpunkte und Spezifika. Der vergleichend rückwärtsgerichtete Blick übersieht leicht die evolutionäre Komponente des Zeitgeschehens. Zwar zählt Heraklits Erkenntnis, wonach die einzige Konstante die Veränderung sei, mittlerweile zu den meistzitierten »Volksweisheiten«, doch die wenigsten scheinen sich mit einer Welt anfreunden zu können, die durch konstanten Wandel gekennzeichnet ist. Worauf basiert dieses Unbehagen, ja diese Angst vor Veränderung? Der Blick auf die Weltgeschichte liefert doch die frohe Kunde, dass es der Menschheit im Zeitverlauf im Großen und Ganzen immer besser gegangen sei. Wirkt sich die Wissensexpansion auf die Gelassenheit im modernen Sinne von Besonnenheit, Gemütsruhe und Gleichmut etwa kontraproduktiv aus? Folgendes Beispiel mag eine solche Annahme stützen. Als ich mich für die Randdaten des Luftverkehrs noch nicht interessierte, genoss ich unbekümmert jeden Flug. Sobald ich mich über die (geringen) Gefahren des Fliegens informierte, ereilte mich zeitweise panische Flugangst. Der besorgniserregende Einfluss der Wissensoffen-

---

[27] Voigt, Dieter/Meck, Sabine: *Über Glück und Gelassenheit*, S. 79
[28] Lauster, Peter: *Wege zur Gelassenheit*, S. 14
[29] Voigt, Dieter/Meck, Sabine: a.a.O.
[30] Liessmann, Konrad Paul: *Theorie der Unbildung*, S. 8 f.

sive auf die Veränderungsfreude lässt sich vermutlich weniger auf einen Wissensüberfluss als auf das *bad news*-Syndrom der Medien zurückführen.

> „Syrienkrieg, Flüchtlingskrise, Hungersnöte – die „3 K" (Kriege, Krisen, Katastrophen) dominieren aktuell die medialen Aufmacher und die Berichterstattung. Journalisten und Redakteure verlassen sich nur zu gern auf eine alte Weisheit: ‚Only bad news are good news!' Denn sie wissen: Schlechte Nachrichten erhöhen die Aufmerksamkeit der Rezipienten und steigern Auflagen wie Einschaltquoten. Die TV-Sender bringen daher beim kleinsten Anlass Brennpunkt- und Spezial-Sendungen, während Onlinenachrichtenportale sofort Eilmeldungen absetzen. Dabei geht der Nachrichtenwert oftmals gegen null, weil entweder die Faktenlage noch unzureichend bekannt ist oder der Sachverhalt an sich zu wenig hergibt. So wird schnell aus einer ‚Terror-Mücke' ein ‚Terror-Elefant'; und von jedem Virus, dem irgendwo bereits Menschen zum Opfer gefallen sind, geht vermeintlich eine die Welt bedrohende Pandemie-Gefahr aus."[31]

Um ihren ökonomischen Ansprüchen zu genügen, nehmen es die Menschen mit dem Wissen mithin nicht so genau. Dies gilt für den *„information overload"* der Medienmacher genauso, wie nicht nur in Ausnahmefällen für die akademischen Wissensmacher.[32]

---

[31] Gestmann, Michael: *Medienpsychologie: „Bad news are good news!"* in: *tv diskurs*, 20. Jg., 2/2016 (Ausgabe 76), S. 40-41

[32] Zwei Beispiele sollen genügen: 1. „Umweltminister Sigmar Gabriel (SPD) hält es für erwiesen, dass die Regierung unter dem damaligen Bundeskanzler Helmut Kohl Anfang der achtziger Jahre politischen Einfluss auf ein wissenschaftliches Gutachten zum Atomendlager Gorleben genommen hat. ‚Das Ergebnis der Aktensichtung ist eindeutig', erklärte Gabriel in Berlin.", datiert vom 17.05.2010, in: www.sueddeutsche.de/politik/gorleben-gabriel-regierung-kohl-manipulierte-gutachten-1.43581 Stand: 01/2019 2. „Zusammenfassend zeigte also die von den Behörden angeordnete Out-of-sample-Überprüfung im günstigsten Fall, dass die vom Gutachter behaupteten Koeffizienten nicht stabil waren und keiner Überprüfung standhielten. Das hätte zu einer kompletten Revision des Gutachtens führen müssen. Tatsächlich wurde aber das Gutachten nur mit leichten Modifikationen von der Planfeststellungsbehörde anerkannt. Das Genehmigungsverfahren nahm seinen Fortgang, und nach außen wurden unverändert 100.000 Arbeitsplätze behauptet." Thießen, Friedrich: *Manipulationen bei Großprojekten und ihre gesellschaftliche Funktion*, S. 59

Heutzutage werden viele, auch gravierende Entscheidungen auf der Basis von Gutachten oder Expertisen[33] getroffen. So fällen Richter insbesondere in medizinischen, bau- und verkehrsrechtlichen Verfahren kaum mehr ein Urteil ohne sich dabei rein auf Fachgutachten zu stützen. Obwohl sie die Materie vielleicht tatsächlich fachlich nicht durchdringen, jedoch erkennen könnten, dass es sich häufig um nicht wissenschaftlich neutrale, sondern interessengeleitete Expertisen handelt, verzichten sie im Allgemeinen auf die Abwägung und Berücksichtigung offensichtlich parteiischer Indikatoren oder auf neutrale Gegengutachten.[34]

> „Über Großprojekte kann nicht von *Experten* entschieden werden, weil diese, wie das Buch zeigt, aus ihren spezifischen Blickwinkeln heraus nur Teilinformationen beisteuern können, und weil kaum jemand das, auf Korrektheit und Unverzerrtheit hin überprüfen kann. Die Manipulation von Gutachten ist ein in diesem Band viel angesprochenes Problem. Anstatt also nicht überprüfbaren Experten eine Entscheidung zu überlassen, sei es besser, die Entscheidung politisch, d. h. demokratisch entscheiden zu lassen.“[35]

Doch es sind eben nicht nur Großprojekte, die zu wissenschaftlich zwielichtiger Wissensmehrung (ver)führen.

Mit der Wissenschaft lässt sich mithin gut leben. Entweder trägt sie zum auskömmlichen Lebensunterhalt oder zum Wohlgefallen bei – idealerweise zu beidem. Der besondere Reiz, sich wissenschaftlich zu betätigen, speist sich jedoch aus höheren Ebenen der Bedürfnispyramide als die physiologischen und vergnüglichen Desiderate. Wissenschaft steht in enger Verbindung mit dem Individualverlangen nach Anerkennung, Ansehen, Einfluss, Macht und Wichtigkeit, also den externen Determinanten der Selbstachtung, die wir nur durch

---

[33] Der Flughafen Berlin Brandenburg, geplante Inbetriebnahme: 2011, geplante Kosten: 1 Mrd. €, geplante Fertigstellung: 2019, bis dahin geschätzte Kosten: 6 Mrd. € sowie die Hamburger Elbphilharmonie. geplante Fertigstellung: 2010, geplante Kosten: 240 Mio. €, Fertigstellung: 2016, vorläufige Kosten: 866 Mio. € sind zwei aktuelle beredte Beispiele solcher gutachtenbasierter Entscheidungen.
[34] Thießen, Friedrich: *Einleitung/Zusammenfassung*, S. 18
[35] Thießen, Friedrich: ebenda, S. 11

uns von anderen entgegengebrachte Wertschätzung generieren zu können meinen.

3 Wissenswert

Während sich die Informations-, d. h. Wissensflut innerhalb einer Generation exponentiell etwa vervierzigfache, bleibt die Rezeptionskapazität des Menschen nahezu konstant. Diese Überfrachtung mit Informations- oder Wissensquanten bezeichneten Soziologen bereits im Jahr 1950 als ‚narkotisierende Dysfunktion'.[36] Auf dieser Grundlage stellt sich die Frage, welcher Wert dem Wissen beizumessen ist.

Wissen stellt zweifellos einen existenziellen Bestimmungsfaktor menschlichen Daseins dar. Ohne Wissen wäre der Mensch nicht (über)lebensfähig. Ohne das Wissen seiner Mutter bzw. ihm zugetaner »Mündiger« um die Prämissen seiner Grundversorgung stürbe ein Säugling. Wüsste der Mensch nicht seine Grundbedürfnisse zu sichern und seine höherrangigen Bedürfnisse zu befriedigen, wäre er ausgestorben oder verfiele in eine nicht minder lebensbedrohliche Lethargie. Der Säuglings-Aspekt verleitet jedoch zu dem Gedanken, wie es den allerersten unwissenden Menschen zu überleben gelang und auf welche Weise sie überhaupt entstanden. Die fluktuierenden Theorien der Paläoanthropologen verzeitigen das Aufkommen der Menschenartigen (Hominiden) auf vor etwa 15 Mio. Jahren, die Entstehung von Gorillas auf vor 10 Mio. Jahren, die Trennung von Menschen und Schimpansen auf vor 5 Mio. Jahren. Das erste Vorkommen des *Homo erectus* wird auf vor 2 Mio. Jahren geschätzt, das des *Homo heidelbergensis* auf vor 600 Tsd. Jahren und das des *Homo neanderthalsensis* auf vor 200 Tsd. Jahren. Die Existenz des Homo sapiens wird auf etwa 120 Tsd. Jahre datiert. Während der Neandertaler zunächst für den direkten Vorfahren des modernen Menschen gehalten worden ist, geht man heute davon aus, dass beide Formen nebeneinander lebten und sich sogar vermischten (hybridisierten). Demnach ent-

---

[36] Vgl. Gestmann, Michael: a.a.O. unter Verweis auf Lazarsfeld, Paul F./Merton, Robert K. (Hrsg.): *Continuities in social research. Studies in the scope and method of "The American soldier".* Glencoe, Ill.: The Free Press 1950. Merton ist der Schöpfer des Begriffs *self-fulfilling prophecy* (selbsterfüllende Prophezeiung).

halte der Genpool heutiger Europäer und Asiaten etwa 4 % Neandertaler-Gene. In dem hier interessierenden Zusammenhang ist bemerkenswert, dass keine der gängigen evolutionsbiologischen Theorien plausibel zu erklären vermag, auf welche Einflüsse die Differenzierung der jeweiligen Gattungen zurückzuführen ist. Mit anderen Worten, was veranlasst eine Spezies, sich zu erschaffen und (irgendwann) aufzusplitten? Weshalb sondert sich nicht plötzlich eine neue Gattung vom heutigen Menschen ab? Da sich die Halbwertzeit der hominoiden Spezies dem Phänomen der Beschleunigung folgend auf zuletzt rund 100.000 Jahre verkürzte, hätte eigentlich bereits vor etwa 50.000 Jahren ein »neuer«, sich von uns wissbegierigen Menschen mehr oder minder deutlich unterscheidender Mensch die Weltbühne betreten müssen. Dass dies nicht geschah, lässt an den Annahmen der Paläoanthropologen und Evolutionstheoretiker gewisse Zweifel aufkommen. Doch gilt dies angesichts des sukzessiven wissenschaftlichen Fortschritts nicht im Grunde für sämtliche wissenschaftliche Disziplinen?

Abertausende und mehr »Historiker«, mitunter wäre die Bezeichnung »Hysteriker« zutreffender, stöbern jahrein, jahraus in einer höchst diffusen Vergangenheit, unternehmen mentale Zeitreisen in bis zu Millionen Jahre zurückliegende Epochen und formen daraus Tonnen hochspekulativen Wissens. Eine Kostprobe: „Die Erforschung der Entwicklungsgeschichte der Menschenaffen wurde durch die nicht zu beantwortende Frage geleitet, wo die Grenze zwischen ‚Vormenschen‘ und ‚echten‘ Menschen, der ‚Missing Link‘ beider, liege.“[37] Vergangenheit und Zukunft sind unsichtbar und damit nach der hier zugrunde gelegten etymologischen Definition unwissenschaftlich und das nicht nur in jenem semantischen, sondern auch im faktisch-definitorischen Sinn. Denn Vergangenheit und Zukunft sind pure individuelle Gedankenkonstrukte. Der Paläoanthropologe entdeckt einen Knochen und versetzt sich, dieses Referenzobjekt betrachtend, gedanklich in einen ins Jetzt transportierten Zustand einer extrem weit zurückliegenden fiktiven Vergangenheit. Mit dem wissenschaftlichen Anspruch objektiver, überpersönlicher Gültigkeit, die

---

[37] https://de.wikipedia.org/wiki/Menschenaffen Stand: 01/2019

22

strengen Prüfungen standhält, sind jedoch individualisierte Virtualrealitäten grundsätzlich unvereinbar. Ein Nichtanthropologe hielte ihn sicher für ungleich jüngeren Datums und ein Kind vielleicht für relativ »neuwertig«. Die Länge der Vergangenheit (und Zukunft) ist unendlich und jeder Mensch kann sich auf dieser imaginären Abszisse gedanklich jeden beliebigen Zeitpunkt auswählen. Die Wissenschaftlichkeit nicht exakt feststellbarer Zeitpunkte erhöht sich nicht dadurch, dass mehrere Forscher zu demselben Ergebnis gelangen und selbst genau bestimmbare Zeitangaben unterliegen der subjektiven selektiven Wahrnehmung und Interessenlage der Zeitzeugen.[38] Besitzt ein solches Wissen dennoch einen Wert? Wie wichtig ist es für die Menschheit, beispielsweise zu wissen, wann ungefähr sich welche ihrer Gattungen herausbildete oder verselbständigte? Ist es den ungeheuren Arbeits-, Sach- und finanziellen Aufwand wert, dies zu wissen? Dient eine rückwärtsgerichtete Geschichtswissenschaft dem Erkenntnisgewinn zugunsten von Lösungsansätzen für weltliche Gegenwartsprobleme? Die Erfahrung stimmt in dieser Hinsicht eher skeptisch: Falls sich, wie es zuweilen heißt, die Geschichte wiederholt, dann kann das geschichtliche Wissen diese Wiederholung nicht beeinflussen; und falls sie sich nicht wiederholt, wäre mit den Literaten Octavio Paz und Ingeborg Bachmann zu schlussfolgern: „Ich weiß nicht, ob die Geschichte sich wiederholt, ich weiß nur, dass die Menschen sich wenig ändern." – „Die Geschichte lehrt andauernd. Sie findet nur keine Schüler."

Wissen an sich ist unverzichtbar, macht das Leben lebenswert und erweist sich mithin als wertvoll. Der Wissenschaft gebührt Dank, sich um den biologischen, medizinischen, natur- und geistesbezogenen sowie technischen Fortschritt verdient zu machen, der Menschheit das Leben zu verlängern, zu erleichtern, zu bereichern, zu sublimie-

---

38 Das Quäntchen Wahrheit: „Geschichte ist machbar" (Rudi Dutschke), „Heute muss man Geschichte mit dem Bleistift schreiben; es lässt sich leichter radieren" (Pierre Gaxotte), „Geschichte ist eine Fabel, auf die man sich geeinigt hat" (Napoleon I.), „Die Weltgeschichte ist nichts als die Biographie großer Männer" (Thomas Carlyle), „Nicht selten wird die Geschichte gleich von denen gefälscht, die sie machen" (Wieslaw Brudzinski).

ren. Der Wert des wissensgenerierenden Systems wäre dort zu hinterfragen, wo eigennützige wirtschafts- und machtpolitische Faktoren dessen zentrale Motive bilden. Die wissentlich auf Fehlinformation, Irreführung, Täuschung, Übertreibung oder Vorspiegelung angelegte Unterrichtung mag für den Informanten ihren Wert haben, der Wertigkeit des Wissens als eines hochrangigen wertegemeinschaftlichen Gutes erweisen sie keinen Gefallen.

Den oben zitierten (siehe Fußnote 36) Robert Merton beschäftigte die Frage nach einer »echten«, also demokratischen und ethischen und einer unethischen, anti-intellektuellen »Anti-Wissenschaft«. Die echte Wissenschaft zeichnet sich ihm zufolge durch Kommunitarismus, organisierten Skeptizismus, Uneigennützigkeit sowie Universalismus aus. Von seiner Gefolgschaft in den USA und England wurde die »unechte« Wissenschaft daraufhin als »wertlos« eingestuft, was in Widerspruch zur *Operation Overcast* stand, deren Zweck es war, sich das Wissen einer solchen Anti-Wissenschaft anzueignen.[39] Über den Wert eines Wissens braucht daher nicht gestritten zu werden. Was den einen wissenswert erscheint, mögen andere für inadäquat halten.

4 Wissbegier

Gier ist vielleicht das problematischste menschliche Verlangen. Der Duden versteht darunter ein „auf Genuss und Befriedigung, Besitz und Erfüllung von Wünschen gerichtetes, heftiges, maßloses Verlangen" und „ungezügelte Begierde". Wir Menschen empfinden uns allseits von Mangel bedroht, weil man uns beständig mit dem Schreckgespenst der Knappheit konfrontiert. Daher zählt es auch zu den Grundzügen der Volkswirtschaftslehre, ein „Missverhältnis zwischen den unbegrenzten Bedürfnissen der Menschen und den zu ihrer Bedürfnisbefriedigung begrenzt zur Verfügung stehenden Güter[n] und Dienstleistungen" sowie eine Ressourcenknappheit zu verbreiten. Doch tatsächlich sind wir in jeder Hinsicht von Fülle und Überfluss umgeben. Hierzu muss man sich nur in das nächstgelegene Einkaufszentrum begeben, die uns auf Schritt und Tritt verfolgende Werbung

---

[39] Vgl. https://de.wikipedia.org/wiki/Robert_K._Merton Stand: 01/2019

bewusst machen oder auch nur der auf uns täglich einströmenden Informationsflut besinnen. Wer über die entsprechenden finanziellen Mittel verfügt, kann sich im Grunde so gut wie alles gönnen, was sein Herz begehrt. Mag sein, aber spätestens beim Geld scheint es irgendwann knapp zu werden, handelt es sich um ein knappes Gut. Weit gefehlt. Geld darf guten (Ge)Wissens als ein Paradebeispiel für vielleicht eines der letzten sogenannten freien Güter betrachtet werden, worunter zum Beispiel (gerade noch) die Luft fällt. Denn Geld ist anders als die klassischen freien Güter Luft, Sonne, Wasser, Wind, Sand (nur in der Wüste), Salzwasser (nur im Meer) seit der Erfindung des Buch- oder Giralgeldes eine virtuelle Größe und damit grundsätzlich unbegrenzt verfügbar, d. h. buchbar bzw. schöpfbar. Selbst das Wasser, außer Regenwasser, ist mittlerweile zum kostenpflichtigen Wirtschaftsgut verkommerzialisiert worden und nicht mehr frei. Die (über)lebensnotwendigen Faktoren stehen uns in Hülle und Fülle zur Verfügung. Dies lässt sich leicht an der Natur ersehen. Keinem Tier, keiner Pflanze, keinem anorganischen Naturbestandteil mangelt es an irgendetwas. Luft, Wasser, Nahrungsmittel, Obdach und Schutz vor Kälte, Hitze und Krankheiten, aber auch Gewalt gäbe es prinzipiell für jeden Erdenbürger. Dass dem über weite Weltbevölkerungsteile nicht so ist und Menschen beispielsweise hungern oder gar verhungern und sehr viele trotz des weltweiten Überflusses an Geld und Gütern in Armut leben, liegt ganz wesentlich an der menschlichen Gier.

> "Die Gier ist die subtilste Version [des Ausdrucks von Lebenshunger] weil sie unauffällig ist, allgemeine toleriert wird und nicht notwendiger Weise als Störung verstanden wird."[40]

Gier ist de facto ein unstillbarer Hunger nach Zuwendung, Anerkennung und Liebe, letztlich nach Geborgenheit oder Urvertrauen, der vergeblich über Konsumierung und Anhäufung materieller Güter zu sättigen und durch Einfluss, Vermögen und Macht zu kompensieren versucht wird. Das Dilemma besteht darin, dass den Gierigen nicht bewusst ist, was ihnen fehlt, also dass sie von Gier geplagt sind, weil sie ihr wahres Bedürfnis nicht (er)kennen. Da aber weder Geld noch

---

[40] Pötter, Carsten: *LebensNetze*, Pos. 2596

Einfluss und Macht das menschliche Grundbedürfnis nach Angenommensein und Geliebtwerden als »nackte« Person, unabhängig von äußeren Parametern, zu ersetzen vermögen, schickt sich der Gierige an, seelisch und emotional zu verhungern. Der Gierige ist gierig, weil er weiß, sich nicht wegen seines Seins, sondern wegen seines Habens Aufmerksamkeit zu erhaschen, jedoch nicht weiß, dass man sich wahre Wertschätzung nur von der eigenen Person zuteilwerden lassen kann. Sich wertgeschätzt zu empfinden ist ein Gefühl und Gefühle sind subjektive Wahrnehmungen und Bewusstseinsstimmungen. Gefühle sind individuelle innere Zustände und daher von außen beeinflussbar, aber nicht bestimmbar. Wertschätzen, anerkennen, lieben kann man sich daher nur selbst. Sich geborgen fühlen und Urvertrauen empfinden sind ebenfalls rein intrinsische Gemütslagen. Da wir aber nach dem Resonanzprinzip oder Spiegelgesetz empfangen, was wir aussenden oder, wie es im Volksmund heißt, es aus dem Wald herausschallt, wie man in ihn hineinruft, begegnen uns unsere Mitmenschen nur dann wertschätzend, wenn auch wir ihnen Respekt entgegenbringen. Gierigen mangelt es an Wertschätzung, sowohl sich als auch anderen gegenüber.

Begier(de) setzt der Duden mit „auf Genuss und Befriedigung, auf Erfüllung eines Wunsches, auf Besitz gerichtetes, leidenschaftliches Verlangen" der Gier ziemlich gleich und beschreibt Wissbegier als Verlangen oder gar Besessenheit, etwas zu wissen/zu erfahren. So betrachtet gieren Wissbegierige nach Wissen im Sinne von Wissen ist Macht, statt Wissen als Vermutungswissen oder als Wissen vom Nichtwissen, einen Grundpfeiler der Weisheit, zu relativieren. Da Wissenschaft die intensivste Form des Verlangens darstellt, etwas zu wissen, um gewisse Macht zu erlangen, rangiert sie auf der höchsten Stufe des wissbe-gierigen Wissenserwerbs. Da die Wissenschaft um die ihr von außen entgegengebrachte Anerkennung und Wertschätzung buhlt, indem sie aus ihrer Warte Nichtwissenschaftliches als Pseudowissenschaft, Esoterik oder Scharlatanerie abtut, erfährt sie nicht den ihrerseits eigentlich begehrten natürlichen Respekt, sondern muss sich mit der erfochtenen Autorität des »Wissen ist Macht« begnügen. So besitzt sie zwar Macht, ihre Glaubwürdigkeit schwindet jedoch mit jeder Disqualifizierung mainstreamabweichender, nonkonformistischer Erkenntnisse sukzessive dahin.

Unter Wissenschaft versteht Wikipedia „ein zusammenhängendes System von Aussagen, Theorien und Verfahrensweisen, das strengen Prüfungen der Geltung unterzogen wurde und mit dem Anspruch objektiver, überpersönlicher Gültigkeit verbunden ist." Solange sich jedoch Personen, also Subjekte, wissenschaftlich betätigen, kann es keine objektive und überpersönliche Wissenschaft geben. Dies ist allein deshalb nicht möglich, da „bereits die Auswahl des Forschungsgegenstandes subjektiven Einschätzungen unterliegt, die die Neutralität der Ergebnisse in Frage stellt." Karl Popper bezweifelte, „dass Wissenschaft begründet und gesichert sei. Kritische Theorien wie der Sozialkonstruktivismus und der Poststrukturalismus und verschiedene Spielarten des Relativismus bestreiten ganz, dass Wissenschaft unabhängig von den Prägungen und Beschränkungen menschlicher Kultur so etwas wie wertfreies und objektives Wissen erlangen könne." Richard Feynman kritisierte, „dass zwar oberflächlich betrachtet eine methodisch korrekte Forschung stattfindet, jedoch die wissenschaftliche Integrität verloren gegangen ist."[41] Und dann gibt es ja in der Wissenschaft noch Betrug und Fälschung, also „unwahre Behauptungen, erfundene oder gefälschte Forschungsergebnisse, die vorsätzlich, also in betrügerischer Absicht von Wissenschaftlern publiziert werden. Hierzu gehören insbesondere [...] wahrheitswidrige Gutachten und Publikationen. Das Nicht-Wahrhaben-Wollen von Forschungsergebnissen, die der herrschenden Meinung widersprechen oder widersprüchlich scheinen sowie tendenziöse Berichterstattung [...] stellen [...] gleichwohl schädliche Verhaltensweisen [für den Wissenschaftsbetrieb] dar."[42]

Wir sehen also, dass die uns nun bald zweieinhalb Jahrtausende im weiteren und bald viereinhalb Jahrhunderte im engeren Sinne begleitende Wissenschaft nicht der Weisheit letzter Schluss ist und zur Aufrechterhaltung bzw. Wiedererlangung einer zukunftsträchtigen

---

[41] https://de.wikipedia.org/wiki/Wissenschaft Stand: 02/2019
[42] https://de.wikipedia.org/wiki/Betrug_und_Fälschung_in_der_Wissenschaft Stand: 02/2019

Reputation eines weisheitsgeleiteten Upgrades, d. h. einer Weisheitskomponente und damit einer neuen Bezeichnung, passenderweise »Wissenheit«, bedarf, die letztlich auf einem neuen Forschungstyp, der Sophialogie, gründet.

5   Geheimwissenschaft

Dem Begriff »Geheimwissen« haftet seit jeher so etwas wie ein ketzerischer, konspirativer und umstürzlerischer Beigeschmack an. Sogenannte Geheimbünde mit aufklärerischen, esoterischen (wörtlich: innerlichen) oder politischen Zielen wie Carbonari, Freimaurer, Illuminati, Opus Dei, Ordo Templi Orientis, Rosenkreuzer, Templer und wie sie alle heißen mögen, wurden von den herrschenden Machthabern stets kirchen-, monarchie- oder staatsfeindlicher Umtriebe, der Häresie, Subversion oder des Hochverrats verdächtigt, bezichtigt und dementsprechend verfolgt. Die Hintergründe lassen sich am anschaulichsten am Beispiel der Freimaurer verdeutlichen. Die genuine Freimaurerei, auch »Königliche (Lebens)Kunst« genannt, tritt für die Achtung der Menschenwürde, „Toleranz, freie Entwicklung der Persönlichkeit, Brüderlichkeit und allgemeine Menschenliebe"[43] ein. Ihre Grundideale sind mithin Freiheit, Gleichheit, Brüderlichkeit, Humanität und Toleranz. Deren Mitglieder verpflichten sich zur Verschwiegenheit über alle Bräuche und Logen-Angelegenheiten. Berühmte »Freimaurer«: US-Präsident George Washington, Johann Wolfgang von Goethe und Wolfgang Amadeus Mozart. Skull & Bones, Bilderberger, … Einer Persekution eigener Art unterliegen die sogenannten Geheimwissenschaften: Alchemie, Anthroposophie, Astrologie, Chiromantie, Esoterik, Kabbalistik, Magie, Okkultismus, Spiritismus, Tarot, Theosophie u. Ä.[44] werden vonseiten der jeweiligen etablierten Meinungsbildner und Deutungsprivilegierten durchweg als anrüchig, obskur oder gar gefährlich und somit unerwünscht eingestuft und entsprechend qualifiziert und behandelt.

Andere Auffassungen, Ideale, Meinungen, Überzeugungen und Weltanschauungen hinzunehmen, ja für naturgemäß, lehrreich und

---

[43] Reinalter, Helmut: *Die Freimaurer*, S. 7
[44] Vgl. Kiesewetter, Carl: *Die Geheimwissenschaften – Eine Kulturgeschichte der Esoterik*, Inhaltsverzeichnis

unverzichtbar zu halten, ist im Grunde keine Frage der Toleranz, sondern des gesunden Menschenverstandes und vor allem eine von Weisheit. Ohne Meinungsvielfalt gibt es keine Meinungsfreiheit, mangelt es an essenzieller Ausgewogenheit, Heterogenität, Natürlichkeit, letztlich Menschlichkeit. Da jeder Mensch ein einzigartiges Individuum mit der Veranlagung zu einzigartigen Ansichten, Denkweisen, Glaubensmustern, Überzeugungen und Vorstellungen verkörpert, wirkt sich eine indoktrinative Schablonisierung seines Mentalspektrums für alle Beteiligten hochgradig destruktiv aus. Indem alles in der Welt (s)einen Sinn hat, gilt dies in besonders hohem Maße für des Menschen intellektuelle Fähigkeiten. Kein Mensch besitzt das Recht, das seitens der Schöpfung verliehene Denkvermögen Andersdenkender zu limitieren und sie zu hindern, ihre Gedanken zu äußern. So wie kein Tier ein anderes zu dessen Lebzeiten daran hindert, seine spezifischen Laute von sich zu geben.

Der gesunde, weisheitsgeleitete Menschenverstand realisiert, dass die althergebrachten »geheimen« Wissenschaften allein deshalb nicht gefährlicher als die regulären sein können, weil es bislang keine konkreten Belege ihrer Gefährlichkeit oder durch sie verursachter Schadensfälle gibt, während es den anerkannten nicht gelingt, die von ihnen ausgehenden Gefahren (Paradebeispiele: Nukleartechnologie, umweltbelastende Chemikalien, Gentechnik, missbrauchsbezogene Digitalisierung, militärisch ausgerichtete KI) auszuschließen[45]. Im Gegenteil: Während dank des digitalen Informationszeitalters im Grunde nur noch geheim gehalten wird, was die breite Öffentlichkeit besser nicht wissen soll, beschwören die angesehenen Naturwissenschaften immer existenziellere Gefahren herauf. Aus Sicht des gesunden Verstandes gibt es im Zusammenhang mit Aversionen gegen vermeintlich »Esoterisches« nur eine Frage zu hinterfragen: Wen stört es und weshalb? Früher wurde geheim geforscht, um sich dem Zugriff der jeweiligen Machthaber zu entziehen, die in Geheimwissenschaften eine Gefahr für ihren Herrschaftsanspruch witterten. Wenn heute geheime Forschung betrieben wird, dann zumeist im Auftrag

---

[45] Hecker, Alena: *Was macht das neue 5G-Handynetz mit dem Menschen?* datiert vom 08.03.2019 in: www.t-online.de/digital/smartphone/id_85373138/ist-5g-strahlung-gesundheitsschaedlich-.html Stand: 03/2019

oder mit Wissen staatlicher Organe, um die damit verbundenen Gefahren/Nachteile für die Bevölkerung zu vertuschen.

Geheimnisse (Arkana) üben auf die meisten Menschen einen unwiderstehlichen Reiz aus, sie zu lüften. Das liegt an mehreren ineinandergreifenden Faktoren: am Wissensdrang (Neugier), am Sicherheitsbedürfnis, an der Abneigung gegenüber Unklarheit, am Kontrollstreben, an der Entdeckerfreude, am Hang zum Elitären, an der Anziehungskraft von Mysteriösem und nicht zuletzt an der Faszination, die von transzendentalen Belangen ausgeht.

> „‚Die [Atheisten] benennen das was sie suchen nicht mit Gott, aber letztlich suchen sie auch das Geheimnis. Etwas, das größer ist als sie selbst. Und das ist für mich auch das Kriterium, ob jemand Gott sucht. Ob er offen ist für das Geheimnis.'" Anselm Grün[46]

Für den Komplex Geheimwissen bzw. Geheimwissenschaften gelten heutzutage andere Prämissen als vor den Errungenschaften unseres Informationszeitalters. Angesichts der technologischen Möglichkeiten der digitalisierten Datensammlung, Kommunikations- und Aktivitätsüberwachung, satelliten- und funknetzgestützter Ortung sowie von Cybereingriffen besteht eine weitgehende und weiter zunehmende Transparenz, die eine nicht staatlich gelenkte oder mitgetragene Geheimbetätigung nahezu ausschließt. Eine Sonderform einer gefährlichen Geheimwissenschaft stellen Forschungen und deren Ergebnisse dar, die der skrupellosen Gewinnmaximierung und sonstigen inhumanen Absichten dienen sowie solche, wie man Meinungen und Sichtweisen formt, das Denken und Empfinden manipuliert[47] und das Verhalten von Menschen in eine von deren Nutznießern erwünschte (machtgewinnende und machtsichernde) Richtung steuert.[48] Diese suggestiv-destruktive Praktik kann unter dem Stichwort

---

46 Herbert, Anna-Lena: *Auf der Suche nach dem Geheimnis*, datiert vom 18.11.2016, in: www.katholisch.de/aktuelles/aktuelle-artikel/auf-der-suche-nach-dem-geheimnis Stand: 02/2019

47 Vgl. https://de.wikipedia.org/wiki/Propaganda, Abschnitt „Wissenschaftliche Fundierung", Stand: 03/2019

48 Vgl. Bussemer, Thymian: *Propaganda. Theoretisches Konzept und geschichtliche Bedeutung* in: http://docupedia.de/zg/Propaganda Stand: 03/2019

»Propaganda«[49] subsumiert werden. Deren Funktionsweise ist die für das Schicksal der Menschheit, aber letztlich auch des Planeten Erde folgenschwerste menschliche Erkenntnis. Dieses streng geheim gehaltene Wissen liegt zwar offen auf der Hand, wird jedoch in seiner manipulativen und damit weltbeherrschenden Wirkung von den Indoktrinierten nicht wahrgenommen. Wie ist dieser Widerspruch zu verstehen?

> „Wer Propaganda betreibt, möchte nicht diskutieren und mit Argumenten überzeugen, sondern mit allen Tricks die Emotionen und das Verhalten der Menschen beeinflussen, beispielsweise indem sie diese ängstigt, wütend macht oder ihnen Verheißungen ausspricht. Propaganda nimmt dem Menschen das Denken ab und gibt ihm stattdessen das Gefühl, mit der übernommenen Meinung richtig zu liegen."[50]

Es liegt an der Charakteristik der Propaganda (u. a. in Form sogenannter Verschwörungstheorien), Sachverhalte einseitig-demagogisch darzulegen und folgerichtiges Denken (Logik) durch psychologische Finessen zu neutralisieren, d. h. die gesunde Vernunft durch ungesunde Emotionen zu ersetzen.

6 Frei-Willigkeit

Seit ihrem Anbeginn setzt sich die Wissenschaft mit der Frage auseinander, ob die Schöpfung das Schicksal des Menschen determiniert oder ihm einen freien Willen gewährt. Bis zur Wahrscheinlichkeitsrelation [51] der Quantentheorie hielt sich der Diskurs hierüber die Waage, doch mit der quantenphysikalischen Entdeckung des Zufallsprinzips überwiegt die Annahme der Freiwilligkeit. Worin unterscheiden sich die jeweiligen Theorien? Die Befürworter des Determinismus berufen sich auf das Kausalitätsprinzip der klassischen Physik,

---

[49] Vgl. beispielsweise www.bpb.de/gesellschaft/medien/130697/was-ist-propaganda Stand: 03/2019
[50] Ebenda
[51] Vgl. Heisenberg, Werner: *Über den anschaulichen Inhalt der quantenmechanischen Kinematik und Mechanik (1927)*, S. 77

wonach jede Ursache eine bestimmte, ja bestimmbare Wirkung hervorruft. Fällt, relative Windstille vorausgesetzt, eine reife Frucht vom Baum, bewegt sie sich auf dem kürzesten Weg zu Boden und weder seitwärts noch Richtung Himmel. Wirft man einen Stein ins Wasser, schwimmt er nicht auf der Oberfläche, sondern geht unter. Bei einer Temperatur über 0° Celsius schmilzt Eis. Wer die Augen schließt, sieht nicht, was um ihn herum geschieht, wer ausreichend bekömmliche Flüssigkeit zu sich nimmt, kann nicht verdursten und so weiter. Aus dieser Vorbestimmtheit physikalischer Prozesse wird auf die der menschlichen psychischen Verhaltensweisen geschlossen. Der Mensch könne sein Verhalten gewissermaßen nicht selbst bestimmen, da es kausal determiniert ist: „Wir tun nicht, was wir wollen, sondern wir wollen, was wir tun."[52] Benjamin Libet schien dies mit einem Experiment zu untermauern. Er schloss Probanden an ein Elektroenzephalogramm an und bat sie, zu einem selbst gewählten Zeitpunkt ganz bewusst Finger zu bewegen oder einen Knopf zu drücken. Dabei stellte sich heraus, dass der maßgebliche elektrische Gehirnimpuls vor der bewussten Entscheidung auftrat. Daniel M. Wegner erzielte mit einer anderen Versuchsreihe analoge Ergebnisse.[53]

Die Fürsprecher des freien Willens fordern dazu auf, dem Determinismus abzuschwören, der glauben lassen will, dass des Menschen Handlungen nicht auf seinem Willen basieren, sondern von den neuronalen Aktivitäten seines Gehirns bestimmt werden. Dagegen war Pierre-Simon Laplace (1749-1827) der Ansicht, es gebe keine Zufälle, sondern was uns als zufällig erscheint auf der Unkenntnis der Ursachen beruht. Doch ohne Zufall gäbe es keine Variation des Seienden und Buntheit der Welt.[54] Meine Determinismus-/Zufallsprinzip-Deutung lautet: Es ist nicht alles vorherbestimmt festgelegt, sondern evolutionär vielseitig und bunt gestaltet, es bewegt sich jedoch innerhalb bestimmter naturgesetzlicher oder kosmischer Rahmenbedingungen. Denn wer wäre der Urheber des sogenannten blinden Zufalls? Diese unbekannte Ursache des Zu-falls ist genau das, worauf es ankommt, diese Ursache ist der Sinn des Seins (das, was personifiziert

---

[52] König, Siegfried: *Grundwissen Philosophie*, eBook, Pos. 2009
[53] Vgl. Levine, Peter A.: *Sprache ohne Worte*, eBook, Pos. 5414 ff.
[54] Vgl. Falkenburg, Brigitte: *Mythos Determinismus*, S. 21 f.

Gott genannt wird), das evolutionäre Prinzip allen Geschehens. Der Welt fällt (wovon auch immer veranlasst) zu, was gerade sinnig erscheint. Denn bislang führte kein einziger Zufall zu etwas objektiv Sinnlosem oder zu etwas Unvorstellbarem, z. B. einem Menschen, der fliegen kann, ohne Atmung auskommt, unsterblich ist, völlig anlasslos zu materiellem Reichtum gelangt u. ä. Alle bekannten Zufälle sind objektiv betrachtet unspektakulärer oder resonanzgesetzlich[55] erklärbarer Natur.

Meines Erachtens wird um das Thema Vorbestimmtheit (Determinismus) versus Freiwilligkeit (Willensfreiheit) vonseiten der Wissenschaft, worunter ich auch die Philosophie zähle, zu viel Wind gemacht bzw. Staub aufgewirbelt. Wie so oft, streitet man sich um des Kaisers Bart, indem die unterschiedlichen Positionen (Pole) als miteinander unvereinbar aus der entweder/oder-[56], anstatt der sowohl/als auch-Perspektive betrachtet werden. Indifferenz im Sinne von Neutralität liegt Wissenschaftlern nun einmal nicht – obwohl die Natur (und somit Weisheit) auf Ausgewogenheit, Ausgleich, Einklang, Ganzheit, Harmonie, Mitte, ausgerichtet ist. Im Grunde könnte man sagen, Wissenschaftler lebten im Prinzip davon, einen Aspekt des Weltganzen für sich zu pachten und gegen andere Aspekte zu verteidigen. Zu akzeptieren, dass eine Medaille zwar zwei unterschiedliche Seiten besitzt, diese jedoch nur gemeinsam eine Medaille ergeben, fällt ihnen nicht nur schwer, dies scheint keiner Überlegung wert zu sein. Stattdessen werden auf hunderten von Seiten in für Fachfremde kaum verständlicher Terminologie und hierdurch für jene kaum nachvollziehbare Argumente vorgetragen. Was dann auch noch im Vorwort mit „Bitte lassen Sie sich nicht dadurch entmutigen, dass es manchmal kompliziert wird – das Buch ist so geschrieben, dass es auch ohne detaillierte Kenntnisse der Debatte lesbar ist" zu rechtfertigen versucht wird. Natürlich lässt man sich dadurch nicht nur entmutigen,

---

[55] Vgl. Senftleben, Ralf: *Das Resonanzgesetz (Spiegelgesetz)* in: www.zeitzuleben.de/das-resonanzprinzip/ Stand: 03/2019
[56] Symptomatisches Beispiel: „Die Naturvorgänge sind entweder reversibel und deterministisch, oder irreversibel und indeterministisch, aber nie beides zugleich." Falkenburg, Brigitte: a.a.O., S. 256

sondern gar ent-täuschen in dessen wörtlichem Sinne einer Befreiung von Täuschungen, in jenen Fällen von der Vorspiegelung einer herausragenden Intellektualität. Letztere mag ja durchaus vorliegen und ein solches Buch optisch lesbar sein – aber man kauft nicht Bücher, weil man (sie) lesen kann. Kostprobe:

> „Lassen wir die spekulative Metaphysik beiseite und wenden wir uns wieder der Frage zu, wie sich unser Zeitbewusstsein durch neuronale Prozesse erklären lässt. Auf der Grundlage der heutigen Physik könnten uns die zellulären Automaten *nicht* vor dem obigen Dilemma retten, und wenn sie die neuronalen Prozesse noch so schön modellieren sollten. Die Neurone feuern nämlich *nicht* nach diskreten Algorithmen, sondern nach den Gesetzen der Elektrochemie und der Thermodynamik, die wieder in das obige Dilemma führen. *Entweder* geht unsere mentale Uhr auf irreversible neuronale Aktivitäten zurück, die auf thermodynamischen Prozessen beruhen. Dann kann unser Zeiterleben nicht strikt determiniert sein, sondern es muss nichtdeterministische, probabilistische, stochastische Grundlagen haben – entweder Quantenprozesse oder ein höherstufiges irreversibles Geschehen. *Oder* aber das Zeiterleben ist durch das neuronale Geschehen strikt determiniert. Dann müssen ihm reversible Prozesse zugrunde liegen und der subjektiv erlebte Unterschied von Vergangenheit und Zukunft wird zum irreduziblen Epiphänomen ohne physische Basis."[57]

Das wesentliche Motiv dürfte eher darin bestehen, deren Inhalt verstehend aufnehmen zu können. Nun versucht der/die Autor(in) der exemplarisch herausgegriffenen Abhandlung auf rund 400 Seiten zu beweisen, weshalb der darin beleuchtete neuronale Determinismus auf metaphysischen Spekulationen beruht, während er/sie gleichzeitig zugibt, dass „alle naturwissenschaftlichen Erklärungen auf empirischen Voraussetzungen [beruhen] und ihre Grenzen [haben]."[58]

---

[57] Da es mir grundsätzlich fernliegt und ebenso wenig zusteht, Werke anderer zu kritisieren, verzichte ich in beispielhaften Zitaten wie diesem ganz bewusst darauf, die Quelle zu benennen. Die von meiner Auffassung oder Erkenntnis abweichenden Darlegungen sind daher mitnichten als Kritik, sondern als meiner Argumentation bzw. der Veranschaulichung dienende Feststellungen zu verstehen.

[58] Siehe vorstehende Anmerkung

Der Begriff »Metaphysik« wurde aus dem Griechischen *tà metà tà physiká* »das, was nach den natürlichen Dingen [kommt]«, hergeleitet, das sich auf Schriften des Aristoteles bezieht, die in einer bestimmten Ausgabe aus dem 1. Jahrhundert v. Chr. hinter seinen naturwissenschaftlichen Schriften angeordnet gewesen sein sollen. Natürliche Dinge seien für ihn veränderlich und vergänglich gewesen – was »dahinter steht/steckt«, demnach unveränderlich und unvergänglich. Sein Werk »Metaphysik« ist somit mit einem Begriff betitelt, der zu Aristoteles' Zeit nicht vorkam und ebenso wenig von ihm, sondern von Andronikos von Rhodos stamme. Doch worum geht es in jenem Buch?

> „Aristoteles spricht in der Metaphysik von einer allen anderen Wissenschaften vorgeordneten Wissenschaft, die er Erste Philosophie, Weisheit (sophia) oder auch Theologie nennt. Diese Erste Philosophie wird in dieser Sammlung aus Einzeluntersuchungen auf drei Weisen charakterisiert:
> 1. als Wissenschaft der allgemeinsten Prinzipien, die für Aristoteles' Wissenschaftstheorie zentral sind (→ Satz vom Widerspruch)
> 2. als Wissenschaft vom Seienden als Seienden, die aristotelische Ontologie
> 3. als Wissenschaft vom Göttlichen, die aristotelische Theologie (→ Theologie)"[59]

Demnach müsste die Metaphysik nicht nur als Wissenschaft, sondern gar als Basis aller Wissenschaften gelten und letztlich wenn, dann *Prophysik* – »was der Physik vorgeht« heißen. Stattdessen wird die Metaphysik in wissenschaftstheoretischen Abhandlungen gern in folgendem Sinne qualifiziert: „Seit Kant, und stärker noch seit der Wissenschaftstheorie des 20. Jahrhunderts, gelten metaphysische Begriffe [damit ist natürlich die Metaphysik an sich gemeint, Anm.] als unwissenschaftlich, soweit sie keinerlei empirische, erfahrungsgestützte Bedeutung haben."[60] Abgesehen davon, dass sich die evidenzbasierte Metaphysik selbstverständlich auf erfahrungsgemäße

---

[59] https://de.wikipedia.org/wiki/Aristoteles Stand: 03/2019
[60] Siehe Fußnote 57

Erscheinungen stützt, ist sie in der Tat keine Wissenschaft, schließlich hat sie Aristoteles den Wissenschaften vorgeordnet, sondern eine weisheitsorientierte Forschung, d. h. nach meiner Terminologie »Wissenheit«, die in diesem Buch noch ausführlich zur Sprache kommt.

Bei dem Standard-Disput zwischen den Fürsprechern des Determinismus und den Verfechtern der Willensfreiheit setzt man sich im Grunde darum auseinander, ob die neuronalen Prozesse unserer Gehirne naturgesetzlich vorbestimmt und damit unabwendbar oder willentlich beeinflussbar sind. Das sind wie so oft Extrempositionen, über die es sich wahrlich nicht lohnt, Jahrhunderte hinweg zu schwadronieren, nur um des Versuches willen, zu beweisen, dass man klüger ist als all diejenigen, die der anderen oder gar überhaupt anderer Meinung sind. Zumal dann nicht, wenn es, wie so oft, die Mischung macht, also beide recht haben. Sowohl den Deterministen als auch den Frei~willigen dürfte wohl einleuchten, „dass es natürliche Bedingungen dafür gibt, wie wir überhaupt handeln können, und wir einige dieser Bedingungen nicht ändern können."[61] Insofern sind Determinismus und Handlungsfreiheit kompatibel.

> „Das Problem der Willensfreiheit führt [...] zu einer Beschreibung auf zwei verschiedenen Ebenen. Auf der theoretischen Ebene suchen wir zu jeder Handlung nach Ursachen und Motiven und wir versuchen zu erklären, wie es zu dieser Handlung kommen konnte. Auf der praktischen Ebene behandeln wir die gleiche Handlung als eine frei gewählte, die auch anders hätte ausfallen können, und wir machen den Handelnden dafür verantwortlich. Wenn Sie jetzt fragen, welche Beschreibung denn die richtige ist, dann ist die Frage falsch gestellt, denn beide Beschreibungen sind richtig, aber jeweils in ihrem Kontext."[62]

In diesem Zusammenhang fand ich einen interessanten Ansatz eines mir unbekannten MartinB. Er argumentiert, dass es deshalb keinen freien Willen geben kann, weil sich jeder Mensch stets so entschei-

---

[61] Gabriel, Markus: *Ich ist nicht Gehirn*, eBook, Pos. 3251
[62] König, Siegfried: a.a.O., Pos. 2030

den muss, wie es seinem – er nennt es Charakter – entspricht, gemeint ist das jeweilige individuelle Naturell. Dazu skizziert er ein Beispiel: Angenommen, ein Bekannter bittet ihn, ihm am Wochenende aufgrund seiner Fachkenntnis bei der Ingangsetzung seines Computers behilflich zu sein. Doch MartinB sei sehr ausgelastet und könne sich grundsätzlich etwas Angenehmeres vorstellen, als das verdiente Wochenende damit zu verbringen, fremde Computer zu reparieren. Aber der Bekannte sei ein netter Mensch und MartinB wisse selbst, wie es sei, ohne die digitalisierten Erfüllungsgehilfen auskommen zu sollen, von denen man sich heutzutage gleichsam komplett abhängig mache. Also sagt er nach einer kurzen Denkpause zu, vorbeizukommen und sich das Gerät anzusehen. Eine solche Entscheidung halte MartinB dafür, was unter einem freien Willensakt verstanden werde. Er habe die Wahl zwischen den Optionen »Zusage« oder »Absage« und entscheide sich für die erstgenannte. Er wägt zwischen beiden ab und kommt zu jenem Ergebnis, das seinem Gefühl nach auch anders hätte ausfallen können und unter anderen Bedingungen (wenn er beispielsweise zu dem fraglichen Zeitpunkt unter enormem Stress gestanden hätte) auch anders ausgefallen wäre. Nun räsoniert MartinB, sich unter den gegebenen Umständen entschlossen zu haben, zu helfen. Wenn dies eine »freie« Entscheidung gewesen sei, hieße das, dass er sich unter genau denselben Prämissen (*ceteris paribus*) auch hätte entscheiden können, nicht zu helfen. Weshalb habe er sich dann aber genau so entschieden, wie er es tat? Daraufhin resümiert er, weil es seinem Charakter entspreche: „Ja, meine Entscheidungen sind determiniert, und zwar durch meinen Charakter, meine Art zu denken und meine Gefühle. Und diese Gedanken sind meine Gedanken, das heißt, sie sind so wie sie sind, weil ich so bin wie ich bin. Auch der hartnäckigste Anhänger des freien Willens sollte anerkennen, dass unsere Willensentscheidungen insofern determiniert sind, als sie auf unsere persönlichen Eigenschaften zurückgeführt werden können und dass sie in genau diesem Sinne nicht frei sind."[63]

---

[63] MartinB: *Willensfreiheit und Determinismus – warum ich das Problem nicht verstehe*, datiert vom 19.02.2013 unter http://scienceblogs.de/hier-wohnen-drachen/2013/02/19/willensfreiheit-und-determinismus-warum-ich-das-problem-nicht-verstehe/?all=1 Stand: 03/2019

Widmen wir uns nun dem Punkt, wonach Metaphysik als unwissenschaftlich angesehen wird, soweit sie sich auf keinerlei empirische Evidenz stützen kann. Es gibt unseren wundervollen blauen Planeten, der sich am Äquator mit einer Geschwindigkeit von 1.670 km/h um seine Achse und mit einer von 107.000 km/h um die Sonne dreht, ohne dass wir auch nur das Geringste von dieser irren Rasanz wahrnehmen. Wir schweben mit unserem Planeten frei im Universum, unsere Häupter zugleich nach allen denkbaren Richtungen (oben, unten, seitlich) gestreckt und merken nichts davon, während uns das Blut in den Kopf schießt, wenn wir ihn auf unserem Planeten im Kopfstand oder ähnlichem gleichsam hängen lassen. Unser wundervoller blauer Planet bietet all dem, das er beherbergt, eine optimale Daseins- und Lebensgrundlage: eine wunderbare Natur, die Floren, Faunen und uns, *Homines sapientes*, einschließt und alles, was zur blanken Glückseligkeit benötigt wird. Vor allem uns Menschen hat die Schöpfung mit besonderen Segnungen bedacht – mit Selbstbewusstsein (dem Bewusstsein unserer selbst), partiell freiem Willen, Kreativität, Schöpfergeist, Erfindungsgabe, Entdeckerfreude, höherentwickelter Intelligenz, Spieltrieb, Genussfähigkeit und ausgeprägter Genusslust, Intellektualität, weitgehend freier Sexualität, höherentwickelter Liebesfähigkeit und vielem mehr. Bei genauem objektiviertem Hinsehen und Hinspüren lässt sie keine Wünsche offen. Im Universum ist wahrscheinlich alles perfekt aufeinander abgestimmt, auf unserem Planeten Erde allemal. Die Natur, einschließlich des Menschen, ist so beschaffen, dass sich jedes Lebewesen so gut wie allen ihrer Bedingungen (sogenannte »Naturkatastrophen« ausgenommen) anpassen kann. Droht irgendeine relevante Ressource unwiederbringlich verbraucht zu werden, beispielsweise Rohöl, steht frühzeitig Ersatz (Sonnenenergie-, Elektro-, Wasserstoffantrieb) zur Verfügung. Wird ein Rohstoff für eine Technologie, beispielsweise digitaltechnische Systeme, Mikroelektronik, Computertechnologie benötigt (Coltan), steht seine unmittelbare Entdeckung bevor. Das Universum und damit auch unser Planet sind auf Harmonie ausgelegt. Geringste Abweichungen (Disharmonien) innerhalb des perfekt aufeinander abgestimmten kosmischen Systems in Form sogenannter blinder Zufälle hätten anderenfalls verhängnisvolle Auswirkungen zur

Folge. Andererseits verlieh die Schöpfung uns Menschen eine nicht zu unterschätzende Schöpferkraft, derer sich die meisten von uns nicht hinreichend bewusst sind. Man braucht sich nur zu vergegenwärtigen, auf welchem unglaublichen technologischen Niveau wir uns mittlerweile befinden, wovon eine Unzahl der heutzutage für unverzichtbar gehaltenen Errungenschaften z. B. Autonomes Fahren, CityAirbus, Computer, Drohnen, Gentechnik, Humanoidroboter, Internet, Künstliche Intelligenz, Smartphone, Smart Home u. Ä. noch vor einigen Jahrzehnten für völlig utopisch gehalten worden wären – von den vor dem Normalbürger geheim gehaltenen »Spielzeugen« ganz abgesehen. Wären es die von Ärzten verordneten Arzneien, die unsere Krankheiten heilen, weshalb gibt es nicht längst die Gesundheitspille, die niemanden krank werden lässt? Weil es weder die Ärzte noch die Arzneien sind, die uns heilen. Ohne unsere psychophysischen Selbstheilungskräfte könnten wir vergeblich Medikamente schlucken, so viele wir möchten. Das einzig Wirksame wären deren Nebenwirkungen. Wodurch entstehen Krankheiten? Menschen, die bis auf vernachlässigbare Wehwehchen ihr Leben lang nicht ernster krank sind, verfügen über intakte Selbstheilungskräfte: ein wehrhaftes Immunsystem, eine gesunde psychische Verfassung, eine gesunde Lebenseinstellung sowie einen gesunden Menschenverstand.

Es gibt Forschungsbereiche, vor denen die etablierte Wissenschaft übergeordneter Interessen wegen Halt macht oder deren Erkenntnisse unveröffentlicht bleiben. Hierunter fallen nicht zuletzt solche, die das Potenzial bergen, den kommerziellen Interessen der Schlüsselindustrien und -branchen zuwiderzulaufen. Man könnte hierzu unzählige Beispiele anführen. Ich greife hierzu willkürlich eines der signifikanten heraus: das Resonanzprinzip. Jeder von uns kennt es aus eigener Erfahrung: wir lächeln Babys oder Kleinkinder so lange an, bis sie zurücklächeln, weil wir uns freuen, wenn bzw. dass es uns gelingt. Mit (nichtpubertierenden) Jugendlichen und Erwachsenen funktioniert es genauso. Wenn wir jemand Fremden, dem wir begegnen, intensiv ansehen und dabei anlächeln und er den Blick erwidert, lächelt er im Normalfall instinktiv zurück, zumindest entspannen sich dessen Gesichtszüge sichtbar. Wenn wir umgekehrt jemanden, ob Baby,

Kleinkind, Jugendlicher oder Erwachsener grimmig ansehen, verfinstert sich auch dessen Gesicht selbst dann, wenn ihm zuvor zum Lächeln zumute war. Nun könnte man behaupten, dies läge im ersten Fall gewissermaßen an unserer anerzogenen Höflichkeit und im zweiten daran, da uns beigebracht worden ist, hinter finsteren Mienen eine Gefahr zu wittern. Schön, dem könnte so sein, aber wie kommt es, dass ausgerechnet Babys, denen noch nichts Derartiges beigebracht worden sein kann, dieses Reaktionsverhalten an den Tag legen? Wir lächeln, jedenfalls innerlich, wenn wir uns wohlfühlen und schauen, jedenfalls innerlich, mürrisch drein, wenn uns etwas grämt und wir uns unbehaglich fühlen. Dieses Resonanzprinzip prägt unser ganzes Dasein. Bei den meisten von uns genügt schon ein an uns gerichtetes freundliches Wort, ein treuer Blick eines Haustieres, der Anblick einer schönen Blume, des Sonnenauf-/-untergangs oder des Vollmondes, um eine angenehme Empfindung in uns zu erzeugen und uns innerlich lächeln zu lassen. Wie schnell hingegen unser inneres Gleichgewicht aus den Fugen gerät, sobald uns jemand gleichsam dumm von der Seite anspricht, bedarf keiner näheren Erläuterung. Das heißt, wir gehen mit dem in Resonanz, was uns von außen begegnet und unser Außen geht damit in Resonanz, was wir von unserem Innern ausstrahlen. Bei diesem Wechselspiel richtet sich der Reaktionsgrad nach der Intensität der Ausstrahlung, der Emanationskraft, aus: je »mächtiger« die Ausstrahlung, desto geringer die Gegenwirkung. Will heißen: Gehen – in dieser Betrachtung wir Menschen – mit irgendetwas in Resonanz, richtet sich die Reaktion des »schwächeren« nach dem »stärkeren« Einflussfaktor. Lächeln wir ein Kleinkind an, lächelt es (irgendwann) zurück. Sieht es uns missmutig an, lassen wir uns dadurch nicht unsere gute Laune verderben. Lächelt uns unser Vorgesetzter an, lächeln wir (garantiert) zurück. Sieht er uns strafend an, passen sich unsere Gesichtszüge unmittelbar seiner Stimmung an. Kommen wir als Chef zu unserem Mitarbeiter, um ihm seine Kündigung zu übermitteln, berührt uns sein Groll uns gegenüber unmaßgeblich. Werden wir als Kinder und Jugendliche von unseren Eltern, Erziehern oder Lehrern gescholten oder schlecht benotet, ist in der Regel unsere Fröhlichkeit vorübergehend dahin, während sich die Scheltenden in solchen Augenblicken nonchalant ihrer Erziehungs-

und damit folgenfreier Kritikberechtigung erfreuen. Sobald aber wir als Kinder oder Jugendliche unsere Erziehungsberechtigten oder als Erwachsene die uns »Übergeordneten« zu kritisieren wagten, durften wir nicht davon ausgehen, ungestraft davonzukommen. Strahlen wir den bedeckten Himmel an, lugt die Sonne nicht deshalb hinter den Wolken hervor. Strahlt uns die Sonne an, während wir schmollen, hindert sie das keine Sekunde am Weiterstrahlen.

Fest steht: Wir gehen permanent mit unserer Umwelt in Resonanz und reagieren auf sie. Ob auf anderer Meinungen, Launen, Kultur, Nationalität, Geschlecht, sexuelle Orientierung, Beruf, körperlichen und geistigen Zustand, Vermögensstatus, Reputation, Bonität, Familienstand, Herkunft und/oder Glauben, Nachrichten, die Besitztümer unserer Nachbarn oder auch nur das Wetter. Wir reagieren, indem jeder für sich über jedes und alles urteilt. In jedem von uns steckt ein mehr oder minder strenger Richter, der die Richt~ung seiner Weltsicht, seines Denkens, Handelns und Verhaltens vorgibt. Wer anderer Ansicht ist, möge sich vor Augen führen, dass er unentwegt Urteile fällt. In diesem Augenblick darüber, was er gerade liest. Ohne unsere resonatorische Be- und Verurteilung gäbe es Weltfrieden oder das sagenumwobene Paradies auf Erden. Nun werden mindestens 99,9 % einwenden, dass zu urteilen überlebens- oder zumindest lebensnotwendig sei. Denn wie sollten die angenehmen Seiten des Lebens überwiegen, wenn man nicht zwischen individuell förderlichen und unangenehmen oder gar schädlichen Dingen unterschiede? Die Antwort ist so einfach, wie es schwer ist, sie angesichts unserer Urteils-Konditionierung zu praktizieren, also im Alltag umzusetzen. Man braucht sich bei jeder Beurteilung, die zu einem Missbehagen führt, »lediglich« dessen zu besinnen, dass man subjektiv urteilt und sich zu fragen, ob dieses Urteil unvoreingenommen wirklich berechtigt ist oder von einem übernommenen Glaubensmuster, einer übernommenen Indoktrination herrührt. Handelt es sich bei der Beurteilung um eine andere Person, könnte es bereits hilfreich sein, sich zu vergegenwärtigen, wie es wäre, selbst so beurteilt zu werden. Beispiel: Situation a): Ihnen kommen drei dunkelhäutige, zwanzig- bis dreißigjährige Männer nahöstlichen Typs entgegen und sprechen sie in einem sehr gebrochenen Deutsch nach dem Weg zur örtlichen Außenstelle des Bundesamtes für Migration und Flüchtlinge an. Situation b): Ihnen kommen die gleichen Männer entgegen und fragen Sie in perfektem Deutsch nach demselben Weg. Situation c): Ihnen kommen drei Männer im Anzug, die offensichtlich Deutsche sind, entgegen und fragen nach demselben Weg. Was geht in Ihnen als Sie angesprochen werden, während der Begegnung und danach in den jeweiligen Situationen vor? Vermutlich überkommen Sie schon beim Lesen bzw. Sichhineinversetzen in die unterschiedlichen Situationen grundlegend divergierende Empfindungen. Nun denken Sie daran, dass Sie über keine der drei Menschengruppen wie auch deren Grund der Anfrage auch nur das Geringste wissen und rein nach deren Äußerem in Verbindung mit Ihrem diesbezüglichen, zumeist von anderen übernommenen Weltbild urteilen. Denn die urteilsfreie Begegnung liefe auf ein völlig neutrales Setting hinaus, in dem alle drei Situationen gleichwertig abschnitten, analog jener, dass Sie eines Ihrer engsten Familienangehörigen nach dem Weg zu einer beliebigen Adresse gefragt hätte. Denken Sie daran, wie es für Sie wäre, wenn Sie in ein außereuropäisches Land reisend, als Bürger Deutschlands/Europas, das bedenkenlos Waffen an miteinander verfeindete Nationen liefert, von den dortigen Einheimischen pauschal abgelehnt oder gar angefeindet würden.

Es darf daher guten Gewissens behauptet werden, dass das Resonanzprinzip ein empirisches, erfahrungsgestütztes Phänomen darstellt, den Rang eines Naturgesetzes einnimmt und sich somit einer regen natur- und geisteswissenschaftlichen Erforschung erfreut. Doch was weiß Wikipedia (auszugsweise) zum „Gesetz der Anziehung" oder auch Resonanzgesetz zu berichten?

> „Als Gesetz der Anziehung (englisch law of attraction), auch Resonanzgesetz oder Gesetz der Resonanz, wird in der Selbsthilfe- und Lebensberatungsliteratur die Annahme bezeichnet, dass Gleiches Gleiches anzieht. Diese Vorstellung bezieht sich speziell auf das Verhältnis zwischen der Gedanken- und Gefühlswelt einer Person und ihren äußeren Lebensbedingungen. Es wird von einer gesetzmäßigen Analogie zwischen Innen- und Außenwelt ausgegangen. Diese Analogie soll nutzbar gemacht werden, indem man durch eine Änderung

der persönlichen Einstellung zu gegebenen äußeren Umständen eine analoge Änderung dieser Umstände im gewünschten Sinne herbeizuführen versucht. Gegen Ende des 19. Jahrhunderts wurde der Begriff von neugeistig orientierten Autoren, verwendet. Seitdem wurde der Begriff wiederholt von diversen esoterisch orientierten Gruppierungen aufgegriffen. Vielfach bauen modernes Erfolgscoaching und Lebensberatungen auf diesem Konzept auf, mit dem Ziel, durch eine positive Lebenseinstellung zu mehr Erfolg, Reichtum und privatem Glück zu kommen. Die Anwender berufen sich dabei häufig auf die Hermetik; sie behaupten, das ‚Gesetz der Anziehung' beruhe auf den sogenannten sieben hermetischen Gesetzen (Kybalion). Die Autoren, die von der Gültigkeit des Gesetzes der Anziehung ausgehen, beurteilen es als universales Prinzip der gesamten Wirklichkeit. Diesen Überlegungen liegt die Annahme zugrunde, dass alles Geistige – also Gedanken, Gefühle, Befürchtungen und Wünsche – ‚Schwingungen' erzeugt. Diese Schwingungen sollen sich von der Person, die sie erzeugt, auf die Außenwelt übertragen und dort entsprechende Wirkungen hervorrufen, unabhängig davon, ob die Person sich dessen bewusst ist oder nicht. Daraus wird die These abgeleitet, ein Kenner und Anwender des Gesetzes der Anziehung könne seine Wünsche durch gezielte Ausrichtung seiner Aufmerksamkeit wahr werden lassen. Das Gesetz der Anziehung wird somit als Werkzeug aufgefasst, mit dem jeder sein Leben nach seinen Wünschen und Vorstellungen gestalten kann. Zur theoretischen Abstützung der These wird mitunter ein Zusammenhang mit der Quantenmechanik behauptet. Esoterik-Autoren vertreten die Ansicht, dass der Mensch dem Gesetz der Anziehung entsprechend ‚… die schöpferische Kontrolle über seine körperlichen Erfahrungen besitzt' und sprechen von einer ‚Wissenschaft des bewussten Erschaffens' nach dem Grundsatz ‚Was ich denke, glaube oder erwarte, das ist'."[64]

Sehen wir uns die wesentlichen Aussagen einzeln an.

- Annahme: Gleiches zieht Gleiches an.

  Diese Annahme ist nicht weit hergeholt. Indem sie hinsichtlich Nationen, Religionen, Ideologien, politischen Parteien, Vereinen, Bewegungen, Sekten etc. für jeden sichtbar auf der Hand liegt,

---

[64] https://de.wikipedia.org/wiki/Gesetz_der_Anziehung Stand 03/2019

bedarf dieser Standpunkt keiner gesonderten wissenschaftlichen Verifikation.

- Annahme: Es besteht ein Zusammenhang zwischen der Gedanken- und Gefühlswelt einer Person und ihren äußeren Lebensbedingungen.

Diese These kann jeder für sich selbst auf den Prüfstand stellen. Wer mental und emotional mit seinem Leben zufrieden ist, dessen Lebensbedingungen sind auch faktisch zufriedenstellend und umgekehrt. Alles andere sind subjektive, individuelle, unmaßgebliche Urteile von Menschen, die aus den vielfältigsten Gründen von Lebensumständen andere Vorstellungen als die Betroffenen haben. Beispiel: Aristoteles Onassis zählte zu Lebzeiten zu den reichsten Menschen der Welt. Führt man sich seine Biografie vor Augen, wird deutlich, dass ihn sein Reichtum nicht glücklich zu machen vermochte. Er erlitt so belastende familiäre Schicksalsschläge, dass er 69jährig an gebrochenem Herzen verstorben sein soll. Gegenbeispiel: Mutter Teresa sei eine mittellose Ordensschwester gewesen, die ihr Glück und Seelenheil im Samaritertum für Arme, Obdachlose, Kranke und Sterbende gefunden habe. Ihre Lebensbedingungen, die die meisten von uns für alles andere als erstrebenswert halten dürften, empfand sie offensichtlich für sich als optimal, wurde gesund 87 Jahre alt und im September 2016 heiliggesprochen.

- Annahme: Durch eine Änderung der persönlichen Einstellung zu gegebenen äußeren Umständen kann eine analoge Änderung dieser Umstände im gewünschten Sinne herbeigeführt werden.

Auch dieser Aspekt ist bei wörtlicher Rezeption als zutreffend zu betrachten. Kritiker dieser Annahme legen sie so aus, dass man sich beispielsweise als relativ Unvermögender nur zu wünschen braucht, wohlhabend zu werden, um früher oder später zu Vermögen zu gelangen. Oder, dass man sich im Krankheitsfall, um zu genesen, lediglich gesund denken muss. Bei genauem Hinsehen geht es jedoch um eine Einstellungsänderung und Änderungen der Einstellung führen zwangsläufig zu Umstandsänderungen.

Beispiele: Selbstheilungskräfte, Placebos, Opferrollen oder Bio-Produkte. Wer fest davon ausgeht, dass eine positive Lebenseinstellung Krankheiten wirkungsvoller verhindert als die sogenannte gesunde Lebensweise, dass Krankheiten weder Arzt noch Medikamente, sondern die Selbstheilungskräfte kurieren und ein anhaltendes Glücksgefühl die bestmögliche Gesundheitsvorsorge darstellt, der erkrankt, wenn überhaupt, signifikant seltener, weniger schwer und genest deutlich schneller. Wer fest davon überzeugt ist, dass eine bestimmte Arznei heilend wirkt, verspürt auch nach unwissentlicher Einnahme eines Placebos zumindest eine Linderung seiner Beschwerden. Wer sich bewusst oder unbewusst vom Schicksal in eine Opferrolle versetzt fühlt, sieht sich ständig von »Tätern« umzingelt. Wer auf den Konsum von Bio-Produkten setzt, fühlt sich allein schon deshalb gesund, um seine Überzeugung nicht zuletzt sich selbst gegenüber rechtfertigen zu müssen – Tenor: Ich werde doch wohl nicht für Biologisches mehr zahlen als für Konventionelles, wenn es nicht meiner Gesundheit dient. Bei dieser Einstellungsänderungs-These liegt der Akzent mithin nicht auf einem Wunschdenken, sondern der Denkweise über die entsprechenden Aspekte. Also am Glauben, der bekanntlich Berge versetzt. Der Sachverhalt ist aber für jedermann unschwer nachvollziehbar, da die Welt nicht jedem gleich erscheint, sondern jedem so, wie dessen Einstellung zur Welt geartet ist. Wessen Einstellung darauf gerichtet ist, dass das Leben an sich schwer sei, der empfindet das Leben als mühsam, beschwerlich und anstrengend und seine äußere Lebenssituation als strapaziös und hart (erarbeitet). Wessen Einstellung darauf gerichtet ist, dass das Leben an sich gefährlich sei, der fühlt sich ängstlich, unsicher, bedroht und in dessen äußeren Lebenslage lauert bildlich hinter jedem Busch ein Räuber. Demjenigen, der nun solche Einstellungen diametral ändert, begegnet die Welt sogleich freundlich, entgegenkommend, chancenreich, wohlwollend, voller Wunder und daher vorurteilsfrei liebenswert. Der einzige Faktor, der das Leben beschwerlich und gefährlich zu machen vermag, sind wir Menschen selbst.

- Annahme: Viele Coachings und Lebensberatungen bauen darauf auf, durch eine positive Lebenseinstellung zu mehr Erfolg, Reichtum und privatem Glück zu kommen.

  Zu Recht. Wer dies in Frage stellt, soll das Gegenteil ausprobieren oder in Erfahrung bringen: Aus einer negativen Lebenseinstellung, also Frustration, Pessimismus, Resignation, Schwermut, Trübsinn, Unlust, Unzufriedenheit, Verdrossenheit heraus zu mehr Erfolg, Lebensfreude und privatem Glück zu gelangen.

- Annahme: Das Gesetz der Anziehung ist ein universales Prinzip der gesamten Wirklichkeit. Alles Geistige – also Gedanken, Gefühle, Befürchtungen und Wünsche – erzeugt »Schwingungen«, die sich auf die Außenwelt übertragen und dort entsprechende Wirkungen hervorrufen, unabhängig davon, ob die Person sich dessen bewusst ist oder nicht.

  Dass gedankliche Gehirnströme in Frequenzen (Schwingungen) gemessen werden und Wirkungen hervorbringen, hat längst auch die »exakte« Wissenschaft herausgefunden:

  - „Die Elektroden am Hinterkopf des ‚Piloten' registrieren die nur einige millionstel Volt schwachen elektrischen Signale des Teils der Großhirnrinde, der für die Verarbeitung der Seheindrücke zuständig ist. Aus diesem hochkomplizierten Hirnstrommuster filtert ein spezieller Verstärker die Frequenz des Flackerlichts heraus. Erstaunlicherweise kann man lernen, die Lichtfrequenz im Wellensalat seiner Hirnströme zu unterdrücken oder zu verstärken. Der Leuchtbalken auf dem Monitor zeigt die Stärke der stimulierten Frequenz. Wie man den Balken bewegt, muß jeder für sich selbst herausfinden. ‚Es ist egal, ob man in die Lichtquelle guckt oder die Augen schließt', erläutert McMillan, ‚manche Leute stellen sich den Leuchtbalken als Goldfisch vor, der im Aquarium hin und her schwimmt. Das geht, aber wie das funktioniert, wissen wir immer noch nicht.'"[65]

---

[65] Scriba, Jürgen: *Nervenimpulse steuern Computer: Forscher zapfen das Gehirn an auf der Suche nach neuen Kommunikationskanälen*, datiert vom 11.07.1994 in:

- „Gehirnströme kümmern sich nicht um sozial erwünschtes Verhalten. Eine Mitarbeiterin der Neuromarketing Labs in Stuttgart setzt mir eine Art bunte Badekappe auf, daran stecken an langen Kabeln viele kleine Elektroden. Sie misst damit die Frequenzen meiner Gehirnströme auf der Schädeloberfläche. Auf einem Bildschirm erscheinen gezackte Linien. Wenn mein Gehirn mit einem Preis nicht einverstanden ist, verändern sich die Frequenzen in meinem Kopf – ganz unabhängig davon, was ich bewusst denke."[66]

- Annahme: Das Gesetz der Anziehung sei ein quantenphysikalisch nachvollziehbares Phänomen, mit dem jeder sein Leben nach seinen Wünschen und Vorstellungen gestalten kann. Hierdurch besitze man die schöpferische Kontrolle über seine körperlichen Erfahrungen nach dem Grundsatz ‚Was ich denke, glaube oder erwarte, das ist‘.

Interessanterweise ist der noch im März 2019 in der zitierten Wikipedia-Info enthaltene Satz „Zur theoretischen Abstützung der These wird mitunter ein Zusammenhang mit der Quantenmechanik behauptet" zwischenzeitlich entfernt worden.

„Alles was wir haben, ist die Information, sind unsere Sinneseindrücke, sind Antworten auf Fragen, die wir stellen. Die Wirklichkeit kommt danach. Sie ist daraus abgeleitet, abhängig von der Information, die wir erhalten. Da es offenbar keinen Unterschied zwischen Wirklichkeit und Information geben kann, können wir auch sagen: In unserem Bild ist also Information, ist Wissen der Urstoff des Universums. Wirklichkeit und Information sind dasselbe. Ich schlage also vor, die zwei Konzepte, die bisher anscheinend etwas völlig Verschiedenes beschrieben haben, als die zwei Seiten ein und derselben Medaille zu betrachten, im Grunde in ähnlicher Weise, wie wir von Einstein in der Relativitätstheorie gelernt hatten, dass Raum und Zeit

---

www.focus.de/wissen/natur/gehirnforschung-gedanken-lesen_aid_147938.html# Stand: 04/2019

[66] Miethge, Christiane: *Das Ende der Gedankenfreiheit: Tech-Firmen wollen mit unserem Gehirn Geld verdienen*, datiert vom 24.07.2018 in: www.gq-magazin.de/auto-technik/article/das-ende-der-gedankenfreiheit-tech-firmen-wollen-mit-unserem-gehirn-geld-verdienen Stand: 04/2019

zwei Seiten derselben Medaille sind. Es ist offenbar so, dass wir die Trennung zwischen Information und Wirklichkeit aufheben müssen. Es macht offenkundig keinen Sinn, über eine Wirklichkeit ohne die Information darüber zu sprechen. Und es ist sinnlos, von Information zu sprechen, ohne dass sich diese auf irgendetwas bezieht."[67]

Wenn demnach meine Informationen (mein Wissen, mein Denken, mein Glauben, meine Erwartungen) über die Wirklichkeit meine Wirklichkeit formen, mag auch diese Annahme realitätsgerecht sein. Drei Beispiele: 1. Dadurch, dass wir darüber informiert sind, dass Glut auf der Haut zu Verbrennungen dritten Grades führt, fiele angesichts dieser Wirklichkeit niemandem ein, mehrere Meter über glühende, bis zu 800° C heiße Kohlen, zumal barfuß, zu laufen. Doch für diejenigen, die über die Information verfügen, dass man solch Feuerlaufen (Pyrovasie)[68] im Regelfall völlig unbeschadet übersteht, wendet sich jene Wirklichkeit in ihr Gegenteil. 2. Im gegenwärtigen Informationszeitalter ist es weder möglich noch ratsam, sich der Flut der uns täglich überschwemmenden Informationen völlig zu entziehen. Das hat zur Folge, dass eine Unterscheidung zwischen Serious News und Fake News ebenso wenig möglich ist – ein seitens der Fake News-Divulgatoren erwünschter Effekt. Hierdurch kann jeder Informator die jeweils anderen der Verbreitung von Falschmeldungen und Verschwörungstheorien bezichtigen. Dadurch bleibt den jeweiligen Informationsempfängern keine andere Wahl, als sich hierauf einen eigenen Reim zu machen, d. h. ihre individuelle Wahrheit (Wirklichkeit) zurechtzulegen. 3. Wäre dem nicht so, dass der Mensch sein Leben nach seinen Wünschen und Vorstellungen gestalten kann, gäbe es nur unzufriedene, unglückliche, frustrierte, lebensüberdrüssige Menschen. Die Betonung liegt auf »kann«: Nicht jedem gelingt es und eher wenigen ohne eigenes Zutun. Nun möge sich jeder Leser (m/w) vergegenwärtigen,

---

[67] Zeilinger, Anton: *Einsteins Schleier*, S. 216 f., 228 f., 230
[68] Vgl. https://de.wikipedia.org/wiki/Feuerlauf Stand: 12/2020; www.grenzen-erweitern.de/start.php?filename=Das%20Feuerlaufen.html Stand: 12/2020

wie und in welchem Umfang es ihm gelang, sein Leben nach seinen Wünschen und Vorstellungen zu gestalten.

7   Metaphysik

Die sogenannte Metaphysik scheint den etablierten (Natur)Wissenschaften ein wahrer Dorn im Auge zu sein. Der Duden definiert sie mit „philosophische Disziplin oder Lehre, die das hinter der sinnlich erfahrbaren, natürlichen Welt Liegende, die letzten Gründe und Zusammenhänge des Seins behandelt" wohlwollend-neutral. In der folgenden Zitatauswahl aus der Feder einer naturwissenschaftlich bewanderten Person schneidet sie dagegen nicht gerade gut ab:

> „Die Angelsachsen sind empiristisch imprägniert, während wir Deutschen, wie mir ein englischer Kollege einmal sagte, die Metaphysik im Blut haben. – Kant fand den philosophischen ‚Kampfplatz der Metaphysik‘ verheerend, auf dem er sich sah. In der ‚Kritik der reinen Vernunft‘ kritisierte er seine Vorgänger, seine eigenen früheren Gottesbeweise, ja jede Metaphysik, die sich über die Grenzen der empirischen Erkenntnis hinwegsetzt. Der ewige ‚Kampfplatz der Metaphysik‘ wurde eben nie zur Wissenschaft, wie Kant mit Recht monierte. – Philosophen sollten die naturalistische Metaphysik einiger prominenter Naturwissenschaftler nicht unkritisch übernehmen, sondern sich lieber wieder einmal mit Kant befassen. Doch leider führt der heutige Streit um Determinismus und Freiheit schnurstracks auf den ewigen Kampfplatz der Metaphysik zurück. – Und so sieht denn der neue Kampfplatz der Metaphysik aus. Die einen Philosophen betreiben vorauseilenden Gehorsam gegenüber den Naturwissenschaften und erheben den Naturalismus zur neuen Metaphysik. Und die anderen machen den Naturwissenschaften vom Standpunkt der Alltagserfahrung aus ihre Bedeutung für ein aufgeklärtes Menschenbild streitig. Beides ist (frei nach Kant) ‚faule Vernunft‘. – Dagegen begann die die exakte Naturwissenschaft ihren Siegeszug mit Galileis und Newtons Physik. Die Metaphysiker des 17. Und 18. Jahrhunderts hätten die Strenge der mathematischen Naturerkenntnis gern auf die Begründung ihrer Systeme übertragen. Doch alle ihre Systeme blieben umstritten, angefangen mit dem Cartesischen Dualismus. Zu den einhelligsten Ergebnissen gelangten noch diejenigen Metaphysiker, die sich auch inhaltlich auf die naturwissenschaftliche Erkenntnis stützten – das waren die Materialisten. – Die Methoden und Ergebnisse

der Naturwissenschaften können uns die Welt vollständig erklären; daneben ist kein anderer Blickwinkel auf die Welt gleichrangig. Wer nichts davon wissen will, wie die naturwissenschaftliche Erkenntnis grundsätzlich funktioniert und nach welchen Methoden sie arbeitet, wird dem neuen Kampfplatz der Metaphysik nicht entrinnen. – Spekulativen Meta-Physikern sei es unbenommen, anderen Annahmen zugrunde zu legen, um ihr deterministisches Weltbild mit Zeitpfeil zu retten. – Diese spekulative Möglichkeit will ich hier nicht ausschließen; aber: mit irgendeiner spekulativen Metaphysik lässt sich der Determinismus immer retten. Dies zeigt ja letztlich nur, dass er keine empirisch testbare wissenschaftliche Hypothese ist, sondern eine blanke Glaubensangelegenheit. Doch der Determinismus hat schlechte Karten; ihn zu retten hat einen hohen metaphysischen Preis. Angesichts der relativistischen Quantenfeldtheorie ist es eine enorm aufwendige Geschichte, verborgene Parameter zu konstruieren – von der hoch-spekulativen Metaphysik, mit der man die Rettung des Determinismus bei der Viele-Welten-Deutung der Quantenmechanik bezahlt, ganz zu schweigen."[69]

Bei so viel Energie, wie (hier beispielhaft) von der Physik für die Herabwürdigung der Metaphysik aufgewandt wird, scheint es, als wäre der wiederholt apostrophierte „Kampfplatz der Metaphysik" genau genommen ein Kampf der Physik gegen die ihr vorgeordnete Disziplin gewesen, mithin darum, der Metaphysik den ihr von Aristoteles zugewiesenen Rang abzulaufen. Offenbar fürchtet man um die eigene Reputation, d. h. Macht, falls die Metaphysik erneut den Stellenwert erhalten sollte, der ihr seit jeher zusteht. Wäre sie tatsächlich eine nicht ernstzunehmende Spinnerei, als die sie seitens der etablierten Wissenschaft bei jeder sich bietenden Gelegenheit hingestellt wird, bräuchte man sie nicht mit allen Mitteln zu diskreditieren. Doch bekanntlich durchläuft alle Wahrheit vier Stufen: Zuerst wird sie ignoriert, dann lächerlich gemacht, anschließend bekämpft und schließlich getreu dem Motto »wir haben das schon immer gewusst« etabliert. Was die Metaphysik anbetrifft, bewegen wir uns nun schon, wie das vorstehende Zitat belegt, jahrhundertelang auf einem Mix aus Stufe 2 und 3.

---

[69] Siehe Fußnote 57

Bei der Metaphysik geht es um all die Dinge, die unser Leben und Sterben tangieren und deren Erforschung sich die klassischen Wissenschaften wegen »Unwissenschaftlichkeit« enthalten. Wie der Verweis des Dudens auf die „Zusammenhänge des Seins" erkennen lässt, handelt es sich dabei nicht zuletzt um Fragen, die mit einer ganzheitlich-holistischen, letztlich weisen Geisteshaltung in Verbindung stehen. Im aktivierten Weisheitsmodus spüren daher viele Menschen, dass zum Beispiel Entstehung, geniale Beschaffenheit und Funktionsweise der Natur, deren Teil sie sind, keine Laune des Himmels sein kann, sondern auf einer Kombination von höchster Intelligenz und vollkommener Weisheit beruht, die aus imaginativen Gründen mehrheitlich Gott genannt wird. Andererseits lässt uns die etablierte Wissenschaft wissen, dass dies alles aus purem Zufall geschah. Wer sodann nicht zu einem realitätsfremden »Esoteriker« abgestempelt werden will, schließt sich wider besseres Ahnen der Wissensthese an. Auf diese unweise Weise lassen wir uns von Ungewissheiten ängstigen und fürchten uns vor Dingen, von denen wir nichts wissen. So fürchten mehr oder weniger wir alle den Tod, zumindest den sogenannten frühen, ohne auch nur die leiseste Ahnung zu haben, was jener Zustand bedeutet. Ungewissheit macht jedoch nur jenen Angst, die Wissen der metaphysischen Weisheit vorziehen. Wissenschaftsjournalistin Raabe formuliert es wie folgt:

> „Die Ungewissheit des Lebens auszuhalten gehört zum Schwierigsten, was auf dem Weisheitsweg errungen werden muss. Es ist Bestandteil der Natur des Menschen, dass wir uns nach Stabilität und Sicherheit sehnen. Ungewissheit aber birgt Gefahr, Zweifel, Risiko. Nichts davon wollen wir wirklich in unserem Leben haben. Also verdrängen die meisten Menschen diese Ungewissheit. Es sind Weise, die ihr mutig ins Auge blicken und es immer wieder schaffen, in ihrem Angesicht richtige Entscheidungen zu treffen."[70]

Manche Wissenschaftler behaupten, Metaphysik sei eine These, wonach „die Welt an sich ganz anders ist, als sie uns erscheint."[71] Kant

---

[70] Raabe, Kristin: *Oma Hilde, Sokrates und der Dalai Lama*, S. 64
[71] Gabriel, Markus: *Warum es die Welt nicht gibt*, S. 12

sei sogar davon ausgegangen, wie sie wirklich ist, könnten wir Menschen überhaupt nicht herausfinden. Andere Wissenschaftler betonen, dass Metaphysik nicht mit Mystik, Esoterik und Übersinnlichem zu verwechseln sei und nichts mit unerklärlichen Phänomenen zu tun habe. Sie beschäftige sich mit der Wirklichkeit in der Hinsicht, ob es neben derjenigen, die wir mit unseren Sinnen wahrnehmen noch eine andere Art von Wirklichkeit gebe. Metaphysik interessiere sich mithin für die allgemeinen Züge der Wirklichkeit (des Seienden) als Ganzes und nicht (nur) dafür, was wir als Wirklichkeit wahrnehmen und/oder über sie zu wissen glauben.[72] Es war bereits Platon, der die Ansicht vertrat, dass die sinnlich wahrnehmbare Welt nicht der Weisheit letzter Schluss sein kann. Vieles, was wir nicht mit unseren Sinnen erfassen können, lässt sich mit dem Intellekt ergründen. Ein gutes Beispiel sind Zahlen. Mit unseren Sinnen sind sie nicht wahrnehmbar. Und dennoch beginnen wir bereits im Vorschulalter an zu rechnen und es vergeht kein Tag, an dem wir nicht mit Zahlen hantieren würden und sei es nur mit Datum und Uhrzeiten. Zahlen existieren möglicherweise nur in unserem Geist, aber im Sinne von Naturkonstanten vielleicht auch wirklich. Die Metaphysik stand also am Anfang aller Wissenschaften und bildet das Fundament, auf dem alles Wissen aufbaut. Die Metaphysik sucht nach den intelligibel zu objektivierenden Wahrheiten hinter der Wirklichkeit der wahrnehmbaren Welt.[73]

Ohne metaphysische(n) Offenheit, Kreativität, Innovationsgeist und Forschung können wir also nicht zu neuen Ufern vordringen, sondern verfangen uns in starren, schablonenhaften, fortschrittshemmenden Denkkategorien. Betrachten wir die Menschheitsentwicklung allein seit der »Einführung« der Metaphysik, der wissenschaftlichen Kerndisziplin, die heutzutage bezeichnenderweise als »unwissenschaftlich« diskreditiert wird und beinahe zu einem Spottwort mutierte, liegen die Konsequenzen ihrer Herabwürdigung klar auf der Hand. Unser Fortschritt vollzieht sich so gut wie ausschließlich auf dem materiellen, technologischen Sektor, während unsere mentale

---

[72] Vgl. Rapp, Christof: *Metaphysik*, eBook, Pos. 89, 120, 130, 191
[73] Vgl. König, Siegfried: a.a.O., Pos. 566, 570

Entwicklung über die unzivilisiert-unkultiviert-barbarische nicht erkennbar hinausreicht. Technologisch sind die Menschen Weltmeister, humanitär Unterweltgeister. Trotz immer höheren Bildungsstandards werden nach wie vor Kriege geführt, das Wettrüsten nimmt immer skurrilere Formen (Cyberkriege, Kampfroboter) an und trotz der jüngeren geschichtlichen Menschheitserfahrungen feiert der Nationalismus weiterhin fröhliche Urständ. Offenbar haben wir, die seit der Globalisierung nonstopjettenden Weltenbummler trotz idealer Reise-, Informations-, Ausbildungs- und Weiterbildungsmöglichkeiten immer noch nicht verinnerlicht, dass jeder Mensch von Natur aus die gleichen Rechte und Pflichten sowie Lebens- und Respektansprüche besitzt. Von Natur aus! Nicht wir Menschen haben die Natur und somit uns Menschen erschaffen. Daher haben wir Menschen auch nicht das Recht, die Rechte, die wir uns herausnehmen, anderen Menschen und Lebewesen vorzuenthalten. Dennoch tun wir es und führen zu diesem Zweck gegebenenfalls Kriege. Wir fügen noch heute Menschen Gewalt zu und/oder töten sie, weil sie das gleiche Recht wie wir für sich beanspruchen. Das Recht, so behandelt zu werden, wie wir uns behandeln lassen bzw. behandelt werden möchten. Hinzu kommt, dass wir Menschen laut Paläoanthropologie sämtlich aus Afrika stammen[74] und auf unserem Planeten gewiss nicht gleichzeitig als die heutigen knapp zweihundert unterschiedliche Nationen Fuß fassten. So gesehen stammen wir aus heutiger wissenschaftlicher Sicht alle von »Schwarzen« ab, pikanterweise ausgerechnet der bis dato meistdiskriminierten Ethnie. Unser Erbgut soll sich nur um 0,2 Prozent von dem des Neandertalers unterscheiden[75], der menschlichen Spezies, die vor 300.000 Jahren von Afrika nach Europa einwanderte. Wenn wir also, wie der Titel eines Spiegel-Berichts plakativ subsumiert „alle Afrikaner sind" oder neutral ausgedrückt alle „Eins" und letztlich miteinander verwandt sind, dürfte es eigentlich

---

[74] Vgl. www.spiegel.de/wissenschaft/mensch/entwicklung-der-fruehmenschen-woher-stammen-wir-a-1217703.html; www.spiegel.de/wissenschaft/mensch/erbgut-analyse-warum-wir-alle-afrikaner-sind-a-1113294.html Stand:06/2019

[75] www.sueddeutsche.de/wissen/evolution-des-menschen-der-neandertaler-in-uns-1.943540-3 Stand: 06/2019

keinen Menschen gesunden Menschenverstandes xenophob-rassistischer Haltung mehr geben. Und am allerwenigsten Menschen religiösen oder gar christlichen Glaubens, die davon ausgehen, dass Gott ein Menschenpaar schuf, von dem alle anderen Menschen abstammen.

Dank der Kombination aus leistungsfähiger Denk»apparatur«, hinreichender Bildungsmöglichkeiten und weltweitem Informationsnetz haben wir Menschen erstmalig den Stand erreicht, uns die grundlegendsten weltlichen Zusammenhänge erschließen zu können. Im Grunde bräuchte sich niemand mehr hinsichtlich der jedermann/-frau kognitiv leicht zugänglichen Gegebenheiten manipulieren, mental beeinflussen und verführen zu lassen. Doch die fatale Wertigkeitsskala menschlicher Population gilt fort. Als Population wird eine „Gruppe von Menschen, die aufgrund ihrer Entstehungsgeschichte miteinander verbunden sind, eine Fortpflanzungsgemeinschaft bilden und zur selben Zeit in einem klar abgegrenzten räumlichen Gebiet wohnen [bezeichnet]. Die Grenzen einer Population werden weitgehend willkürlich gezogen und orientieren sich nicht selten an Staaten oder Ethnien. Damit ist *Population* gleichbedeutend zur sozialwissenschaftlichen Bezeichnung *Bevölkerung*."[76] So gut wie alle menschengemachte Gewalt dieser Welt basiert auf dem verhängnisvollen (Fehl)Ur-teil, dass Menschen und andere Lebewesen nicht gleichwertig seien. Dies ist bereits in unserer Sprache angelegt: urteilen sagt nichts Geringeres aus, als dass es sich um eine Teilung handelt. Und was geteilt wird, gehört zuvor zusammen, bildet davor eine Einheit. In diesem Zusammenhang betrifft es eine erste und grundlegende Teilung. So heißt es im Duden: Das Präfix »Ur-, ur-« „kennzeichnet [...] etwas als das Erste." Die erste Teilung der Menschheit, die Menschen vornahmen, war die in deren unterschiedliche Wertigkeit, in dem sie ein Urteil über andere fällten – und es bis heute tun. Sind wir mit diesem für die heutige aufklärungsgeflutete Zeit unglaublich defizitären Bewusstseinslevel noch beim Thema »Metaphysik«? Allemal! Da sich die Metaphysik der Betrachtung der Welt in ihrer Ganzheit, also ihren ganzheitlich-holistischen Aspekten widmet,

---

scheinen die bereits Jahrtausende währenden zwischenmenschlichen Zwistigkeiten offensichtlich der reduktionistischen Weltsicht der Naturwissenschaft geschuldet zu sein. Dem Reduktionismus liegt die „isolierte Betrachtung von Einzelelementen ohne ihre Verflechtung in einem Ganzen oder von einem Ganzen als einfacher Summe aus Einzelteilen unter Überbetonung der Einzelteile, von denen aus generalisiert wird" (Duden) zugrunde. Er gleicht somit der Mentalität des Urteilens – hier ich/wir, dort du/ihr. Ich/wir sind so, du/ihr seid anders. Ich/wir sind richtig/besser, du/ihr seid falsch/schlechter. Solange wir nicht begreifen (wollen), die Herausforderungen des gegenwärtigen Zeitgeschehens, die wir uns seit der Abkehr von der Metaphysik gemeinsam eingebrockt haben, mit- und nicht gegeneinander bewältigen zu können, werden sie von Tag zu Tag dramatischer und falls überhaupt noch, womöglich unüberwindbar. Die Metaphysik bringt uns den Dingen näher, die wir mit unseren Sinnen nicht wahrnehmen, aber geistig nicht nur erfassen können, sondern um des Friedens, der Freiheit, Gleichheit und Geschwisterlichkeit willen auch sollen. Wir sind eben nicht grundlos sowohl sinnliche (physi[kali]sche) als auch übersinnliche (metaphysi[kali]sche) Wesen. Respekt, Wertschätzung und Liebe sind die essenziellen übersinnlichen Kategorien des Weltfriedens, Gemeinwohls und grenzenlosen Freiheitsgefühls. Man kann sie nicht sehen, nicht hören, nicht riechen, nicht schmecken und auch nicht berühren. Und dennoch sind nur sie es, die eine eudämonische, d. h. unter Anwendung der besagten ethischen Grundsätze optimale Lebensführung ermöglichen. Auch für Aristoteles war sie das höchste Gut und Endziel, dem alle anderen Ziele untergeordnet sind.

> „Das oberste Gut und Endziel kann nur das sein, was stets ausschließlich um seiner selbst willen und nie zu einem anderen, übergeordneten Zweck begehrt wird. Das trifft nur auf die Eudaimonie zu, denn alle anderen Güter, auch die Einsicht und jede Tüchtigkeit oder Tugend, werden nicht nur um ihrer selbst willen angestrebt, sondern auch, weil man sich von ihnen Eudaimonie erhofft. Das Hauptmerkmal der Eudaimonie ist ihr autarker Charakter: Sie macht rein für sich genommen das Leben begehrenswert und lässt nirgend einen Mangel offen. Sie ist vollendet, denn es gibt nichts anderes, das ihren Wert noch erhöhen könnte, wenn es ihr hinzugefügt wird. [...] Das

Endziel ist für den Einzelnen und für das Gemeinwesen [...] identisch. [...] Die Eudaimonie, die der Einzelne für sich erlangt, ist zwar eine bedeutende Errungenschaft, aber noch schöner und erhabener ist die, die ganzen Völkern oder Staaten zuteilwird. Es ist die Aufgabe der Staatskunst, das zur Erlangung der allgemeinen Eudaimonie erforderliche Wissen bereitzustellen. Aristoteles betrachtet die Eudaimonie unter einem überindividuellen Gesichtspunkt. Für ihn ist das Glücksstreben des Einzelnen nicht ‚egoistisch‘, denn es geht nicht um ein individuelles Interesse, sondern um das allgemeingültige Interesse der vernunftbegabten Gattung Mensch. Das, was der Mensch als vernünftiges Wesen kann und soll, ist nichts anderes als das, was die Natur für ihn vorgesehen hat, was aber nur durch sein bewusstes Handeln verwirklicht werden kann.“[77]

Aristoteles war der Ansicht, dass für alles auf der Welt eine bestimmte Funktion vorgesehen ist und wir Menschen jene hätten, unseren Verstand vernünftig zu gebrauchen. Demzufolge sei ein adäquater Gebrauch der Vernunft der verständigste Weg, ein eudämonisches (glückseliges) Leben zu führen. Für Sokrates, dem Orakel von Delphi nach den Weisesten aller Menschen, war ein eudämonisches Leben praktizierte Tugend, also dadurch charakterisiert, stets auf die richtige Weise, also weise zu handeln.[78]

Vielleicht geht manchen Lesern jetzt auf, dass mit Physik ohne Metaphysik bzw. die Bereitschaft, sich mit metaphysischen Fragestellungen und Evidenzen zu beschäftigen und auseinanderzusetzen eine optimale Lebensführung nicht gelingen kann bzw. wir das lebenswerte Leben auf unserem Planeten einem hohen, wenn nicht gar maximalen Gefährdungspotenzial aussetzen. So gesehen tut aus meiner Sicht Neudenken dringendst Not. Zwar beschleunigt sich unser technologischer Fortschritt immer rasanter und auch das Alltagsgeschehen nimmt immer flotter Fahrt auf. Wir befinden uns dadurch in einer subjektiv wahrgenommen vergleichsweise extrem schnelllebigen Zeitphase. Doch unsere Bewusstseinsentwicklung hält damit nicht nur bei Weitem nicht Schritt, sondern scheint sich sogar im Hinblick

---

[77] https://de.wikipedia.org/wiki/Eudaimonie Stand:06/2019
[78] Vgl. Pigliucci, Massimo: *Die Weisheit der Stoiker*, S.238

auf die sich weltweit ausbreitenden Separationstendenzen zurückzubilden[79]. Eigentlich müsste jedem Vernunftbegabten einleuchten, dass wir in einer Welt, in der sich die Bestimmungshoheit auf wenige und immer mächtigere sogenannte Supermächte konzentriert, einzelne kleine Staatsgebilde über kurz oder (beileibe nicht) lang das Nachsehen haben werden und nicht nur jeglichen Einfluss verlieren, sondern von den verbleibenden Supermächten inkorporiert werden. Evolution rückgängig machen, Entwicklung wieder einwickeln zu wollen gleicht dem vergeblichen Unterfangen, im Erwachsenenalter (körperlich und geistig) zum Baby zu mutieren, wie es etwa der Film „Der seltsame Fall des Benjamin Button" zeigt, dem die Fiktion eines rückwärtsgewandten Alterungsprozesses zugrunde liegt. In dem von mir angesprochenen Zusammenhang handelt es sich mithin um den illusorischen Versuch eines Richtungswechsels, einer Umkehr des evolutionären gesellschaftlichen Entwicklungs- und Fortschrittsprozesses. Zwar mögen solche rückwärtsorientierten Anwandlungen anfangs den Schein erwecken, die Uhren tatsächlich zurückgedreht zu haben, doch die leidvolle Ernüchterung folgt auf dem Fuße, spätestens dann, wenn es in dem illusionären Gebälk zu knirschen beginnt, um letztlich in einem kapitalen Scherbenhaufen aufzugehen. Wann ist es in der Menschheitsgeschichte je gelungen, den Zug der Zeit durch Menschengewalt[80] zu stoppen oder umzukehren? Bislang nie und so dürfte es auch bleiben. Wir Menschen sind allenfalls ein Staubkorn unseres Planeten, von einer Partikelmetapher im Hinblick auf das Universum zu sprechen ganz abgesehen. Solange wir dies nicht verinnerlichen und unserer Schöpferinstanz, statt nach deren agapischen Pfeife zu tanzen unseren schöpfungskritischen Willen aufzwingen und nach unseren Vorstellungen »vervollkommnen« wollen, werden wir das Nachsehen haben. Eigentlich möchte man

---

[79] Vgl. Nagels, Philipp: *Warum die Menschheit scheinbar wieder dümmer wird*, datiert vom 18.09.2017 in: www.welt.de/kmpkt/article168685677/Warum-die-Menschheit-scheinbar-wieder-duemmer-wird.html Stand: 06/2019
[80] Vgl. Orzessek, Arno: *Im Zeitalter der Menschengewalt*, datiert vom 31.05.2019 in: www.deutschlandfunkkultur.de/aus-den-feuilletons-im-zeitalter-der-menschengewalt.1059.de.html?dram:article_id=450272 Stand: 06/2019; Häntzschel, Jörg: *Menschengewalt*, datiert vom 31.05.2019 in: www.sueddeutsche.de/kultur/wissenschaft-menschengewalt-1.4469350 Stand: 06/2019

meinen, dass es keiner überdurchschnittlichen intellektuellen Fähigkeiten bedarf, zu realisieren, dass wir Menschen als grundsätzlich denkfähige Korpuskel der Schöpfung dieser nicht vorzuhalten haben, dass bestimmte Exemplare ihres Werks zu beseitigender Ausschuss seien. Interessanterweise hielt sich die Wissenschaft bis heute zurück, sich dieser essenziellen anthropologischen Thematik der Einmischung in universelle axiologische Grundprinzipien anzunehmen. Vermutlich sollte dies der Sophialogie bzw. dem Forschungsformat »Wissenheit« vorbehalten bleiben.

II.   Weisheit

Weisheit – welch erhabenes, erhabenheitskonformes Wort. Ein Wort, das ein Flair der höchstmöglichen menschlichen Bewusstseinsstufe ausstrahlt. Ein Wort, das höchsten Respekt einflößt und vorbehaltlos positiv konnotiert ist. Wer als weise bezeichnet wird, dem zollt man höchste Wertschätzung, der ist frei von Kritik, Respektlosigkeit, Herabwürdigung, Diffamierung, Diskriminierung, Verachtung, Häme, Nachrede, Rufmord und jenem, was es sonst noch an Verächtlichem gibt. Man könnte konstatieren, dass Weisheit das Höchste sei, was ein Mensch auf unserem Planeten zu erreichen vermag, dass Weise die angesehensten und daher meistbegünstigten Menschen sind, Glückseligkeit zu erfahren. Doch nicht nur aus meiner Sicht besteht ein wesentliches Charakteristikum der Weisheit gerade darin, vom/n Urteilen und damit vom Bedürfnis nach Beurteilung der eigenen Person durch Dritte (z. B. vom Nimbus) frei zu sein. Urteile teilen, wie das Wort schon sagt, das Urganze auf und setzt die Teile damit dem Vergleich aus. Das Präfix »Ur-« kennzeichnet etwas als Ausgangspunkt, als am Anfang liegend. Der Ausgangspunkt unseres Urteilsvermögens stellt demnach etwas Ganzes, quasi das sogenannte »große Ganze« dar. Wir urteilen nicht, weil wir Menschen das im (Ur)Grund(e) unteilbare Eine, das große Ganze, den Urgrund, das Wesen aller Dinge zu teilen vermögen, sondern weil wir anderenfalls orientierungslos im Chaos versänken. Der chinesische Begriff *wuji* (極/ 无极) gibt den Aspekt einigermaßen nachvollziehbar wieder:

„Wuji (無極/无极) ist ein Begriff aus der chinesischen Philosophie. Er ist übersetzbar mit ‚Unendliches‘, ‚Gipfel des Nichts‘ oder das ‚Nicht-

Höchste'. Wuji kann als Beschreibung eines undifferenzierten Zustands des Universums aufgefasst werden, der reine Potentialität darstellt, noch keine voneinander unterschiedenen Objekte enthält und zugleich Ursprung aller Objekte ist. Wuji verweist also auf einen gestaltlosen Ur-Grund, zu dem alles auch wieder zurückkehrt. Wuji ist unsichtbar, unbedingt, grenzenlos, eigenschaftslos und unfassbar. In seiner undifferenzierten Absolutheit ist das Nicht-Höchste zugleich die höchste Leerheit, die schon vor allem Seienden da war. Das Wu (das Nichts) geht allem Seienden als metaphysische Ebene voraus, denn das Seiende nimmt seinen Anfang notwendig im Nichts. Letztlich kann alles auf das Wuji zurückgeführt werden. "[81]

Die chinesische Weisheitslehre bezieht in diesen Zusammenhang die Begriffe Taiji (太極/太极 – das Allerhöchste) sowie Yin (weibliches Prinzip) und Yang (männliches Prinzip) ein. Yin und Yang sind im Taiji eins. Taiji ist ein – logischerweise ebenfalls undifferenziertes – strukturierendes Prinzip, das die Ganzheit der menschenseits vorgenommenen Auf-Teilung in einzelne Dinge prägt. Es entspricht der Urkraft aller kosmischen Manifestationen, die aus der Leerheit des Wuji zutage tritt. Wuji ist dem Taiji vorgeordnet. Das Taiji entspringt dem Wuji, dem Gipfel des Nichts. Als Symbol des Wuji, der ursprünglichen Einheit allen Seins, dient traditionell ein leerer Kreis. Er versinnbildlicht sowohl die Leerheit, aus der die Fülle der Schöpfung hervorgeht, als auch deren formale (»Leere ist Form und Form ist Leere«[82]) Absolutheit. Für jene, die sich auf ihrem Erkenntnisweg ihrer Intellektualität und Emotionen nicht ent-leeren, bleibt Wuji lediglich ein abstrakter Begriff. Wuji lässt sich am ehesten über praktizierte Meditation erfahren.[83] Doch was geschieht, wenn wir Wuji und Taiji gleichsam gekostet haben?

1 Wuji-Taiji-Erfahrung

Wer noch nie meditierte, dürfte sich ohne Inspiration und Begleitung durch praxisorientierte »Lebensmeister« mit der Aktivierung seines

---

[81] https://de.wikipedia.org/wiki/Wuji Stand: 07/2019
[82] Vgl. Bermeiser, Martin: *Lebensmeisterei*, S. 21 ff.
[83] https://de.wikipedia.org/wiki/Wuji Stand: 07/2019

Weisheitspotenzials schwertun. Das liegt daran, dass bislang von keiner öffentlichen Bildungseinrichtung so etwas wie eine Sophialogie angeboten wird und wir daher nicht ohne guten Grund zeitlebens von weisheitsbezogenem Denken und Handeln verschont bleiben, d. h. ferngehalten werden. Der »gute« Grund besteht darin, dass die Weltordnung, so wie sie seit Menschengedenken, mithin seit unserer Geschichtsschreibung, gestaltet worden ist, Weisheit nicht für opportun bzw. regelkonform hält. Lernte die Menschheit bereits in der Grundschule neben dem Lesen, Schreiben und Rechnen ihre angeborene Weisheitsbegabung zu aktivieren und befände sich hierdurch mehrheitlich die meiste Zeit im Weisheitsmodus, würden die Uhren den mittlerweile seit Jahrtausenden gebräuchlichen diametral entgegengesetzt ticken.

Wie das? Wir werden systematisch – und sind daher – auf Teilen und in dieser Hinsicht auf Urteilen und diesbezüglich wiederum besonders auf Vor- und Verurteilen programmiert. Wer urteilt, der vergleicht und ordnet (daher Weltordnung) in bestimmte angelernte, vermeintlich inkompatible Kategorien ein, wovon die ausschlaggebenden richtig/falsch, gut/schlecht und gut/böse lauten. Wobei ich das Adjektiv aus-schlag-gebend nicht von ungefähr gewählt habe, denn die genannten Gegensatzpaare, genauer gesagt Schlagworte liegen der Mehrzahl der durch Menschen verursachten Schicksalsschläge unserer Spezies zugrunde. Wer im Rahmen einer Beurteilung verurteilt wird, der sei gemäß der seitherigen Weltordnung auf irgendeine Weise zu bestrafen, dem wird möglichst psychisch und viel häufiger physisch ein Schlag oder gar Totschlag versetzt. Diese schlagkräftige Weltordnung haben wir mittlerweile trotz umfassender Informationsmöglichkeiten, extensiver Aufklärungsarbeit und eines relativ hohen Bildungsniveaus breiter Bevölkerungsschichten derart verinnerlicht, dass wir nicht nur nicht nachlassen, zu verurteilen und vorzuverurteilen, sondern diesem Phänomen mit zunehmender Vehemenz huldigen. Obwohl wir uns angesichts unserer intellektuellen Fähigkeiten mit Leichtigkeit das (ur)grundlegende Verwandtschaftsverhältnis der Menschheit vergegenwärtigen können, betrachten wir unsere de facto Schwestern und Brüder außerhalb der etablierten Verwandtschaftssystematik als Fremde und gegebenenfalls potenzielle Feinde. Obgleich sich etwa ein Drittel der Weltbevölkerung zum Christentum bekennt, einer Religionsgemeinschaft, die sich als Geschwisterkollektiv, als Brüder und Schwestern versteht und für die Lehre des Jesus von Nazareth, dem Verfechter der Nächstenliebe, eintritt, ist deren erdrückende Mehrzahl von unvoreingenommenem Nächstenrespekt nach wie vor meilenweit entfernt. Es geht hier nicht darum, gleichsam qua religiösem Dekret auch sich ungehörig verhaltende Zeitgenossen zu lieben. Vielmehr geht es darum, andere nicht allein deshalb abzulehnen, zu hassen, zu schädigen, zu verletzen oder gar zu töten, weil sie anderer Gesinnung, Gruppenzugehörigkeit, Hautfarbe, Herkunft, Kultur, Meinung, Religion, politischer Einstellung u. Ä. sind. Rechte, die man für sich selbst einfordert, sind auch grundsätzlich allen anderen zuzugestehen. Das müsste zivilisierten Zeitgenossen mittlerweile einleuchten.

Wer es noch nicht selbst im Rahmen fortgeschrittenerer Meditationspraxis ausprobiert hat, Wuji am eigenen Bewusstsein zu erfahren, wer also, blasiert ausgedrückt, noch nicht so weit ist, das Sein mit anderen Sinnen (dem sechsten und siebten[84]) empfunden zu haben, kann sich nicht vorstellen, danach ein völlig neuer Mensch zu sein. Ein Mensch, der nie wieder auf die Bewusstseinsstufe zurückfällt, von der aus er sich per Wuji einzulassen begann. Neuerdings weitet sich die Schar der Meditierenden mittels Mundwerbung exponentiell aus. Zu meditieren zählt inzwischen zum guten Ton sowohl der mittleren als auch der oberen Gesellschaftsschichten. Selbst für die Crème de la Crème der Wirtschaftsführer sind heute Yoga und Transzendentale Meditation (TM) nach Maharishi Mahesh Yogi, was für sie früher Tennis, Golf und Fitness waren. Was einst als esoterische Spinnerei abgetan wurde, gilt heute als wissenschaftlich anerkannt.[85] Die *Mindfulness-Based Stress Reduction* (achtsamkeitsba-

---

[84] Vgl. Fischer, Ernst-Peter: *Der siebte Sinn der Menschen*, datiert vom 13.03.2006 in: www.welt.de/print-welt/article203476/Der-siebte-Sinn-des-Menschen.html Stand: 07/2019

[85] Vgl. Freisinger, Gisela Maria: *Innenansichten eines Chefs* in: manager magazin 6/2014, S. 106 f. (105 – 110)

sierte Stressminderung) nach Jon Kabat-Zinn wird sogar von Krankenkassen bezuschusst. Kritik an der Achtsamkeitsbewegung kommt unter anderem vom Buddhismuskundler Michael Zimmermann (Uni Hamburg):

> ‚[…] im frühen Buddhismus ist das ja eingebettet zusammen in eine Schulung mit Ethik und Achtsamkeit, aber auch Weisheit. Und Weisheit beinhaltet das Studium der buddhistischen Schriften, das bei diesen neuen Anwendungen eher nicht zum Tragen kommt. Da ist es eine herausgelöste Technik, die dazu benutzt wird, bestimmte Dinge zu trainieren, die nicht unbedingt in einem weiteren ethischen Kontext eingebunden sind.‘[86]

Das Problem sei, dass Meditation statt zur Bewusstseinserweiterung in Richtung einer ganzheitlichen Betrachtung im Sinne der ethikbezogenen Verbundenheit allen Seins als physische Steigerungstechnik eingesetzt wird. In diesen Fällen wird versucht 20 Minuten zu praktizieren, um erfolgreicher, schneller, fitter und gesünder zu sein, anstatt dem eigenen Weisheitspotenzial auf die Sprünge zu helfen. Unter diesem Aspekt der Selbstbezogenheit wird meditationsbasierte Achtsamkeit mit einer Steigerungslogik verknüpft, welche die zu überwindenden Probleme letztlich verursacht.[87] Der Soziologe Hartmut Rosa drückt es wie folgt aus:

> ‚Man sieht ja auch tatsächlich, dass das etwas ist, was von Managern oder von erfolgreichen Eliten gesucht und praktiziert wird. Die dann im Radikalfall sagen: Sie hatten Skrupel und Schwierigkeiten, Menschen zu entlassen und seitdem sie Achtsamkeit praktizieren, fällt es ihnen viel leichter. Also da sieht man eine Funktionalisierung der Achtsamkeitslogik.‘[88]

Wie populär und wissenschaftsfähig sich Meditation mittlerweile positioniert, lässt nicht zuletzt der interdisziplinäre Kongress zur Medi-

---

[86] Klein, Mechthild: *Von innen ruhig, nach außen kampfbereit*, datiert vom 20.12.2016 in: www.deutschlandfunk.de/kritik-an-der-achtsamkeitsbewegung-von-innen-ruhig-nach.886.de.html?dram:article_id=373136 Stand: 07/2019
[87] Ebenda
[88] Ebenda

tations- und Bewusstseinsforschung erahnen, der seit 2010 in zweijährigem Turnus in Berlin stattfindet und daher in 2020 bereits in seine sechste Runde gegangen wäre. Die Kongress-Mottos:

- 2010: »Neue Perspektiven für unser Wissen von uns selbst«
- 2012: »Perspektiven und Praxis einer neuen Bewusstseinskultur«
- 2014: »Auf der Suche nach der verlorenen Zeit«
- 2016: »Meditation & Wirklichkeit Macht|Zweck|Sinn«
- 2018: »Meditation zwischen Abgrund und Nirvana - Selbst-Optimierung für eine neue Welt?«
- 2020: »Grenzenlos denken - Vom Wissen zum Bewusstsein«

Der Werbetext zu der für 2020 vorgesehenen Veranstaltung spricht Bände, für wie relevant inzwischen eine gesellschaftliche Hinwendung zur Weisheit, dem Leitgedanken dieser Abhandlung, gehalten wird.

„Potentiale wecken, lebenslang lernen, immer wieder offen sein für das Unerwartete – Schulen und Hochschulen wie auch die Arbeitswelt suchen nach neuen Wegen, unsere menschlichen Fähigkeiten zur Entfaltung zu bringen. Und doch bewegt sich im Bildungswesen vieles in den Bahnen des Gewohnten. Leicht nehmen wir gesellschaftliche Anforderungen als gegeben und richten uns ganz darauf aus, definierte Ziele zu erreichen. Und wenn wir an all den äußeren Erwartungen schließlich körperlich oder seelisch scheitern, sollen Medizin und Therapie die Kollateralschäden mit Achtsamkeit wieder heilen. Meditation kann im Bildungswesen womöglich dazu beitragen, die tiefere Wirkkraft unseres menschlichen Wesens zu wecken. Dann kann unsere authentische Lebenskraft besser zum Vorschein kommen. Und Bildungsdruck wie auch die schablonierte Formung des Verbesserns treten vielleicht zurück zugunsten einer Lebenslust, die sich in der positiven Reibung am Unbegreiflichen in Freude entfaltet. Der 6. Kongress Meditation & Wissenschaft, der vom 30. - 31. Oktober 2020 in Berlin stattfindet, wirft die Frage auf, wie Bildung zu Reife und Weisheit, zu einem tieferen Verständnis des Lebens führen kann. Wie können wir lernen, uns authentisch zu entfalten? Können wir eine bessere Art zu leben lernen? Meditation und Achtsamkeit eröffnen Räume für eine Bewusstseinsbildung, die man in üblichen

Curricula noch selten findet. Sie können den Geist aus seiner Komfortzone der Bequemlichkeit locken, so dass wir mündig selbst entscheiden, was lebenswert ist. Sie helfen uns, vor Spannung nicht einfach in die Stille zu flüchten, sondern Widersprüchlichkeit als konstruktiven, lebensfördernden Impuls aufzunehmen. Und sie eröffnen Freiräume, in denen das Mögliche von morgen aufscheinen kann. Bewusstseinsbildung geht uns alle an. Als Führungskräfte oder Mitarbeiter möchten wir vielleicht inmitten wachsender Komplexität Agilität entwickeln. Als Mediziner und Therapeuten stehen wir Menschen zur Seite, wieder in körperlicher und seelischer Integrität zu leben. In dem, was wir tun, bewusst anwesend sein zu können, ist wahrscheinlich die Schlüsselqualifikation unserer Zeit. Das wirft auch ein anderes Licht auf all die Herausforderungen, vor die das Hier und Heute uns stellt, im Business-Meeting wie am Krankenbett, in der Schule und Universität. Beim Kongress Meditation & Wissenschaft 2020 erkunden Wissenschaftler*innen und Expert*innen aus der Praxis, wie Meditation die Unbefangenheit des Querdenkens zu wecken vermag und wir eine neue Sicherheit im Bodenlosen finden. Impulse aus Philosophie und Geisteswissenschaft, Medizin und Therapie, Business und Coaching beleuchten, welche Vorstöße für eine Bildung, die Menschen wachsen lässt, sich unter den Vorzeichen von Meditation und Achtsamkeit bereits entwickeln.“

Für mich ist es immer wieder spannend feststellen zu dürfen, wie letztlich alles, von uns erkennbar oder nichterkennbar, miteinander interagiert, wie holistisch und morphogenetisch unsere Welt arrangiert ist. Während meine Frau und ich in unserem im Oktober 2019 erschienenen Gemeinschaftswerks »Lebensmeisterei« die Essenz der vorstehenden Thematik vorweggenommen haben, weisen manche Passagen regelrecht telepathische Züge auf. So schreibt meine Frau in ihrem Vorwort: „Aber genau darum geht es in der Lebensmeisterei. Es geht um die Harmonie im Widerspruch und die Vereinigung von Gegensätzen.“ Was sich in der Kongress-Einladung so anhört: „Sie helfen uns, vor Spannung nicht einfach in die Stille zu flüchten, sondern Widersprüchlichkeit als konstruktiven, lebensfördernden Impuls aufzunehmen.“ Und wo für den Kongress mit „Der 6. Kongress Meditation & Wissenschaft [...] wirft die Frage auf, wie Bildung zu Reife und Weisheit, zu einem tieferen Verständnis des Lebens führen kann“ geworben wird, heißt es bei mir lange zuvor „An diesem Punkt bietet es sich an, zu meiner Wortschöpfung ›Wissenheit‹ überzuleiten. [...] In den Genuss der holistischen Intelligenz kommen diejenigen, die sich durch Verknüpfung von Weisheit und Wissen der Wissenheit, dem weisen Wissen öffnen. [...] Wissenheit wäre mithin der zukunfts~weise~nde Ansatz, mit Wissen auf weise Art umzugehen." Somit könnten die kongressbezogenen Aussagen

> „Meditation kann im Bildungswesen womöglich dazu beitragen, die tiefere Wirkkraft unseres menschlichen Wesens zu wecken. Dann kann unsere authentische Lebenskraft besser zum Vorschein kommen. Und Bildungsdruck wie auch die schablonierte Formung des Verbesserns treten vielleicht zurück zugunsten einer <u>Lebenslust</u>, die sich in der positiven Reibung am Unbegreiflichen in Freude entfaltet. Meditation und Achtsamkeit eröffnen Räume für eine <u>Bewusstseinsbildung</u>, die man in üblichen Curricula noch selten findet. In dem, was wir tun, bewusst <u>anwesend sein zu können</u>, ist wahrscheinlich die Schlüsselqualifikation unserer Zeit."

geringfügig modifiziert zu

> [...]. Und Bildungsdruck wie auch die schablonierte Formung des Verbesserns treten vielleicht zurück zugunsten einer <u>Weisheit</u>, die sich in der positiven Reibung am Unbegreiflichen in Freude entfaltet. Meditation und Achtsamkeit eröffnen Räume für eine <u>bewusstseinsbildende Weisheit</u>, die man in üblichen Curricula bislang nicht findet. In dem, was wir tun, bewusst <u>weise zu agieren, entwickelt sich zur</u> Schlüsselqualifikation unserer Zeit"

auch ohne Weiteres von mir stammen.

Bei der meinerseits beworbenen *Wuji-Taiji*-Erfahrung handelt es sich um die „Verinnerlichung der faszinierenden Tatsache, dass unsere Welt größer und vielfältiger ist"[89], als wir es uns mit unserem bislang vorherrschenden reduktionistischen Blick zugestehen. Vor allem aber ist sie weiser, als wir es ihr zutrauen. Erst wenn uns anhand der *Wuji-Taiji*-Erfahrung buchstäblich überkommt, von Geburt an

---

[89] Bermeiser, Marion: *Lebensmeisterei*, S. 9

eine Weisheitsveranlagung zu besitzen, stellen wir zur gegebenen Zeit fest, dass allem ein weises Bewusstsein innewohnt. Denn Bewusstsein ist keine persönliche, sondern eine kollektive, systemimmanente Größe (Stichwort: kosmisches Bewusstsein).

2 Bewusstsein

Unter »Bewusstsein« versteht der Duden vier Aspekte:

- Zustand, in dem man sich einer Sache bewusst ist; deutliches Wissen von etwas, Gewissheit
- Gesamtheit der Überzeugungen eines Menschen, die von ihm bewusst vertreten werden
- Gesamtheit aller jener psychischen Vorgänge, durch die sich der Mensch der Außenwelt und seiner selbst bewusst wird
- Zustand geistiger Klarheit; volle Herrschaft über seine Sinne

Demgegenüber stellt er das Unbewusstsein in der Ausdrucksform »Unbewusstheit« sowie das »Unterbewusstsein« als die vom Bewusstsein nicht gesteuerten psychisch-geistigen Vorgänge dar. In jener Auslegung bedeutet Bewusstsein, sich dessen bewusst zu sein, was man denkt, empfindet, meint, träumt, tut und weiß, wobei sie sich explizit und implizit auf Menschen bezieht. Aus diesem Blickwinkel gibt es nur ein menschliches Bewusstsein.

Hinsichtlich der mittlerweile hypenden Bewusstseins-Thematik wissen nur wenige »Eingeweihte«, dass sie in engster Verbindung mit dem deutschen Sprachraum steht und in der deutschsprachigen Philosophie des Geistes traditionell einen hohen Stellenwert genießt.[90] Doch infolge der globalisierungsbedingten Anglisierung wird heutzutage deutschsprachige Fachliteratur international kaum mehr wahrgenommen. Aber da sich das Dichter- und Denkertum allein aufgrund der Affinität der deutschen Sprache zur Ganzheitlichkeit im deutschsprachigen Umfeld nach wie vor besonders wohlfühlt, lässt sich die Weltgemeinschaft – ohne sich dessen bewusst zu sein – einen Teil der bislang ohnehin noch zu spärlichen weisheitsorientierten Anre-

---

[90] Vgl. Metzinger, Thomas: *Bewußtsein*, S. 9 f.

gungen entgehen. Daraus resultiert auch, was der Chefredakteur eines Online-Dienstes (heute, 12.07.2019) so formulierte: „Beim Blick in die Nachrichten kann man schwermütig werden."

Machen wir uns in diesem Zusammenhang zunächst eines bewusst: Wenn Philosophie, wörtlich Weisheitsliebe, vom Duden als „Streben nach Erkenntnis über den Sinn des Lebens, das Wesen der Welt und die Stellung des Menschen in der Welt" sowie als „Lehre, Wissenschaft von der Erkenntnis des Sinns des Lebens, der Welt und der Stellung des Menschen in der Welt" definiert wird, müssten dieses Streben, diese Lehre und Wissenschaft genau genommen von Weisheit getragen und durchdrungen sein. Nur, wie viele Philosophen sind dadurch populär (geworden), sich um die Erforschung der Weisheit sowie des menschlichen und anderweitigen Weisheitspotenzials verdient gemacht zu haben? Wenn die Philosophie zu Recht als die Königin der Wissenschaften bezeichnet wurde, dann deshalb, weil Monarchen die höchste Instanz einer entsprechend verfassten Staatsform und Weisheit die höchste Instanz eines entsprechenden verfassten Geistes sind. Seitdem die Philosophie ihr ursprüngliches Streben nach Weisheit, Wahrheit und Erkenntnis auf das Streben nach Erkenntnis reduzierte, stieß sie sich nicht nur vom Königsthron, sondern mutierte zudem zur »brotlosen« Kunst, die in Deutschland mit fallender Tendenz nur noch von etwa einem Prozent der Studierenden als Studienfach gewählt wird[91]. Insbesondere seitens der neuen Königsdisziplin Naturwissenschaften besteht gar die Neigung, der einstigen Grundlagenwissenschaft bzw. allen Einzelwissenschaften übergeordneten Universalwissenschaft den Wissenschaftsstatus abzusprechen. Wer sich dennoch dem vermeintlich brotlosen Streben nach Erkenntnis hingibt, folgt einer „Wissenschaft, die uns radikal auffordert, über den Tellerrand einer materialisierten Welt zu blicken und das Sein wieder über das Haben zu stellen."[92] Vermeintlich, weil die so aufgestellte Wissenschaft der »wahren« Philosophie alias Weisheitsliebe gleicht und Weisheit das nahrhafteste Medium

---

[91] Vgl. Weber, Barbara: *„Philosophie" eine brotlose Kunst?*, datiert vom 13.01.2017 in: www.br.de/fernsehen/ard-alpha/sendungen/campus/mythos-philosophie-studium-100.html Stand: 07/2019
[92] Ebenda

schlechthin darstellt. Ginge es nach mir, dürfte der Sinnspruch »von Luft und Liebe leben« auf Luft und Liebe zur Weisheit gemünzt sein, denn was wir üblicherweise unter Liebe verstehen ist flüchtig, was unter Weisheit hingegen beständig. Sich der eigenen Weisheit zu besinnen bzw. bewusst zu sein hilft über jedwede Unbilden hinweg. Selbst wenn es derweil den Eindruck erweckt haben mag, thematisch vom Bewusstsein zur Weisheit übergangen zu sein, trügt er. Denn Bewusstsein und Weisheit sind sowohl komplementäre als auch korrelative Begriffe. Sie ergänzen und bedingen sich gegenseitig. Einerseits kann Weisheit nur bewusst wahrgenommen werden. Andererseits sind höhere Bewusstseinszustände erst im Weisheitsmodus erreichbar. Was heißt in diesem Zusammenhang »höhere« und wie lässt sich die grundsätzlich jedermann/-frau angeborene Weisheit aktivieren? Natürlich gibt es seitens des Bewusstseins keine hierarchische Ordnungsstruktur. Die topografische Bestimmung »höher« knüpft an den geistigen Horizont an, der mit ansteigender Höhe zunimmt. Über den Tellerrand vermag man erst dann zu blicken, wenn man sich von der Tellerrandposition erhebt. Gemeint ist die sogenannte höhere Warte, aus der sich der Überblick auf die größeren Zusammenhänge gegenüber der Froschperspektive des Bewusstseins deutlich erweitert. Als ich diese Zeilen verfasste, stieß ich auf einen dreißigminütigen Youtube-Beitrag von Eckhart Tolle, der mit „Ultimative Anleitung Eckhart Tolle (höheres Bewusstsein)"[93] betitelt ist. Darin ist keinmal die Rede von höherem Bewusstsein, doch was Tolle („der Meister des Jetzt"[94]) anspricht, lässt keinen Zweifel aufkommen, was man sich darunter vorstellen darf. Im Horizonworld-Werbetext ist von Tolles „tiefer Weisheit" die Rede.

Der erste Schritt zur Aktivierung des eigenen Weisheitspotenzials besteht darin, sich dem Thema »Weisheit« gedanklich zuzuwenden. Mit der Behauptung, dass sich heutzutage weltweit nahezu niemand auf sich bezogen dem Phänomen »Weisheit« widmet, stoße ich mit Sicherheit auf keinen fundierten Widerspruch. Und selbst diejenigen,

---

[93] www.youtube.com/watch?v=5MPTjoGt9V0 Stand: 07/2019
[94] www.horizonworld.de/meister-eckhart-tolle-schenkt-uns-seine-lehre-vom-gluecklichsein-live/ Stand: 07/2019

die den Komplex »Weisheit« auf welche Weise auch immer theoretisch oder gar praxisorientiert erforschend, ergründend oder beratend aufgreifen, lassen sich auf (zu) wenigen Händen abzählen. Ergo: Was man – neudeutsch ausgedrückt – nicht auf dem Schirm hat, dem fehlt es an Relevanz. Auf eine Eigenschaft, und sei sie noch so erstrebenswert, die man nur einer Handvoll Auserwählter zutraut, werden keine Gedanken verschwendet. Sobald jedoch das Interesse an Weisheit erwacht, reicht es, den Begriff bei Google einzutippen, um erstaunt festzustellen, hierzu (per heute: 13.07.2019) sage und schreibe 19.700.000 Treffer zu landen. Dies steht jedoch nicht in Widerspruch zu meiner Aussage, wonach sich derzeit noch kaum jemand der breit angelegten Popularisierung von jedermanns Weisheitsbegabung annimmt und sich dem Vorhaben verschreibt, einen Weisheitsboom zu initiieren. Vielmehr spiegelt es wider, dass man sich gern des Begriffs »Weisheit« bedient, sofern es stichwortartig, romantisierend, ohne anwendungsbezogene Popularisierungsabsicht und programmatischen Tiefgang geschieht.

Weisheit und Bewusstseinserweiterung sind mithin kohärent. Wer sich den Segnungen der Weisheit zuwendet, dessen Bewusstseinsspektrum erweitert sich und wer seinen geistigen Horizont erweitert, stößt in deren Verlauf unwillkürlich auf Weisheit. Diese binäre Verbundenheit schlägt sich sodann in der Erkenntnis der universellen Verbundenheit allen Seins nieder. Denn weisheitsgeleitetes Bewusstsein basiert auf einer multiperspektivischen, ganzheitlich-holistischen Weltsicht, die sich aus der Höhere-Warte-Betrachtungsweise naturgemäß ergibt.

Wenn der Duden Unterbewusstsein als vom Bewusstsein nicht gesteuerte psychisch-geistige Vorgänge definiert, ergeben sich für mich daraus drei Fragen:

a) Handelt es sich beim Unterbewusstsein um die nicht wahrzunehmende Sphäre des Bewusstseins oder um ein Phänomen außerhalb des Bewusstseins?
b) Sofern Letzteres, was ist es, das jene psychisch-geistigen Vorgänge steuert?
c) Was steuert die vom Bewusstsein nicht gesteuerten physischen Vorgänge?

Da ich kein (Neuro)Biologe bin, könnte es sein, dass die unbewussten Steuerungsvorgänge seitens des vegetativen Nervensystems erfolgen. Aber was steuert dieses autonome System? Darauf gibt es sicher fachkundige Antworten, die jedoch nicht erklären, wessen Bewusstsein die basale Programmierung und Konfiguration des autonom operierenden Nervengefüges vornahm. Daraus folgt der für die etablierte Wissenschaft leidige Rekurs auf die unerfindliche schöpferische Instanz, der wir das Universum, so unvergleichlich wie es sich darstellt, verdanken. So äußerte sich Thomas Metzinger, laut WDR „derzeit [2010] der wichtigste deutsche Philosoph zum Thema Bewusstsein":

> „Es gibt auch nach 2500 Jahren westlicher Philosophiegeschichte kein überzeugendes Argument und keinerlei Belege für die Existenz Gottes."
> „In der aktuellen Bewusstseinsforschung geht niemand von der Möglichkeit eines Lebens nach dem Tod aus. Ein funktionierendes Gehirn ist notwendige Bedingung für das Auftreten phänomenaler Zustände. Die Forschung sucht nach dem neuronalen Korrelat des Bewusstseins."
> „Aus philosophischer Perspektive gibt es keine guten Argumente dafür, dass ein einziger, wohldefinierter, kulturinvarianter theorie- und beschreibungsunabhängiger Bewusstseinszustand existiert, der ‚die' Erleuchtung ist."

Zur Begrifflichkeit des Lebens nach dem Tod führt Metzinger an: „In der aktuellen Philosophie des Geistes ist der Substanzdualismus (seit längerem) eine Position, die praktisch keine Vertreter mehr hat." Zu diesem Stichwort nachschlagend stieß ich auf die Website www.sapereaudepls.de, die sich unter anderem hinreichend ausführlich mit den Aspekten der Philosophie des Geistes beschäftigt. Unter dem Reiter „Gottesbeweise" findet sich folgendes Zitat von Volker Dittmar:

„Es gibt keine Gottesbeweise. Was es gibt, sind lauter schlechte Argumente für Gott, gemacht für die, deren analytische Fähigkeit nicht ausreicht, den Trick zu durchschauen. Keines – kein einziges – dieser

Argumente ist valide (logisch gültig). Die meisten scheitern an defekter Logik. Es gibt nur eine Handvoll, die logisch valide sind Aber deren Prämissen sind so fragwürdig, dass sie selbst von Gläubigen kaum akzeptiert werden.“[95]

Für »Gott« mag es keine Beweise geben. Andererseits gibt es ebenso wenig Beweise dafür, dass es »Gott« nicht gibt. Und die Argumente gegen Gott à la

„(1) Allmacht: Entweder, Gott kann einen Stein erschaffen, der so schwer ist, dass er ihn selbst nicht heben kann, oder er kann dies nicht. In beiden Fällen ist er nicht (aktual-)allmächtig.

(2) Allwissenheit: Entweder Gott ist allwissend, das heißt, er weiß, dass eindeutig X in Zukunft geschehen wird, oder Gott ist allmächtig, das heißt, er kann verhindern, dass X in Zukunft geschehen wird und stattdessen Y bewerkstelligen. Gott kann aber nicht sowohl allwissend, als auch allmächtig sein.“[96]

erscheinen mir auch nicht valid. Was spricht gegen Allmacht, etwas zu erschaffen, das man selbst nicht heben kann? Eine Duden-Bedeutung von Macht heißt Einfluss, wodurch Allmacht bedeuten mag, auf alles Einfluss zu nehmen. Dittmar verwechselt in seiner Vorstellung »Gott« mit einem menschlichen Wesen (in dem Fall mit dessen Muskelkraft). Und allwissende Allmächtigkeit weiß, was geschehen wird, d. h. geschieht, indem sie X oder Y geschehen lässt. Auch bei jenem Argument wird Gott anthropomorphisiert (vermenschlicht), zumal Zukunft eine Hilfskonstruktion des menschlichen Geistes ist.

Als auf sprachliche Feinheiten fokussierter und zugleich weisheitssensibilisierter Zeitgenosse fällt mir beim Plural Beweise intuitiv dessen Wortstamm »weise« auf. Was mag an Beweisen weise sein? Schlägt man dazu im Herkunftswörterbuch nach, gründet »weise« auf dem altgermanischen *wis*, das mit »wissen« zusammenhängt und »Weise« mit »Aussehen, Erscheinungsform«. Darauf leitete man im

---

[95] www.sapereaudepls.de/was-kann-ich-wissen/gottesbeweise/ Stand: 07/2019
[96] Ebenda

15. Jahrhundert »beweisen« und »Beweis« mit der Bedeutung »zeigen« ab. Wissen (als flektierter Wortstamm von Be~wusst~sein) und Weisheit korrelieren demnach und sind miteinander verwandt, jedoch von unterschiedlicher Qualität. Während Wissen unsere Welt überschwemmt, zählt weises Wissen seit jeher zu den rühmlichen Ausnahmen. Beweise stellen nicht auf Weisheit, sondern auf Wissen ab. Der Beweisende zeigt auf, was er über das Bewiesene weiß. Doch wie uns die Wissenschaftsgeschichte lehrt, ist Wissen vergänglich. Und so wie wir über die evidente Existenz einer genialen Schöpfungsinstanz keinen Beweis führen können, vermögen wir es auch hinsichtlich vieler unstrittiger Alltagserfahrungen nicht. Wer ist imstande zu beweisen Schmerzen zu haben bzw. Schmerzen eines anderen beweiskräftig zu widerlegen? Wer kann nachweisen, etwas nicht (scharf genug) zu sehen, zu schmecken, zu tasten? Wie lässt sich beweisen, völlig gesund zu sein oder sich unwohl zu fühlen? Wie beweist ein Mensch, was er denkt oder (luzide) träumt? Wie führt man den Beweis oder Gegenbeweis für Tinnitus? Auf welche Weise gelingt der Beweis exakter astrologischer Persönlichkeitshoroskope? Welche Beweisbarkeit besitzen Wettervorhersagen? Wie beweisen wir, für jemanden oder etwas echte Gefühle der Liebe und oder Wertschätzung zu empfinden? Wie beweist man Gefühle tiefer Traurigkeit? Durch tränenreiches Gebaren? Wie beweist man weise zu agieren? Wie entkräftet man Nahtoderfahrungen, die beispielsweise exakt beschreiben, was mit dem Betroffenen anlässlich seiner Wiederbelebung oder Operation geschah und wer dabei anwesend war? Wie werden Intuition, Inspiration und Kreativität bewiesen? Wie beweist man meditative Empfindungen der Leere (*Shūnyatā*) oder des Einsseins (*Turīya*)? Wer hat bislang unstrittig die Unschädlichkeit des zunehmend Elektrosmogs (Mobilfunkstrahlung, WLAN, Bluetooth etc.)[97] bewiesen, während immer leistungsstärkere Hochfrequenznetze (derzeit 5G) in Betrieb genommen werden? Welche Beweise liegen vor, dass die zum Teil gravierenden Nebenwirkungen allopathischer Arzneien insbesondere bei Einnahme mehrerer Präparate

---

[97] Vgl. Gukelberger-Felix, Gerlinde: *Wie gefährlich ist Handystrahlung?*, datiert vom 08.05.2017 In: www.apotheken-umschau.de/Krebs/Wie-gefaehrlich-ist-Handystrahlung-535337.html Stand: 07/2019

(Wechselwirkungen) hinnehmbar sind, während vor der Einnahme von Vitaminen und Nahrungsergänzungsmitteln streng darauf hingewiesen werden muss, dass die empfohlene Verzehrmenge nicht überschritten werden darf und bei nebenwirkungsfreien homöopathischen Mitteln die Angabe der therapeutischen Indikationen untersagt ist? Wie glaubwürdig ist dies unter dem Aspekt, dass auch hochprozentige alkoholische Getränke keinen Hinweis auf die maximale Verzehrmenge enthalten? Und: Wie beweist man Beweise? Beispiele: Beweise man einem Farbenblinden, dass die Farbe, die er wahrnimmt, nachweislich eine andere ist! Beweise man einem Unmusikalischen, dass er falsch singt. Beweise man bei widersprüchlichen wissenschaftlichen Studien, wer die zutreffenden Beweise liefert. Auch wenn dies erneut so wirken mag, als wäre ich vom Bewusstseinsweg abgekommen: Gerade die in diesem Absatz angesprochenen Sachverhalte sind für die weisheitsorientierte Bewusstmachung von besonderer Relevanz. Nur derjenige vermag weise zu agieren, wer möglichst viele Zusammenhänge überblickt, erkennt und bei seinem Denken und Handeln berücksichtigt – sich mental upgradet.

Noch im Jahr 2005 fragte Thomas Metzinger „Brauchen wir eine neue Wissenschaft vom Bewußtsein?" Seine Antwort hieß: „Man muß [...] seriöserweise zugeben, daß die Erforschung des Bewußtseins sich gegenwärtig noch in einem präparadigmatischen Stadium befindet: Es gibt derzeit noch keinen einheitlichen theoretischen Hintergrund, vor dem wirklich so etwas wie eine *Wissenschaft des Bewußtseins* entstehen könnte." Nichtsdestotrotz wurde bereits wenige Jahre später, im Jahr 2011, dem Universitätsklinikum Regensburg der Forschungsbereich »Angewandte Bewusstseinswissenschaften« unter der Leitung von Thilo Hinterberger eingegliedert.[98] Daran erkennt man, welch schnellem Wandel auch wissenschaftliche Annahmen unterliegen können.

---

[98] http://ab-wissenschaften.de/ Stand: 07/2019

3   Bewusstsinn

Zur dereinst (alt- und mittelhochdeutschen) sprachlichen Identität von Sein und Sinn (beide Male *sin*[99]) habe ich mich bereits in meinen vorhergehenden Abhandlungen geäußert. Unter anderem in der Hinsicht, dies nicht nur sprachlich, vielmehr auch faktisch zu sein. Im Modus des sogenannten gesunden Menschenverstandes haben wir Menschen keine Zweifel, dass das Sein an sich sinnig ist. Die Alternative wäre das Nichtsein im Sinne der absoluten Nichtexistenz. In jenem Fall gäbe es keine Grundlage und damit auch keine Veranlassung, sich über den Sinn des Seins den Kopf zu zerbrechen. So aber ist der Sinn des Seins das Sein und das Sein der Sinn des Sinns. Dadurch ist alles Sein sinnig und nur Nichtsein sein- und damit sinnlos. Das ist im Grunde leicht nachvollziehbar. Da alles aus einem – zumal höchstintelligenten – Schöpfungsprinzip heraus entsteht und damit »ist«, also existiert, hat es für jene Schöpfungsinstanz automatisch irgendeinen Sinn, anderenfalls dessen Erschaffung unterbliebe. Was für eine Schöpferinstanz sinnlos wäre, erschüfe sie nicht, wodurch es der Inexistenz anheimfiele. Andererseits lässt sich Sinn nicht einschränken oder steigern. Halbsinnig, teilweise sinnig entspräche nicht nur dem Bonmot »etwas schwanger« zu sein, sondern auch dem Zustand, partiell zu sein/zu existieren. Nicht nur daraus folgt: Alles was ist, hat Sinn und ist sinnvoll. Die Komparation sinnvoll, sinnvoller, am sinnvollsten scheitert allein an der Restriktion, dass Volles nicht voller gemacht werden kann. Zudem folgt es aus dem Umstand der subjektiven Bewertung. Daran, wie etwas sei, scheiden sich bekanntlich die (menschlichen) Geister. Gleiches gilt für die Frage, ob etwas sinnvoll oder sinnlos sei. Dazu ließen sich unzählige Beispiele aufführen. An dieser Stelle mögen drei exemplarische genügen: 1. Sind Naturkatastrophen sinnvoll oder sinnlos? 2. Ist die androgenetische Alopezie sinnvoll oder sinnlos? 3. Ist die »Botschaft« dieses Buches sinnvoll oder sinnlos? Doch der wesentliche Aspekt besteht darin, dass ein sinnvolles Ganzes keine sinnlosen Teile aufweisen kann. Auf die Frage »Ist das sinnvoll?« mit »teils, teils« zu antworten heißt, eine Aufteilung einer Ganzheit in sinnvolle und sinnlose

---

[99] Vgl. *Duden – Das Herkunftswörterbuch*, S. 753 u. 770

Teile vorzunehmen bzw. die angefragte Ganzheit aus dem Blickfeld verschwinden und in kleineren Ganzheiten aufgehen zu lassen. Sinnvolles ist quasi randvoll mit Sinn gefüllt. Für Sinnloses bleibt darin mithin bereits sprachlich nichts frei. Aber auch (syl)logis(tis)ch nicht, denn Sinniges kann demzufolge nicht zugleich sinnfrei (unsinnig) sein. Auch nicht teilweise, im Sinne von teilsinnig und somit teilseiend.

Fassen wir zusammen:

- Das Wesen des Seins ist Sinn zu haben und Sinn zu sein.
- Sinn zu haben ist eine Eigenschaftszuschreibung.
- Sinnvoll zu sein ist eine bildhafte Beschreibung der Irreduzibilität von Sinn.
- Die Identität von Sinn und Sein ist unumstößliches Axiom.
- Daher: Alles Sein hat Sinn. Alles Sein ist Sinn.
- Nur Nichtsein ist sinnlos.

Solange wir uns mit solchen essenziellen Fragen nicht beschäftigen, erscheinen sie uns zutiefst philosophisch und Philosophieren mag spätestens heutzutage nicht mehr mit seinem Wesen, der Liebe zur Weisheit, sondern mit praxisfernen Gedankenspielen, im vorstehenden Zusammenhang zudem mit Wortspielen assoziiert zu werden.

Sich dieser Zusammenhänge bewusst zu sein führt zum Bewusstsinn, dem sophialogischen (weisheitsbezogenen) Pendant des Bewusstseins. Dem Bewusstsinn anheimzufallen eröffnet den Zugang zu einer ungeahnten geistigen Dimension: jener der Allgeborgenheit. Welch höheren Grad an Geborgenheit sollte es nach menschlichem Ermessen geben können als denjenigen, dass ALLES im Universum Sinn hat? Sinn zu haben ist eine vorbehaltlos positiv konnotierte, (da)seinsberechtigende Zuschreibung. Was Sinn hat darf sein. Soll sein. Ist. Nun versetze man sich, die meisten vermutlich gerade zum allererstem Mal, gedanklich in die Welt, in der alles Sinn hat, alles sinnvoll ist, alles einem Sinnprinzip des Seins folgt. In jener Welt gäbe es, ach du Schreck, NICHTS zu kritisieren, alles wäre in Ordnung so wie es ist. Wo alles Sinn hat und einiges dennoch suboptimal erscheint, geht es nicht mehr darum, den Sinn von allem in Zweifel zu ziehen. Dort steht vielmehr »nur« noch das Be- und Verurteilungsparadigma auf dem Prüfstand.

Wir Menschen werden von klein auf darauf eingeschworen und getrimmt, zwischen »gut, positiv« ist gleich »sinnvoll« und »schlecht, negativ« ist gleich »sinnlos« zu unterscheiden. Nur das Gute »macht« Sinn, das Schlechte ist Irrsinn, Unsinn, Wahnsinn. Da Urteile rein subjektiver Natur sind, werden wir permanent mit einem ungeheuren Wirrwarr sich widersprechender Einschätzungen konfrontiert, was dazu führt, dass uns der Sinn des Lebens, der Sinn des Seins, das Bewusstsein des allseienden Sinns (Bewusstsinn) verloren geht und wir uns tagein tagaus dem Beurteilen (gut) und Verurteilen (schlecht) hingeben. Wir teilen unsere Welt in Gutes und Schlechtes auf. Das Gute wollen wir haben und behalten, das Schlechte verhindern und von uns fernhalten. Hierdurch verbringen wir die meiste Zeit mit – im Grunde gleichzeitigem – Befürworten und Ablehnen, Ziehen und Drücken, Festhalten und Abdrängen, für dies und gegen jenes »Kämpfen«. In einem solchen mentalen Modus ist unser Leben ein ständiger Kampf und der Sinn des Lebens nicht das Lebensglück, sondern der Lebenskampf. Mit dieser Ge-sinn-ung haben wir uns unsere Welt als Arena, als Kampfplatz eingerichtet.

Wenn sich hingegen in unseren Köpfen etabliert, dass alles Sinn hat, also grundsätzlich alles gut ist oder – wertungsfrei – alles ist wie es ist, befreien wir uns von dem Ballast des ständigen Abwehrens dessen, was wir für schlecht und falsch erachten. Wir werden frei von dem Ballast des Kämpfens gegen die Windmühlen der subjektiven Abwertung des wertneutralen Seins. Wir schaffen uns die Last des Kämpfens für die subjektiven Götzen des wertneutralen Seins vom Hals. Wer nicht für oder gegen das Ist des Seins kämpft, hat sich den Sinn des Seins und der Weisheit erschlossen und zugleich den eigenen Weisheitsmodus aktiviert. Indem es sich letztlich gegen den Sinn des (irdischen) Seins richtet, ist Kämpfen die destruktivste Lebensart. Wenn der Sinn des Seins das Sein ist und der Kampf den Seinsverlust von missliebigem Seienden intendiert, stellt Kämpfen zugleich auf den Sinnverlust des Bekämpften ab.

Die Denkweise des »Alles-hat-Sinn« ist noch derart ungewohnt, dass sie einen komplexen bis paradoxalen Eindruck vermitteln mag. So könnte beispielsweise zum Vorstehenden eingewandt werden, wenn alles Sinn hat, dann doch wohl auch das Kämpfen. Selbstverständlich hat es den. Doch rufen wir uns hierzu in Erinnerung, dass Sinn in seiner meinerseits zugrunde gelegten originären Bedeutung »Sinn = Sein« keinen Bewertungsmaßstab, sondern den dem Betreffenden innewohnenden Zweck ausdrückt. Sinn (und Zweck) alles Seienden ist, wenn nicht unmittelbar, dann mittelbar, uns Menschen eine Erkenntnis zu vermitteln. Uns Menschen, da auf unserem Planeten höchstwahrscheinlich nur wir Menschen uns über Sinn und Zweck Gedanken machen. Und wenn Kämpfen daher das Nichtsein von Sein intendiert, liegt dessen Sinn darin, zu erkennen, welch Potenzial des »Ent~sinn~ens« es in sich trägt. Der Sinn des Kämpfens besteht darin, zu erkennen, dass es Sinnlosigkeit (Seinlosigkeit) anstrebt, obwohl das kosmische Prinzip immaniert, dass nur die jeweilige Schöpfungsinstanz Seinsrücknahmen vornehmen darf. Mit anderen Worten, was von jemand ins Leben gerufen wurde, dem darf ein anderes der von derselben Instanz ins Leben Gerufenen nicht »ungestraft« die Daseinsberechtigung entziehen. Oder imperativisch ausgedrückt: Du sollst nicht bekämpfen, was du nicht selbst erschaffen hast!

Die seinsdienliche Alternative zum Kämpfen stellt das Gestalten dar. Des Menschen native Wesensart ist von aufbauendem (Konstruktion) und nicht von zerstörerischem Moment (Destruktion) bestimmt. Sein Zerstörungstrieb wird von seiner systematischen Konditionierung auf ein Individuum, auf das Getrenntsein vom Rest der Welt stimuliert und angespornt. Wer davon ausgeht, von nichts als Konkurrenten, Widersachern, Missgünstigen, also einer zu bekämpfenden feindlichen Umwelt umgeben zu sein, ist unentwegt bemüht, sich seine *Raison d'Être* zu erkämpfen. Man braucht noch nicht einmal die dokumentierte Menschheitsgeschichte zu bemühen. Es genügt, sich lediglich die selbsterlebten Situationen zu vergegenwärtigen, um die Auswirkungen der Reduktionismus-Indoktrination nachzuvollziehen. Unser Planet stellt ein Paradies dar, das von seiner Beschaffenheit keine Wünsche offenlässt und allen Bedürfnissen gerecht wird. Doch unsere Welt wird nicht von Anerkennung, Dankbarkeit, Freude, Gemeinwohl, Gerechtigkeit, Großzügigkeit, Glückseligkeit, Liebe, Nächstenliebe, Respekt, Wertschätzung u. Ä., vielmehr von Aggression, Egoismus, Feindseligkeit, Geiz, Gewalt, Hass, Hochmut, Macht, Missgunst, Misstrauen, Neid, Unzufriedenheit u. Ä. beherrscht. Von Natur aus ist die Natur, deren integraler Bestandteil wir Menschen sind, auf Liebe, Gemeinschaft und Miteinander eingestellt. In langjährigen Studien kamen Forscher zu einer Erkenntnis, für die es keiner Forschung bedurft hätte: Der Faktor, der für das persönlich empfundene Glück oder Unglück einer Person am bedeutsamsten ist, sind die sozialen Beziehungen und deren Qualität. Umgekehrt sei Einsamkeit ein Garant für ein unglückliches Leben und nicht selten verfrühten Tod.[100] Es bedarf keiner näheren Erläuterung, inwiefern Reduktionismus, das Getrenntsein-Paradigma, innere Einsamkeit und latente Dyskolie (Bekümmertheit, Schwermut, Trübsinn, Unzufriedenheit, Verdrießlichkeit, Weltschmerz) hervorruft. Wir Menschen sind soziale, sich nur in der Gemeinschaft »gesund« entfaltende Wesen (*zoon politikon*) und Individuen nur hinsichtlich unserer Einzigartigkeit. Diese Gemeinschaft unterliegt von Natur aus keinerlei Klassifikation – eine naturgegebene soziale und kulturelle Gruppenzugehörigkeit sieht die Schöpfung nicht vor. Daher ist die Liebe der zumindest auf Erden wirkungsmächtigste Faktor, den die reduktionistisch ausgerichtete Wissenschaft aus ihren Betrachtungen nahezu gänzlich ausblendet. In dem ihm zugetanen Umfeld wird der neugeborene Mensch in Liebe empfangen und der verstorbene in Liebe verabschiedet. Und vonseiten des Neugeborenen besteht eine wechselseitige Liebesabhängigkeit: würde es sich nicht liebend einer Gemeinschaft anvertrauen und von ihr nicht liebend aufgenommen und versorgt werden – im Einzelwesen-Status hätte ein Baby keine Überlebenschance. Die Nächstenliebe (Agape, Karitas) ist uns Menschen mithin angeboren, wird uns jedoch anhand konsequenter reduktionistischer Beeinflussung aberzogen. Der Gegenpol des Reduktionismus ist der Holismus (das mehr als die Summe seiner Teile seiende aristotelische Ganze), auch als Synergie bezeichnet, dem Zusammenwirken von Lebewesen, Stoffen und/oder Kräften zur gegenseitigen Förderung ei-

---

[100] Vgl. Franke, Mirijam: *Studie beweist: Nur unter einer Voraussetzung macht Geld wirklich glücklich* in: www.arbeits-abc.de/macht-geld-wirklich-gluecklich Stand: 11/2019

nes daraus resultierenden gemeinsamen Nutzens. Da holistische Ansätze, z. B. im Hinblick auf die Kategorie »Liebe«, methodisch schwer fassbar sind und keine exakt vorhersehbaren/berechenbaren Schlussfolgerungen zulassen, werden sie bislang von den meisten Wissenschaftsdisziplinen gemieden. [101] Insofern stellen Synergie („Energie, die für den Zusammenhalt und die gemeinsame Erfüllung von Aufgaben zur Verfügung steht" [Duden-Definition]) die »bewusstheitliche«, und Sinnergie („Energie, die aus dem Sinn hervorgeht, den man vom Kosmos bis zum eigenen Innenleben den Dingen zuweist") die »bewusstsinnige« Schreibweise letztlich desselben Begriffes dar.

4 Haus der Weisheit

Das »Haus der Weisheit« (arabisch بيت الحكمة – *Bayt al-Hikma*) war eine Art Akademie, die der Abbasiden-Kalif Abdallāh al-Ma'mūn im Jahr 825 in Bagdad gründete. Als dessen Vorbild diente die wesentlich ältere, bereits im Jahr 271 eingerichtete persische Akademie von Gundischapur. Im Haus der Weisheit widmeten sich bis zu 90 Personen wissenschaftlichen Übersetzungen ins Arabische, vor allem aus dem Griechischen, aber auch aus dem Aramäischen und Persischen. Al-Ma'mūn verpflichtete hierfür Gesandte seines Hofs, dieser wissenschaftlichen Werke habhaft zu werden, unter anderem in Konstantinopel bei Kaiser Leo V. Im besagten Haus sind alle Werke der Antike übersetzt worden, die man zu beschaffen vermochte, unter anderem von Archimedes, Aristoteles, Galen, Hippokrates, Platon und Ptolemäus. Al-Ma'mūn war von der Idee beseelt, alle gelehrten Bücher der Welt unter einem Dach zusammentragen und ins Arabische übersetzen zu lassen, um sich und seinen Gelehrten deren Lektüre zu ermöglichen. Sein Ziel erreichte er zumindest insofern, als sein »Haus der Weisheit« Mitte des 9. Jahrhunderts zur weltgrößten Büchersammlung avancierte. In der Epoche des Hausaufbaus sollen darin nach Aussagen des mittelalterlichen Historikers Ibn al-Qifti 54 entsprechend fach- und sprachkundige Beschäftigte gearbeitet haben. Einer

---

[101] Vgl. https://de.wikipedia.org/wiki/Reduktionismus und https://de.wikipedia.org/wiki/Synergie Stand: 11/2019

davon sei der Mathematiker Musa al-Chwārizmī, der Begründer der Algebra und des Algorithmus gewesen.

Im Sog dieses Aufschwungs stieg Bagdad zum Schmelztiegel der intellektuellen Fachwelt empor und erfreute sich über mehrere Jahrhunderte hinweg der Attraktivität, als Wirkstätte der berühmtesten arabischen und persischen Gelehrten zu fungieren. Nach dem Vorbild des *Bayt al-Hikma* wurden ähnliche Einrichtungen in Córdoba und Sevilla geschaffen. Der Fatimiden-Kalif al-Hakim ließ in Kairo um 1000 ein baulich großzügigeres *Dar al-Hikma* errichten, das auch die Bezeichnung *Dar al-ʻilm* (Haus der Kenntnisse/Wissenschaft) trug. Als die Mongolen unter Hülegü im Jahr 1258 Bagdad eroberten, wurde das »Haus der Weisheit« zusammen mit allen anderen Bibliotheken zerstört. Das arabische *Hikma* bedeutet neben »Weisheit« auch »Wissen« oder »vernünftiges Denken«. »Weise« heißt auf Arabisch »*hakim*«. Heute wird es für wahrscheinlicher gehalten, dass sich das damalige *Bayt al-Hikma* mehr auf das Wissen als auf die Weisheit bezog und daher zutreffender mit »Haus der Naturwissenschaft« übersetzt wäre.[102]

Von diesem historischen Weisheitsfundus-Projekt ließ ich mich inspirieren, nachfolgend auf die von mir zum Phänomen »Weisheit« zusammengetragenen Bücher und sonstigen Texte überblicks~weise einzugehen. Während in der Literatur das Wort »Weisheit« sehr oft vorkommt und von Weisheit oft die Rede ist, gibt es über Weisheit nur verhältnismäßig verschwindend wenig deutschsprachige Literatur und noch weniger, die sich mit Weisheit forschend befasst. Dies steht in krassem Widerspruch dazu, wie Weisheit von der Handvoll (deutscher) Weisheitsforschenden definiert wird. So halten sie beispielsweise die renommierten Psycho-Gerontologen Paul Baltes für den „Gipfel menschlicher Erkenntnisfähigkeit und menschlichen Handelns“ und Ursula Staudinger für „tiefe Einsicht und Urteilskraft und Urteilsfähigkeit in schwierigen und grundlegenden Fragen des Lebens sowie Dilemma-Situationen.“ Weisheit sei die Fähigkeit, richtige Entscheidungen zu treffen und einen umfassenden und weiten Blick auf

---

[102] Vgl. Al-Khalili, Jim: *Im Haus der Weisheit,* Pos. 1522 ff. und https://de.wikipedia.org/wiki/Haus_der_Weisheit_(Bagdad) Stand: 11/2019

die Dinge zu haben, sich nicht von der Meinung anderer leiten zu lassen, sondern unabhängig zu denken.

Indem es sich bei den in diesem Kapitel nachfolgend wiedergegebenen Auszügen dem vorerwähnten Haus der Weisheit analog um eine Sammlung ausgewählter weisheitsorientierter Texte handelt, entsprechen diese Auszüge authentizitätsgerecht überwiegend reinen Exzerpten. Dies vorausgeschickt erscheint es mir aus Gründen der Übersichtlichkeit hinnehmbar, ja geboten, auf eine regelgerechte Zitation zu verzichten.

4.1 Berliner Weisheitsmodell

In den 1990er Jahren führten Baltes, Staudinger und andere am Berliner Max-Planck-Institut für Bildungsforschung das empirisch basierte Projekt „Weisheit und lebenslange Entwicklung" durch, das im Jahr 1996 publiziert wurde und mitunter als „Weisheitsstudie"[103] abgekürzt wird. Auf dessen Grundlage konzipierte jene Forschungsgruppe das Berliner Weisheitsmodell[104], auch Berliner Weisheitsparadigma[105] genannt. Das Modell gründet auf dem Umgang mit Grenzsituationen menschlichen Daseins, mit schwierigen Fragen des allgemeinen Lebenswissens, des Wissens um Lebensbedingungen sowie der Entscheidungs- und Verhaltensmöglichkeiten, mithin mit Herausforderungen der Lebensplanung, Lebensgestaltung und Lebensdeutung. Hinzu kommt das Wissen um und das Zurechtkommen mit den Prinzipien der steten Veränderung, der allseitigen Vernetztheit, der Begrenztheit des eigenen und fremden Wissens, der menschlichen Erkenntnis und der eigenen körperlichen Existenz sowie den Ungewissheiten und Unwägbarkeiten des Lebens. Auf diesem Fundament wird Weisheit mithin als „höchste Fähigkeit im Umgehen mit wichtigen und schwierigen Lebensproblemen" gekennzeichnet und weisen Personen die „Fähigkeit zum Selbstmanagement" und „zwischenmenschliche Qualitäten bei der Lösung von Problemen mit hoher

---

103 Vgl. Rötger, Antonia: *Zwischen Weisheit und Wahnsinn*, S. 62 f. in: www.wissenschaft.de/gesundheit-medizin/zwischen-weisheit-und-wahnsinn/ Stand: 11/2019
104 Vgl. Wahl, Svenja: *Selbst- und weltbezogene Wissenskomponenten von Weisheit. Studie zur Konstruktvalidierung des Berliner Weisheitsmodells*, Hamburg 2000
105 Vgl. *Weisheit ist kein Massenphänomen* in: ExploreMagazin 04/2016, S. 29

ökologischer Komplexität"[106] zugesprochen. Psychoanalytiker Erik H. Erikson betrachtete die Weisheit als „höchste der menschlichen Stärken und Qualitäten des Ich [...] als Ausdruck einer reifen integrierten Persönlichkeit, die sich in der Transzendierung persönlicher Interessen, der gelungenen Auseinandersetzung mit der eigenen Endlichkeit und der Zuwendung zu kollektiven und universellen Werten äußert."[107] Bei der Entfaltung eines weisheitsbezogenen Umgangs mit problematischen Lebenskonstellationen sei die Hinzuziehung von hierfür kompetenten Mentoren hilfreich.

Das Berliner Weisheitsmodell baut auf fünf Säulen und fünf Meilensteinen („zur Bewertung von Wissen und Urteilsfähigkeit im Bereich der fundamentalen Pragmatik des Lebens"[108]) auf[109]:

A. Säulen

1. Zusammenhänge erkennen

Der weise Mensch weiß um die grundlegenden Herausforderungen des Lebens und dessen Verstrickungen. Er achtet die Natur. Er ist mit den Grundlagen zwischenmenschlichen Umgangs sowie den gesellschaftlichen Normen vertraut und weiß, wann und wie man sich über sie hinwegsetzt.

2. Sinngemäß handeln

Der weise Mensch vermag Wesentliches von Unwesentlichem zu unterscheiden. Er besitzt die Kompetenz, seine Zeit optimal zu nutzen und sein Leben zu meistern. Er kann sich von eigenen Motiven und Sehnsüchten so stark distanzieren, dass er für andere zum klugen Ratgeber wird.

---

[106] Staudinger, Ursula M./Baltes, Paul B.: *Weisheit als Gegenstand psychologischer Forschung* in: http://library.mpib-berlin.mpg.de/ft/us/US_Weisheit_1996.pdf Stand: 11/2019
[107] Ebenda, S. 65
[108] Ebenda, S. 61
[109] Vgl. Kotlorz, Tanja: *Der lange Weg zur Weisheit*, datiert vom 25.05.2002 in: www.welt.de/print-welt/article390771/Der-lange-Weg-zur-Weisheit.html Stand: 11/2019 und https://de.spiritualwiki.org/Hawkins/Weisheit Stand: 11/2019

3. Relativität vs. Absolutheit anerkennen

Der weise Mensch weiß, dass verschiedene Menschen in verschiedenen Kulturen und/oder zu verschiedenen Zeiten unterschiedliche Wertvorstellungen haben. Dessen ungeachtet wird er seinen persönlichen Kanon eher universeller Werte, wie Toleranz oder Nächstenliebe, beherzigen.

4. Kontext und Bedingtheit einbeziehen

Der weise Mensch sieht Personen und Ereignisse nicht isoliert, sondern in Bezug zu den Rahmenbedingungen. Er weiß, dass sich Probleme anders darstellen, je nachdem, welchen Lebensbereich (Familie, Arbeitswelt, Politik, …) sie betreffen und auch abhängig vom jeweiligen Alter.

5. Ungewissheit mitberücksichtigen

Den weisen Menschen zeichnet aus, sich sowohl mit seiner eigenen Endlichkeit als auch der Tatsache auseinanderzusetzen, dass zum Leben auch immer eine gewisse Ungewissheit gehört. Wir wissen nie genau, was die Zukunft bringt. Er meistert den Balanceakt zwischen seiner Ungewissheit und der Notwendigkeit, trotzdem handlungsfähig zu bleiben.

B. Meilensteine

1. Lebenserfahrung

Die Weisheitsbasis wird zwischen dem 14. und 25. Lebensjahr angelegt. Mit zunehmendem Alter kommen die Langzeitperspektive, die emotionale Besonnenheit und die Lebensklugheit hinzu.

2. Mentoren

Man lässt sich von ihnen beraten und schaut sich von ihnen ab, wie komplizierte Lebensprobleme zu bewältigen sind. Wer sich an »Lebensmeister« wendet und sie nachahmt, erlangt anwendungsorientierte Anregungen zu essenziellen Fragen des »weisen« Lebens.

3. Persönlichkeit

Nur wer flexibel, offen und neugierig ist und bleibt, erweitert seinen Horizont.

4. Grundhaltung

Es ist weise, andere Kulturen, Religionen und Weltanschauungen zu respektieren, also eine Haltung der kulturellen Toleranz zu praktizieren.

5. Weisheitsimperativ

Es ist weise, das Optimum an Gutem im eigenen Leben und in der Welt anzustreben, ohne dabei anderen Schaden zuzufügen.

Erst diese zehn „gesellschaftlichen Ernäherungsfaktoren" führten zu höherem Wissen, zur perfekten Synergie von Geist und Charakter, zur Fähigkeit, ein guter Ratgeber zu sein, zu der Gabe, um die Ungewissheiten des Lebens zu wissen.[110] Und so gesehen sei Weisheit ein unerreichbares utopisches Ideal. Das Forscherteam fand heraus, dass weisheitsgeleitete Leistungen in der Bandbreite von 20 bis etwa 80 Jahren vom Lebensalter relativ unabhängig sind. Die Weisheitsforschung trage dazu bei, die Qualitätsmerkmale (z. B. Lebensbewältigungsfähigkeit) und Kompetenzkriterien (z. B. Lebensgestaltungskompetenz) besonders lebensrelevanter Potenziale zu ermitteln und aufzuzeigen.

> „Nach diesen Studien zeichnet sich eine weise Person Im Alltagsverständnis durch besondere Charakterisierung des Denkens (z. B. Problemlösefähigkeit), der Persönlichkeit (z. B. hervorragender Charakter) sowie Fähigkeiten im Bereich sozialer Interaktion und Kommunikation (z. B. Empathie, Ratgeben) aus. Weise Personen werden in bestimmten Aspekten ähnlich beschrieben wie kreative oder intelligente Personen, allerdings haben [...] weise Personen auch eigen-

---

[110] Kotlorz, Tanja: a.a.O.

ständige Merkmale, wie sie in Lebensklugheit, in Wissen, das das Bestehende transzendiert und in der gelungenen Koordination von Denken, Fühlen und Wollen zum Ausdruck kommen."[111]

Der zukünftigen Weisheitsforschung sagte das Forscherteam voraus, sich zunehmend jenen Persönlichkeits- und Lebensprozessen zu widmen, die zur Entwicklung von Weisheit beitragen oder ihr abträglich sind. Zugleich ging es davon aus, dass Weisheit keine Exzellenzeigenschaft von Einzelpersonen, vielmehr das Produkt einer synergetisch interagierenden Geistesverwandtschaft sein dürfte. Es nahm zudem an, dass Weisheit eine ziemlich anspruchsvolle und (sehr) anstrengende[112] sowie nicht gerade glücklich machende[113] Angelegenheit sei.

Das war 1996. Acht Forschungsjahre später, im Jahr 2004, erschien im Netz ein 275 Seiten starkes Baltes-Manuskript *„Wisdom as Orchestration of Mind and Virtue"* (Weisheit als Verknüpfung von Geist und Tugend), in dem er Weisheit auf siebenerlei Art definiert[114]:

1. Weisheit ist die meisterhafte Lösung eines bedeutsamen und schwierigen Lebensproblems, nämlich der Frage sowohl nach dem Sinn als auch nach Anleitungen zur praktischen Lebensführung.
2. Weisheit ist ein Wissen über die Grenzen des Wissens und die Unsicherheit in der Welt.
3. Weisheit ist das Höchste, wozu unsere Urteilskraft und unser Geist fähig sind.
4. Weisheit ist ein Wissen um die außerordentliche Fülle von Anwendungsmöglichkeiten sowie um deren Tiefe und Ausgewogenheit. Hierdurch besitzt Weisheit eine hochgradige integrative Qualität.

---

[111] Staudinger, Ursula M./Baltes, Paul B.: a.a.O., S. 70

[112] Vgl. Haberkuß, Fritz: *Weisheit hat nichts mit dem Alter zu tun*, ZeitCampus 06/2013 in: www.ursulastaudinger.com/de/medien/zeitschriften/ Der Artikel, dessen Kopie ich besitze, ist online nicht mehr aufrufbar.

[113] Vgl. *Weisheit ist kein Massenphänomen*: a.a.O.

[114] Vgl. Scobel, Gert: *Weisheit*, S. 134 ff.

5. Weisheit stellt eine perfekte Synergie von Geist und Charakter (Verknüpfung von Geist und Tugend) dar. Dies unterscheidet sie fundamental von herkömmlichem Wissen.
6. Weisheit ist niemals nur auf die eigene Person ausgerichtet, sondern vereint das eigene mit dem Wohlergehen der anderen im Sinne des Gemeinwohls.
7. Manifestierte Weisheit ist augenblicklich erkennbar.

4.2 Weisheit oder Wissenschaft?

Im Mai 1991 fand das dritte Symposium der *Académie du Midi* in Corbières zum Thema „Philosophie: Weisheit oder Wissenschaft?" statt, dessen Erkenntnisse im zweiten Band der Akademie-Schriften dokumentiert wurden. Ich greife hier von den 16 Beiträgen die für meinen Ansatz zuträglichsten Einsichten in der gebotenen Verdichtung heraus. Der für meine Weisheitsstudien spannendste Aufsatz behandelt die »negative Dialektik« von Platon und die seines indischen Fachgenossen Nagarjuna. Einleitend weist der Autor darauf hin, dass sich die heutige auf das wissenschaftliche Denken ausgerichtete Philosophie von ihrer antiken Urheberin grundlegend unterscheidet. Ursprünglich lag ihr nicht nur daran, rational begründbare Thesen aufzustellen und zu analysieren, ihr ging es vor allem um den Weg zu einem höheren Bewusstsein. Die Philosophie als Liebe zur Weisheit wollte zu einer höheren Reflexionsstufe des Wissens anregen.

Platons hier relevante »sokratische« Dialektik orientiert sich an einer logischen Zurückweisung aufgestellter Behauptungen. Bei dieser Methodik besteht die Synthese in der Aporie, Thesen und Antithesen ad absurdum (wechselseitige[r] Elenchus [Widerlegung]) geführt zu haben. Denn dies setze der Zugang zur höchsten Realität, der *Sophia* (Weisheit) voraus. Nach Platon bringen die Wissenschaften lediglich Hypothesen hervor, die nur unter angenommenen Bedingungen wahr seien, während *Sophia* auf bedingungsloser Wahrheit gründet.

> „Im Vergleich zu diesem unbedingten und zugleich unfehlbaren Wissen, so Platon, ‚träumen‘ die hypothetischen und falliblen Wissenschaften nur. D. h. sie träumen nur von der wahren Realität, ohne sie je mit wachem Auge sehen zu können.“[115]

Um zur Weisheit, d. h. der höchsten Einsicht zu gelangen, bedürfe es der Selbstbefreiung von den Verabsolutierungen dessen, was uns unsere Sinne sowie wissenschaftliche Erkenntnisse vorgaukeln. Bei Platon sei diesbezüglich von der „Zerstörung von (empirischen und rationalen) Hypothesen“ die Rede. Platon weist ausdrücklich darauf hin, dass sich die höchste Realität jenseits von Hypothesen befindet und mit Worten nicht beschreibbar ist, günstigstenfalls annähernd anhand von bildhaften Gleichnissen: „Es gibt keinen und kann keinen anderen Übergang von der Mittelbarkeit diskursiven Denkens zur Unmittelbarkeit überbegrifflicher Intuition geben als die Destruktion begrifflicher, d. h. mittelbarer Erkenntnis.“[116] Leider hinterließ Platon keine Anleitung, keine nähere Beschreibung, wie die Dialektik diesen Übergang bewerkstelligt. Seine Dialektik basiert auf der Überzeugung, dass propositionales Wissen grundsätzlich auf Widersprüchen beruht. Und dieser Glaube an die Wirklichkeit der Sinnes- und Verstandesdinge überlagere das ursprüngliche, unbedingte Bewusstsein.

Der im 2. oder 3. Jahrhundert unserer Zeitrechnung inkarnierte indische Philosoph Nagarjuna legte die gleiche Methode zugrunde und perfektionierte sie. Er wird zuweilen als einer der bedeutendsten Metaphysiker geehrt. Das Besondere an seiner Philosophie besteht darin, keine eigene These aufzustellen und sich ausschließlich auf die dialektische Destruktion anderweitiger Thesen zu beschränken. Seine Analogie zu Sokrates besteht in seiner Bezugnahme zur *Sophia*, der Weisheit der intellektuellen Intuition (*nóesis*), die Nagarjuna allerdings indirekt durch eine Hypothesen-Zerstörung anhand von beispielhaften Alltagsannahmen vornimmt. Auch ihm geht es darum, hierdurch die ursprüngliche, von externen Konditionierungen ver-

---

[115] Girndt, Helmut: *Die negative Dialektik Platons und Nagarjunas*, S. 51
[116] Ebenda, S. 53

drängte Intuition zu reaktivieren, ihr den adäquaten Stellenwert beizumessen und die gebotene Beachtung zu schenken. Die Essenz der
nagarjunaschen Philosophie manifestiert sich in seinem Leitsatz:

> „Nirgends und niemals findet man Dinge entstanden aus sich, aus an-
> derem, aus sich und anderem zusammen, [oder] ohne Grund [= we-
> der aus sich noch aus anderem]."[117]

Was dieses Credo aussagt, ist nichts Geringeres als die Negation des
kontingenten (möglichen, zufälligen) Seins. Hierdurch macht Nagarjuna anders als Platon hinreichend deutlich, wie der Übergang vom
hypothetischen Wissen zur *Sophia*, dem wahrhaften Unbedingten
(*Anhypotheton*) in vier verneinenden Schritten (negative Dialektik)
erfolgt. Verneint wird die:

1. These »A«: Es gibt einen sich selbst erzeugenden Grund, der etwas aus sich hervorbringt, das mit ihm identisch ist.

2. Antithese »nicht A«: Es gibt Dinge, die aus anderem, davon Verschiedenem entstehen.

3. Synthese: Etwas entsteht aus einer Verbindung eines sich selbst
   Erzeugenden und eines von ihm verschiedenen anderen, das
   nicht aus sich selbst entstanden ist (Konjunktion »A und nicht
   A«).

4. Möglichkeit eines Entstehens von etwas aus dem Nichts (*ex ni-
   hilo*), also ohne, dass es entweder durch sich selbst oder irgendetwas anderes hervorgebracht wird (Disjunktion »weder A noch
   nicht A«).

Nagarjunas Argumentation:

Zu 1. Die These des Entstehens von Demselben impliziert die Identität
zwischen Hervorbringendem und Hervorgebrachtem und ist zurück-
zuweisen, weil nichts entstehen kann, was bereits vorhanden ist.
Denn bereits Existentes braucht nicht mehr erzeugt zu werden. Dies

---

[117] Ebenda, S. 56

gilt selbst für einen Samen, da das daraus Entstehende bereits in dessen teleologischem Keimprogramm existiert. Es stellt sich die Alternative, entweder auf der Identität von Ursache und Wirkung festzuhalten und damit ein auf Unterschiedlichkeit beruhendes Verhältnis zwischen ihnen aufzugeben oder umgekehrt, auf der Verschiedenheit von Ursache und Wirkung beharren und damit den Gedanken der Identität oder ein Entstehen aus sich selbst aufzugeben. An beidem festhalten zu wollen ist logisch auszuschließen.

Zu 2. Die Antithese lautet: Die Dinge sind nicht aus sich selbst, sondern aus anderem entstanden. Zwei eigenständige Dinge sind jedoch voneinander unabhängig. Wenn zwei Dinge unabhängig voneinander existieren, besteht zwischen ihnen kein Bedingungsverhältnis. Sie können nicht einmal verglichen werden, da Dinge, die für sich bestehen, einzigartig und damit unvergleichlich sind. Auf dem Getrenntsein von Ursache und Wirkung zu bestehen schließt eine Beziehung zwischen ihnen aus. Es stellt sich nunmehr die Alternative, entweder von der Unabhängigkeit der Dinge (d. h. ihrer jeweiligen Nichtidentität mit anderem) auszugehen und damit Begründetheit, Bedingtheit oder Ursächlichkeit als eine Form der Beziehung aufzugeben oder umgekehrt, eine Beziehung zwischen beiden anzunehmen und damit die Unabhängigkeit oder Nichtidentität preiszugeben. An beidem festzuhalten führt zu einem Widerspruch.

Zu 3. Die Synthese (A und nicht A) besagt, dass das Entstehen auf einer Beziehung (B) beruht zwischen demjenigen, das sich selbst hervorbringt und etwas anderem, das seine Existenz nicht sich selbst verdankt. Zur Veranschaulichung kann man sich eine Pflanze vorstellen, die keimhaft in ihrem Samen enthalten, erst in einer Beziehung zu anderem, d. h. Erde, Luft, Sonne und Wasser zu sprießen beginnt. Hieraus ergibt sich die Frage, welchen Charakter die Beziehung (B) der aufeinander Bezogenen (A und nicht A) aufweist. Unterstellt man eine Identität, dann wird die Idee einer Verbindung aufgegeben, denn nur Unterschiedliches lässt sich verbinden. Ist man hingegen der Ansicht, die Beziehung (B) sei mit den aufeinander Bezogenen nicht identisch, dann wird angenommen, dass die Beziehung nicht mit den aufeinander Bezogenen verbunden ist. Sofern darauf bestanden wird, das voneinander Unabhängige dennoch miteinander zu verbinden, so bedarf es eines weiteren Beziehungsverhältnisses (B2) zwischen den unabhängig voneinander bestehenden (A und nicht A) und der Beziehung (B). Daraus ergibt sich die Frage, wie die neue Beziehung (B2) zu den aufeinander Bezogenen (A und nicht A) einerseits und ihrer Beziehung (B) andererseits zugeordnet werden kann. Werden alle hier unterscheidbaren Entitäten als für sich bestehend angenommen, müssen zwei weitere Verbindungen (B2 und B3) geschaffen werden, woraus ein infiniter Regress folgt. Darüber hinaus wäre zu beachten: Eine Verbindung identischer Dinge kann es nicht geben, denn dazu müsste das Identische unterschiedlich und mithin zugleich nichtidentisch sein. Und eine Verbindung im Sinne von Verschränkung, Verschmelzung, Vereinigung zwischen Dingen, die voneinander verschieden sind, kann es ebenfalls nicht geben, denn wenn sie verschieden, d. h. nichtidentisch sind, können sie nicht gleichgesetzt werden.

Zu 4. Dieser disjunktive Aspekt besagt, dass etwas weder aus sich selbst noch aus etwas anderem entsteht. Es sei ohne Grund oder zufällig entstanden. Oder etwas entsteht zwar aus Bedingungen, aber das Verhältnis zwischen Bedingendem und Bedingten ist unklar. So wird zwar Vergehen durch das Entstehen bedingt, doch sind beide weder identisch noch verschieden. Entstehen ist mit Vergehen weder identisch noch nichtidentisch und zugleich sowohl identisch als auch nichtidentisch. Hierdurch hängt das Bedingte vom Bedingenden auf unbestimmbare Weise ab, jedoch ohne erkennen zu können, wie. Das Bedingungsverhältnis nimmt somit eine undefinierbare »Mitte« zwischen Identität und Nichtidentität ein. Doch dass etwas aus dem Nichts, ohne Grund, zufällig entsteht, entspräche einer Unlogik, die Nagarjuna nicht in Betracht zieht. Seine Argumentation beruht auf dem aristotelischen Prinzip des ausgeschlossenen Dritten. Hinter dem disjunktiven »Weder-Noch« verbirgt sich eine unbestimmte Mitte, die sich der logisch-rationalen Denkweise entzieht.

Aus der vierfachen Negation des Credos „Nirgends und niemals findet man Dinge, entstanden aus sich, aus anderem, aus sich und anderem zusammen, weder aus sich noch aus anderem" ergibt sich zusammenfassend, dass es keine Möglichkeit bietet, das Verhältnis zwischen Entstehungsbedingungen und Entstandenem unter logischen Gesichtspunkten zu fassen. Aus der Zurückweisung aller möglichen logischen Kombinationen dieses Verhältnisses resultiert zwingend die Verneinung eines Entstehens und damit auch eines (zeitweiligen) Bestehens und Vergehens. Dieses Ergebnis gilt im Grunde für jede Art diskursiven Denkens, das sich immer zugleich analytisch und synthetisch vollzieht. Diskursives (methodisch vorgehendes, schlussfolgerndes) Denken beruht auf Unterscheidungen (A und nicht A) der Form, dass die Unterschiedenen (A und nicht A) zugleich in einer Beziehung (B) zueinanderstehen. In dem Fall muss grundsätzlich zwischen den Unterschiedenen und der Beziehung unterschieden werden. Aufgrund dieser weiteren Unterscheidung wäre zu klären, wie sich dann A und nicht A und B aufeinander beziehen. Es bedarf einer neuen Beziehung (B2), wodurch sich die Frage der Beziehung von B zu B2 stellt, die allerdings zu einem unendlichen Regress führt.

Najargunas Erkenntnisse zeitigen das unerfreuliche Ergebnis, dem diskursiv rationale Denken die Grundlage zu entziehen. Daher wurden sie seit jeher als nihilistisch abgetan. Deren Sinn besteht jedoch in der „Zerrüttung der naiven Realitätsannahmen des weltlichen Bewußtseins." Nagarjunas Methode der negativen Dialektik wendet sich der „*Realität* behaupteter Sachverhalte" zu, wonach uns Dinge nach unserer Sinnenwahrnehmung als selbständig existierend erscheinen: „Dementsprechend ist es das eigentlich Anliegen der negativen Dialektik, die Irrationalität dieser ‚natürlichen' Überzeugung von der eigenständigen Existenz der Dinge aufzuweisen."[118] Sobald diese Überzeugung – intuitionsfördernd – aufgegeben wird, besinnt man sich intuitiv der eigentlichen, unbedingten Realität: „Weder wahrnehmbare Phänomene noch begriffliche Gehalte, das ist das Ergebnis negativer Dialektik, können als ‚wirklich' im Sinne von ‚eigenständig existierend' gelten." Daraus lässt sich als Alternative „nur die vollständige Aufgabe des Glaubens an die Wirklichkeit der Dinge im Sinne ihres eigenständigen individuellen Seins" ableiten. „Dieser

---

[118] Sämtliche Zitate auf dieser Seite: ebenda, S. 62 f.

Glaubensverzicht ist der Preis, der gezahlt werden muß, um den ansonsten drohenden Zusammenbruch allen propositionalen Wissens zu vermeiden." Doch welcher Nutzen fließt demjenigen zu, der diesen Preis entrichtet? „Es ist die Einsicht in die restlose Abhängigkeit alles vermeintlich individuell für sich Bestehenden, doch abhängig von anderem zu sein, ist Zeichen mangelnden Seins und damit Zeichen des Unwirklichen, des Nichtigen oder Leeren, *sunyata*," Nichts besteht „in Wahrheit für sich und aus sich selbst", alle Dinge „existieren vielmehr nur in wechselseitiger Abhängigkeit voneinander. Nichts, d.h. kein Phänomen und kein Gedanke, entgeht dieser universalen Relativität."

Auf diesem Hintergrund sei abschließend auf den Wahrheitsaspekt eingegangen, der bereits bei Platons Dialektik zur Sprache kam. Dort hieß es, dass wissenschaftliche Hypothesen nur unter den zugrunde gelegten Annahmen wahr seien, während *Sophia*, die Weisheit, der unbedingten Wahrheit frönt. Den Gesichtspunkt der zwei Wahrheiten, der relativen und der absoluten, greift auch Nagarjuna auf. Die relative, bedingte, konventionelle oder beschränkte Wahrheit tritt in propositionalem Wissen zutage. Propositionales, d. h. faktenbezogenes Wissen orientiert sich an der Frage, ob Satzinhalte wahr oder falsch sind. Allerdings, und das ist die gute Nachricht, sei die Wahrheit in höchstem Sinne, die absolute Wahrheit, nur über den Umweg der relativen Wahrheit der propositionalen Erkenntnis erreichbar. Anhand dieser Ausführungen erübrigt es sich darauf zu verweisen, dass die Unterscheidung zwischen zwei Wahrheiten in den Bereich der relativen Wahrheit fällt: „Die negative Dialektik, die zur Einsicht in die *Nichtigkeit aller* Dinge führt, führt somit auch zur Einsicht in die Nichtigkeit der Unterscheidung von relativer und absoluter Wahrheit."[119] In seiner Schlussbemerkung stellt der Autor fest, dass die Frage „Philosophie: Weisheit oder Wissenschaft?", zu der das Symposion tagte, mit »sowohl als auch« beantwortet werden könne, da sich die Philosophie des hypothetischen und mittelbaren Charakters wissenschaftlichen Erkennens bewusst sei. Aus diesem Blickwinkel betrachtet ließe sich resümieren, dass die Wissenschaft

---

[119] Ebenda, S. 65

letztlich zur Weisheit führt. Oder, dass man nur über die Wissenschaft zur Weisheit zu gelangen vermag. Diesem Aspekt widmen wir uns im dritten Kapitel.

Hierzu wie angegossen passend lautet der erste Satz des Verfassers des Beitrags mit der Überschrift „Philosophie – Weisheit oder Wissenschaft?", die dem Symposium-Titel entlehnt ist: „Wenn die Wissenschaft in Not gerät, wird der Ruf nach Weisheit laut."[120] Die Weisheit sei alt und weitgehend beständig, sie werde im Zeitverlauf nicht wahrer und sie melde sich nur zu Wort, wenn sie gefragt werde, aber die Bereitschaft, (auf) sie zu hören, schwanke, sei eine Frage der Zeit. Die Wissenschaft sei institutionell fest eingebunden, gut organisiert und hinreichend finanziell ausgestattet. Denn Wissen bedeute Macht. Hingegen sei Weisheit mittellos, jedoch frei und in guten Zeiten geehrt. „Man hört auf sie, wenn es nichts mehr zu sagen gibt, oder wenn es nur noch etwas zu sagen, aber nichts mehr zu tun gibt."[121]

Der Beitrag zur zenbuddhistischen Auffassung der Weisheit stellt die sogenannte Buddha-Natur in den Mittelpunkt der Erörterung, die sich in der Einheit von Mensch und Natur, Subjekt und Objekt, d. h. in der Logik der Un-Zweiheit zum Ausdruck bringt. Diese Einsichten erfahre man ausschließlich über *prajñā* (Weisheit), das kosmische intuitive Wissen. Aus dieser Quelle stammt im Grunde „ursprünglich auch unser alltägliches, verstandesmäßiges und diskursives Wissen, das auf der dualistischen gegenständlichen Logik von Subjekt und Objekt beruht. Das ist so, obwohl dieses diskursive Wissen jenes intuitive Wissen im alltäglichen Leben ganz vergißt, da es aufgrund seiner eigenen Erkenntnisart gar nichts davon wissen kann. Trotzdem muß man wissen, oder genauer gesagt, von sich aus durch Intuition erfahren, daß es das diskursive nur aufgrund des intuitiven Wissens geben kann."[122] Im Zenbuddhismus werde das, was über das Wissen hinausgeht, das als Über-Wissen oder Nicht-Wissen bezeichnet werden könnte, *prajñā* (Weisheit), das Wissen der Leerheit, genannt. Daher sei die Logik des Zen nicht die diskursiv-relative des gegenständlichen

---

[120] Borsche, Tilman: *Philosophie – Weisheit oder Wissenschaft?* S. 15
[121] Ebenda
[122] Arifuku, Kogaku: *Was ist die Buddha-Natur?* S. 85

Wissens, sondern die intuitiv-absolute der Leerheit bzw. Weisheit. Indem sie über das dualistische Postulat des Gegensätzlichen hinausgeht, sei sie zugleich die Logik des „mittleren Weges", der Transzendenz (Überwindung).

Ein Aufsatz befasst sich mit der Weisheit im Hinblick auf die Theophanie (Gotteserscheinung) nach Auffassung des ‚scharfsinnigsten Wissenslehrers' Johannes Scottus Eriugena, der im 9. Jahrhundert wirkte. In seinem 1225 verbotenen Hauptwerk *Periphyseon* stellt die *divina ignorantia*, die ‚höchste Weisheit göttlichen Nichtwissens', einen zentralen Aspekt dar. Bei der *divina ignorantia*, dem Nichtwissen Gottes, handelt es sich um die Denkform, wonach sich das Göttliche ausschließlich in den Erscheinungen der Natur widerspiegelt, d. h. um einen „Ausdruck sich selbst transzendierender Transzendenz" [123] (mithin neologistisch »Transmanenz«). Mit der *divina ignorantia* will gesagt sein, dass sich Gott in allem was ist befindet, jedoch nicht gegenständlich und daher nicht sensuell wahrnehmbar, sondern nur weisheitlich rezeptibel. Im Gegensatz zum Dogma der Omniszienz (Allwissenheit) Gottes ‚[weiß] also [Gott] nicht, was er ist, weil er kein etwas ist, er ist in jedem Etwas sowohl sich selbst als auch jedem Verstand unbegreiflich'.[124] Für Eriugena steht die Bezeichnung »Natur« für alles was ist und nicht ist, wodurch die Entgegensetzung des schöpferischen Ewigen (*aeternitas*) und des in der Zeit Erscheinenden (*temporalitas*) einem sich nicht selbst reflektierenden Entgegensetzen gleiche. Die *divina ignorantia* ist die Denkfigur der »Transmanenz« (Transzendenz ins Diesseits) dieses sich nicht selbst reflektierenden Entgegensetzens.

> „Wir können, was wir Gott nennen, nur so erkennen, wie es uns erscheint. Wir können es nicht so erkennen, wie es für sich (per se ipsum) sein mag. Es geht darum, [„,] nicht noch ‚andere Dinge' zu suchen neben (oder hinter) denen, die in der Zeit vorübergehen. Das Erscheinende ist zu finden, nicht das Verborgene zu suchen."[125]

---

[123] Kreuzer, Johann: *Weisheit bei Eriugena*, S. 98
[124] Ebenda, S. 99
[125] Ebenda, S. 104 f.

Divina ignorantia, das Nichtwissen Gottes, ist die Verneinung solchen Wissens, das von keiner Identität der temporär auftretenden Naturphänomene und der Präsenz Gottes ausgeht. Gott und Natur seien als ein und dasselbe zu erfassen und Wissensformen, die bei der Annahme eines Gegensatzes stagnieren, zu überschreiten. Eriugenas diesbezügliches „argumentum maximum" lautet: ‚Ist nun die Creatur aus Gott, so ist Gott die Ursache, die Creatur aber die Wirkung. Ist jedoch die Wirkung nicht anderes als gewordene Ursache, so folgt daraus, daß Gott als Ursache in seinen Wirkungen wird.'[126] Hierdurch werde die einbahnige Form der Kausalität, die Ursache und Wirkung voneinander trennt, als ein Gedankenkonstrukt negiert und dies widerspreche der Naturerscheinung: ‚Alles, was eingesehen oder wahrgenommen werden kann, ist nichts anderes als Erscheinung des Nicht-Erscheinenden, Offenbarung des Verborgenen, Bejahung des Verneinens, Erfassen des Unerfaßlichen, Ausdruck des Unaussprechlichen, Zugang zum Unzugänglichen.'[127] Jene »Erscheinung des Nicht-erscheinenden« (*apparitio non apparentis*) entspricht dem Prozess des Erscheinens sowie unserer Wahrnehmung dieses Erscheinungsprozesses. Ein Paradebeispiel dieser Überlegung stelle unsere Sprache als Einheit von Erinnerung und Äußerung dar. Indem unser Geist unsichtbar und unfassbar sei, offenbare er sich durch semiotische Zeichen und werde begreifbar. Indem sich der Geist vor seiner sprachlichen Offenbarung in der Ruhe seiner selbst bewegt, gerate *divina ignorantia* so zum Ergebnis einer Selbstreflexion des Prinzips von Sprache, das durch das Vernehmen der Sprache zutage tritt. Es sei ein als Sprache sich mitteilendes Schweigen:

> ‚Und deshalb schweigt (unser Denken) sowohl, als es auch ruft. Und während es schweigt, ruft es, und während es ruft, schweigt es, und unsichtbar wird es gesehen, und während es gesehen wird, ist es unsichtbar [...] und dringt allein durch sich selbst von allem sich lösend ins Innerste der Herzen und mischt sich mit anderem Denken und wird eins mit dem, mit dem es sich vereinigt.'[128]

---

[126] Ebenda, S. 106
[127] Ebenda, S. 107
[128] Ebenda. S. 108

Analog dieser Natur des Denkens, das ‚im Rufen schweigt und im Schweigen ruft‘ lasse sich die ‚Ruhe der schweigenden Natur‘ oxymoronisieren. Daran zeige sich, wie Form- und Gestaltloses Gestalt und Form erlangt.

Denken kann als die sich anhand des Bewusstseins selbst reflektierende Natur interpretiert werden. *Divina ignorantia* umfasst den Denkansatz, ein und dieselbe Natur als einerseits in ihrer Veränderlichkeit erscheinend und andererseits als nicht erscheinende schöpferische Ewigkeit zu betrachten. Aber: „In der Unaufhörlichkeit des sukzessiv bestimmten Werdens (Erschienenseins, Erscheins, Erscheinenwerdens) zeigt sich in der Zeit die Ewigkeit schöpferisch.“[129] Aus dieser Perspektive ist Zeit erscheinende Ewigkeit. Alles Seiende sei zugleich ewig und sich veränderlich erfahrend. Im zeitlich Vorübergehenden offenbare sich das Schöpferische der Ewigkeit. Durch die Vergegenwärtigung der Ewigkeit als Zeitlichkeit werde das in der Zeit Erscheinende zur Theophanie. Indem mithin alles in der Zeit Erscheinende das Moment des Ewigen in sich trägt, könne jeder sichtbaren und unsichtbaren Entität der Nimbus einer göttlichen Erscheinung zuerkannt werden. „Erscheinung selbst bedeutet die Ununterschiedenheit von ‚schöpferischem Prinzip/Grund‘ und ‚Erscheinung/Wirkung in der Zeit‘.“[130]

Die Erkenntnis, dass das in der Zeit Erscheinende und dessen kreatives Prinzip identisch seien, nennt Eriugena *pulchritudo*, Schönheit. Das Denken der Schönheit sei gedachte Zusammengehörigkeit bzw. Einheit von Ursache und Wirkung, von Schöpfer (*creator*) und Schöpfung (*creatura*).[131]

> „Die ‚Einheit‘, als die jedes Erscheinende [...] ist, ist die Einheit von Unterschiedenem. Einheit von Unterschiedenem ist dasjenige, was als Schönheit bewußt wird. [...] ‚Schönheit‘ ist Erscheinung dieser Einheit von Verschiedenem. [...] ‚Sapientia‘ [Weisheit] – der Geschmack der Schönheit – ist ein Wissen um die ‚Vorübergehendheit‘ des in der

---

129 Ebenda, S. 101
130 Ebenda, S. 109
131 *„Deus ergo non erat prius quam omnia faceret? – Non erat.“* (Gott war also nicht, ehe er alles schuf? – Er war nicht.)

Zeit Erscheinenden. [...] Das Schöne ist Erscheinung – eines schöpferischen Grundes. Er erscheint selbst nicht. Er ist mit jedem Erscheinen
da."[132]

In der *divina ignorantia*, dem Nichtwissen Gottes, reflektiere unser
Denken, sich von den verabsolutierten Formen des Denkens zu lösen.
Dieses Nichtwissen der göttlichen Natur sei wahre Weisheit. Weisheit
sei kein Wissen, das die Grenzen des menschlichen Bewusstseins
überschreitet. Die „höchste und wahre Weisheit" (*summa ac vera sapientia*) der *divina ignorantia* sei eine Sicht- und Erfahrungs~weise
der Dinge in deren schöpferischer Ursprünglichkeit. In den Augenblicken dieser Sicht- und Erfahrungsweise erfolge die vorübergehende
Rückkehr in die göttliche Natur. Dies sei der ‚Geschmack der Weisheit'.

Den nächsten Beitrag leitet sein Autor mit dem Hinweis auf den
Übergang der Philosophie von der Weisheit zur Wissenschaft ein. Als
im ausgehenden 12. Jahrhundert die ersten Universitäten gegründet
wurden, verlor die Philosophie sukzessive ihren ursprünglichen Status der Kunst der Künste und Wissenschaft der Wissenschaften (*ars
artium et disziplina disciplinarum*). Bis dahin sei sie Weisheit, voll-
kommenes Wissen gewesen, das auch seine Prämissen begreife. Des
aus Sachsen stammenden Hugo von St. Viktor († 1141) einflussreiche
Wissenschaftslehre *Didascalicon* beginnt noch mit der Aussage:
‚Erste unter allen zu erstrebenden Dingen ist die Weisheit' (*omnium
expetendorum prima est sapientia*). Denn sie habe die Form eines
vollkommenen Guten [...] und auf diese Weise mildere sie die Unzu-
länglichkeiten unseres Lebens und helfe schließlich, dessen Unver-
sehrtheit wiederherzustellen.[133] Doch mit der Errichtung der univer-
sitären Bildungseinrichtungen wird die »ars« zunehmend durch die
»scientia« ersetzt. Als deren Folge tritt das Ideal der Weisheit in den
Hintergrund. Nach und nach findet ein Übergang von der *philosophia*
zur »philoscientia« statt.

---

[132] Kreuzer, Johann: a.a.O., S. 110 ff.
[133] Speer, Andreas: *Von der Wissenschaft zur Weisheit*, S. 115

Der heiliggesprochene, von Hugo von St. Viktor beeinflusste, bedeutende Theologe und Philosoph Bonaventura (1221-1274) betrachtete die Überschreitung der analytisch-diskursiven Ansatzes hin zur Einheitsschau der weisheitlichen Vernunft als im menschlichen Intellekt angelegt. Damit befand er sich auf dem Weg zurück zur Weisheit. Zugleich förderte er die Entwicklung der Metaphysik zur sich an Vernunftprinzipien orientierenden Wissenschaft. Hierdurch trat sie in Konkurrenz zur sich an Offenbarungsprinzipien ausrichtenden Theologie. Insofern sei „die Metaphysik als Wissenschaft vom Seienden und seinen Prinzipien erste Wissenschaft."[134] Andererseits sei jede auf Vernunft gegründete Wissenschaft dem Verdikt der Fehlbarkeit ausgesetzt. Dies treffe auch auf die Metaphysik zu. Somit wendet er sich gegen eine ihre Erkenntnis verabsolutierende Wissenschaft, da sie die bereits in der Kontingenz der Vernunft begründeten Begrenzungen nicht hinreichend mitberücksichtigt. Sofern sich die Wissenschaft als methodische Disziplin positioniert, ist ihr Übergang zur Weisheit nach Bonaventura ungewiss. Um in die höchste Form der Weisheit zu transeunten, muss sich die Wissenschaft entsprechenden »Exerzitien« unterziehen. Letztendlich gesteht Bonaventura der wissenschaftlichen Erkenntnis die Existenzberechtigung zu, soweit sie ihre Grenzen erkennt und anerkennt. Bonaventura transformiert das Weisheitsverständnis von Hugos immanenter Vollendung des Wissens zur Reflexion über die Wissensprämissen sowie zur Kritik der wissenschaftlichen Vernunft: „Das der Weisheit vorbehaltene Wissen entzieht sich dem Zugriff der diskursiven Vernunft und vermag zur Vollendung unseres Erkenntnisstrebens nur in der Weise eines ‚transitus' zu werden, eines Übergangs von der Wissenschaft zur Weisheit."[135]

Aus einem weiteren Beitrag seien nur einige zu einem zusammenhängenden Zitat zusammengefasste Darlegungen wiedergeben:

> „Weisheit wird da möglich, wo sich die Entwicklung einer Person für Veränderung und damit auch für philosophisches Denken öffnet. Philosophie führt dann zur Weisheit, wenn es ihr gelingt, in Antwort auf

---

[134] Ebenda, S. 124
[135] Ebenda, S. 127

das Wissen, die Probleme und Erfahrungen einer Zeit neue Denkmöglichkeiten für Menschen zu eröffnen. Weisheit als Wissen und Praxis des guten Lebens ist insbesondere davon abhängig, daß wir verstehen, wie unsere Entwicklung als Personen durch uns selbst gezielt beeinflußt werden kann. ‚Logik ist die Theorie des selbstkontrollierten und überlegten Denkens und muß sich als solche auf Ethik stützen.' Wer nach Weisheit strebt, kann dies niemals kenntnislos tun; und wer nach Erkenntnis strebt, bedarf schon immer allgemeiner Orientierungen, die niemals durch Empirie ersetzbar sind. So bleibt für den Einzelnen nur der Weg, weise zu werden, indem er Wissen und philosophische Orientierung aus der Perspektive der auf ihn wirkenden Erfahrung verknüpft."[136]

Der letzte von mir aus diesem Band ausgewählte Beitrag befasst sich mit dem Aspekt, wie Weisheit und Alter zueinanderstehen. Die Autorin stellt fest, dass das Alter in modernen Zivilisationen gesellschaftlich problematisch wurde, sich von der Wertschätzung zur Last wandelte. Das im Verlauf der Adoleszenz erworbene Erfahrungswissen, das die jüngeren Generationen früher respektvoll erfragten und schätzten, wird heutzutage als antiquiert – je jünger desto vehementer – bestenfalls belächelt. Denn was man nicht weiß, liefern einem Google, Wikipedia & Co., wenn auch jenes Wissen mit (Alters)Weisheit im Grunde nicht das Geringste zu tun hat. Mit der Verbreitung des Internets wurde Lebenserfahrung durch Online-Wissen verdrängt. Andererseits steht fest, dass wir nicht so unausweichlich weiser werden, wie wir altern. Als erster Schritt zur altersbezogenen Weisheit werde in allen Kulturen die Akzeptanz des Todes gewertet: „Der Tod ist die wichtige und anhaltende Herausforderung, auf die Weisheit eine Antwort ist. Es ist immerhin bemerkenswert, daß der Tod ebenso wie die Weisheit immer mehr zu einem blinden Fleck auf der geistigen Landkarte der westlichen Kultur geworden ist."[137] Im Zuge der gesellschaftlichen Verwissenschaftlichung seien der Tod und das individuelle Leben entwertet worden. Stattdessen stelle die Wissenschaft kollektive Unsterblichkeit in Aussicht, sofern die

---

[136] Pape, Helmut: *Weisheit, Wissenschaft und die kategoriale Struktur der Erfahrung*, S. 141 ff.
[137] Assmann, Aleida: *Weisheit und Alter*, S. 244

Menschheit kontinuierlich Wissen ansammle. Tolstois zentrale Frage soll gelautet haben: Hat der Tod einen Sinn? Seine Antwort: Nicht für Mitglieder der westlichen Zivilisation. Denn für die Mitglieder des westlichen Kulturkreises gebe es keinen erreichbaren Sinn, vielmehr „die Ungewißheit aller Bedeutung im ruhelosen Strom eines überindividuellen Fortschritts."[138] Das Kernproblem unserer modernen wissenschaftlich-technologischen Welt stelle sich wie folgt dar: Weisheit berührt zentral die in ihrem Innersten unveränderliche menschliche Natur sowie die grundsätzlichen Belange der gelingenden Lebensführung. In einer Welt, die ihren Fokus auf unbegrenztes wirtschaftliches Wachstum richtet, geraten ein tiefgehendes Verständnis von Zusammenhängen, die Fähigkeit, bei Herausforderungen die jeweils sinnvollste Handlungsweise zu identifizieren sowie ethische Aspekte aus dem Blickfeld.[139] Weisheit sei eine Kunst, Probleme zu erkennen und zu lösen und gedeihe dort, wo Unsicherheit vorherrscht und konstruktive Antworten fehlen oder noch ausstehen.

> „Die Wissenschaft mag der große Rivale der Weisheit in der Moderne gewesen sein, aber es hat sich inzwischen auch gezeigt, daß dieser Rivale, so mächtig er auch sein mag, die Weisheit nicht ersetzen konnte. Die Wissenschaft kann die Probleme, die von der Weisheit aufgeworfen werden, nicht ansprechen. Die Verdrängung der Weisheit durch die Wissenschaft hat in eine gefährliche Sackgasse geführt. ‚Bis an die Zähne mit Wissen bewaffnet, könnten wir noch schließlich mit leeren Händen dastehen, verwirrt und hilflos mit den Herausforderungen des Lebens konfrontiert.'"[140]

Da es nicht als weise gilt, sich selbst als weise zu bezeichnen, stellt man hinsichtlich Weisheit auf mindestens zwei Personen ab; auf eine, die von (einer) anderen als weise eingeschätzt wird. So gesehen beruhe die Wissenschaft auf Intersubjektivität und die Weisheit auf Interaktivität.[141]

---

[138] Ebenda, S. 245
[139] Vgl. ebenda sowie https://de.wikipedia.org/wiki/Weisheit Stand: 11/2019
[140] Ebenda, S. 251
[141] Vgl. ebenda, S. 252

4.3 Der Weg zur Weisheit

Wer der Ansicht ist, Weisheit sei nicht jedermanns/jederfrau angeborene Veranlagung, nur einer »Handvoll« Auserwählter vergönnt
und lasse sich nicht willentlich in Gang setzen, sollte dieses Buch zur
eigenen Pflichtlektüre erkiesen, Denn es strotzt vor Weisheit und
weisheitsaktivierender Inspiration. Der Autor, promovierter Anthro-
pologe und Psychologe, beschreibt betont praxisbezogen und anhand von Übungen die inkaisch-indigene Weisheitstradition, in die er
von einem kompetenten Mentor[142] eingeweiht wurde. In dieser Tradition besteht kein Zweifel daran, dass Weisheit jedem Menschen angeboren ist: „Sobald du den Weisen (oder die Weise) in dir gefunden
hast, wird er (oder sie) dir zeigen, dass alles, was du für wirklich hältst,
eine Projektion ist."[143] Der Suche nach bzw. der Aktivierung der eigenen Weisheit liegt in diesem Paradigma die Zahl 4 zugrunde. Es basiert auf vier Wahrnehmungsebenen und vier Einsichten mit je vier
Übungen. Die vier Wahrnehmungsebenen verteilen sich auf die physische Welt des Körpers, den Bereich der Gedanken und Vorstellungen des Geistes, das Reich der Mythen der Seele sowie die Sphäre
reinen Bewusstseins. Probleme können nie auf der Ebene gelöst werden, auf der sie entstanden sind, sondern nur auf der nächsthöheren.
Wobei die vierte Ebene erwartungsgemäß problemfrei ist. Die hier in
Rede stehende Weisheitslehre ordnet jeder Wahrnehmungsebene
ein symptomatisches Tier zu. Die körperliche, auf die Sinne bezogene
Wahrnehmungsstufe wird mit dem Symbol der Schlange verknüpft.
Denn die Schlange ist ein instinktgesteuertes Geschöpf mit besonders
ausgebildeten Sinnen. Auch wir Menschen verlassen uns in unserer
Körperlichkeit primär auf die Wahrnehmungen durch unsere Sinne.
Auf dieser Ebene empfinden wir die Wirklichkeit überwiegend als
Materie: „Sobald wir Probleme nur mit den Augen der Schlange se-
hen, wollen wir materielle Lösungen dafür finden."[144] Der Wahrneh-

---

[142] Dem Inka Don Antonio Morales, einst Professor an (vermutlich) der Universidad
Andina del Cusco.
[143] Villoldo, Alberto: *Die vier Einsichten*, S. 252
[144] Ebenda, S. 36

mungsbereich der Schlange ist bedeutsam, um die materiellen Belange erfolgreich zu bewältigen und unserem Überlebensinstinkt/unserer Kämpfernatur Genüge zu tun. Auf dem nächsthöheren Wahrnehmungslevel, dem des Jaguars, wird die Wirklichkeit von unserem Verstand gedeutet. Während die Schlange relativ erdverbunden und langsam agiert (die schnellste erreicht kurzzeitig etwas mehr als 20 Stundenkilometer), gebärdet sich ein Jaguar intelligent, dynamisch, sprunghaft, wissbegierig, aber auch aggressiv und schafft bis zu 80 km/h. Auf der Jaguarebene finden wir beispielsweise heraus, wie sich Menschen in unterschiedlichen Situationen verhalten, aber auch, wie man sie zu bestimmtem Verhalten verleitet. Auf der körperlichen Wahrnehmungsebene agieren und reagieren wir instinkthaft, auf der mentalen methodisch. Die darüberliegende dritte Wahrnehmungsebene trägt das Symbol des Kolibris, der durch seine extreme Flügelbeweglichkeit auch auf der Stelle, seitwärts und sogar rückwärts fliegen kann. Auf ihre Körpergröße bezogen sind Kolibris die schnellsten Wirbeltiere der Welt und können bis zu 2200 km ohne Unterbrechung fliegen.

> „Im Bereich des Mythischen ähnelt der Mensch dem Kolibri. Auch der Mensch befindet sich auf einer großen Reise, getrieben von der Sehnsucht, nichts anderes als den Nektar des Lebens zu trinken. Die Wahrnehmungsebene des Kolibris wird dem Neocortex zugeordnet, dem jüngsten Teil des menschlichen Gehirns. Er entwickelte sich vor rund 100 000 Jahren und machte es uns möglich, logisch zu denken, zu visualisieren und unsere Kreativität zu entfalten. Dies ist das Gehirn Galileos und Beethovens, der Wissenschaft, der Kunst und der Mythologie."[145]

Probleme, die wir mit dem Verstand nicht zu lösen vermögen, überantworten wir der psychischen Instanz namens Gefühlswelt, Intuition, Seele. Auf der Wahrnehmungsstufe des Kolibris verstehen wir beispielsweise Krankheit als ein Warnsignal, unsere Aufmerksamkeit auf die Veränderung unserer Denk- und/oder Lebensweise zu richten und nicht als Aufforderung, deren Symptome zu »bekämpfen«. Im Wahrnehmungsbereich des Jaguars wird bei Veränderungswünschen

---

145 Ebenda, S. 48

empfohlen, gebetsmühlenartig Affirmationen aufzusagen. Um zum gleichen Ergebnis zu gelangen, kommt der des Kolibris im Grunde mit einer einzigen Visualisierung aus. Die vierte, spirituelle Wahrnehmungsebene versinnbildlicht der Adler, das Geschöpf mit dem Blick für das Detail und das Ganze. Seine Fähigkeit, das Gesamtbild und einen winzigen Ausschnitt davon gleichzeitig zu sehen, repräsentiert anschaulich die weise Wahrnehmungs~weise. Bereits in den Mythen früher Hochkulturen galt der Adler als Symbol des Göttlichen. Für die antiken Griechen symbolisierte er den obersten Gott Zeus. Im alten Rom stand er für den obersten Gott Jupiter und apotheotisch für die Göttlichkeit des Kaisers. Die Wahrnehmungsebene des Adlers wird dem präfrontalen Cortex[146] zugeordnet. Auf dieser Ebene besteht die Wirklichkeit zu 99 % aus Bewusstsein oder Information. Deren Sprache ist die „Energie der Gegenwart"[147]. Wir empfinden uns nicht mehr als von unserer Mitwelt getrennte Einzelwesen. Auf jener Ebene lösen sich mentale(s) Grenzen und Getrenntsein auf. Dort begegnen wir purem Einssein. Dies ist die Ebene, aus der die Erkenntnisse der Quantenphysik herrühren. Die fundamentalsten davon sind das Phänomen der (raum- und zeitlosen = instantanen) Verschränkung von Elementarteilchen sowie jene, wonach die Wirklichkeit nicht aus Materie, sondern aus Information besteht – dass Wirklichkeit und Information dasselbe seien.[148] „Auf der Ebene des Adlers verstehen wir die verborgene Vernetztheit der Dinge und erkennen die Synchronizität der Wirklichkeit. Uns wird klar, dass es keine Zufälle gibt und alles einen Sinn und Zweck hat."[149] Jede »höhere« Wahrnehmungsstufe schließt die »darunterliegenden« mit ein und jede hat ihre eigene, miteinander kombinierbare »Anwendungsstrategie«. So wird beispielsweise Krankheit auf der Stufe der Schlange mit Medikamenten, auf der des Jaguars anhand Psychologie, auf der des Kolibris durch Meditation und auf der des Adlers mittels weisheitsgeleiteten Gewahrseins behandelt bzw. kuriert.

---

[146] Vgl. ebenda, S. 48 i. V. mit www.srf.ch/sendungen/puls/koerper/praefrontaler-cortex-der-regisseur-im-gehirn Stand: 11/2019
[147] Ebenda, S. 48 und 53
[148] Vgl. Zeilinger, Anton: a.a.O., S. 67 und 229
[149] Villoldo, Alberto: a.a.O., S. 55

Die vier Einsichten umfassen den »Weg des Helden«, den »Weg des leuchtenden Kriegers«, den »Weg des Sehers« und schließlich den »Weg des Weisen«. Auf dem Weg des Helden übt man sich in Nichturteilen, in Nichtleiden, im Nichtanhaften und in Schönheit. Auf dem Weg des Kriegers in Furchtlosigkeit, im Nichttun, in Gewissheit und im Nichtkämpfen. Auf dem Weg des Sehers im Anfängergeist, in Konsequenz, in Transparenz und in Integrität. Der Weg des Weisen fordert die Zeit zu meistern, Projektionen zurückzunehmen, das Nichtdenken sowie den Einblick in die indigene Alchemie. Da die Verinnerlichung und Anwendung dieser Einsichten im Grunde der Ausübung von Weisheit entspricht, sehen wir sie uns nachfolgend in der hier gebotenen überblicks~weisen Kürze an.

a)   Der Weg des Helden

Bei dieser der sinnlichen Wahrnehmung, der Schlange zugeordneten Einsicht geht es primär darum, sich von den Wunden, emotionalen Verletzungen und erlebten Traumata der Vergangenheit und den daraus resultierenden Rollen zu »häuten« und in eine Kraftquelle umzuwandeln. Bis dahin sind wir im »Dreieck der Ohnmacht« (Opfer-, Täter-, Retterrolle) verfangen. Die uns diesbezüglich erscheinende Wirklichkeit sind selbst- oder fremdverfasste Geschichten oder Drehbücher, die wir mangels Aufklärung für unser Schicksal halten und darunter leiden. „Während du sie meisterst, wirst du allmählich über die einfachste, materiellste Wahrnehmungsstufe hinausblicken. Du wirst erkennen, wie dich die frühen Ereignisse in deinem Leben geformt und geprägt haben, wie sehr deine Eltern und die Kultur beeinflusst haben, was für ein Mensch du geworden bist.“[150]

a.   Nichturteilen

Unsere Weltsicht bestimmt sich im Wesentlichen danach, Menschen, andere Geschöpfe und Situationen für »gut« und »schlecht/böse«, »richtig« und »falsch« zu bewerten. Was in Wirklichkeit eins ist und zusammengehört ur-teilen wir nach

---

[150] Ebenda, S. 93 f.

strittigen (aporematischen) Ideologien und flüchtigen (vola-
tilen) Moralkodizes mit für die Beteiligten erheblichen Konsequenzen. Etwas Ganzes willkürlich in »wünschenswert«
und »unerwünscht« aufzuteilen ist existenzbedrohlich. Zumal in den meisten Fällen das, was der/die eine für gut hält,
ein(e) andere(r) missbilligt – und umgekehrt. „Wenn du aus
deiner Geschichte heraustrittst, gibst du deine Urteile über
andere auf. In der Übung des Nichturteilens weigerst du dich
[…], dich automatisch der Meinung anderer anzuschließen.
Auf diese Weise entwickelst du allmählich ein ethisches Gespür, das über die Moral der Zeit hinausgeht."[151] Wenn man
sich angewöhnt, herrschende Meinungen zu hinterfragen, erweitert man seinen Blickwinkel und wird freier: „Wir gestat-
ten uns das Unbekannte mit all seinen unbegrenzten Möglichkeiten anzunehmen."[152]

b. Nichtleiden

Wir leiden, indem wir unserer negativistischen Neigung frö-
nen und uns in unserem Weltschmerz suhlen. Um nicht immer wieder die gleichen Missstände anzuprangern und »Katastrophen« und Frustrationen zu erdulden, gilt es, sich stattdessen der Weisheit des Universums anzuvertrauen und sich
im Geburtsrecht der konstitutiven Eudämonie (Glückseligkeit) zu üben. „Beim Nichtleiden übst du dich darin, die Tatsachen des Lebens sowie die damit verbundenen Lektionen
zu akzeptieren. Wie du weißt, ist jede Geschichte eine sich
selbst erfüllende Prophezeiung."[153]

c. Nichtanhaften

Die Übung des Nichtanhaftens besteht darin, sich von den
selbst- und von anderen zugewiesenen Rollen und Etiketten

---

[151] Ebenda, S. 108 und 131
[152] Ebenda, S. 132
[153] Ebenda, S. 140

zu lösen. Wir legen unsere Geschichten mit ihren einschränkenden Identifizierungen ab und erkunden das Mysterium unseres wahren Wesens. „Wenn du dein Ego nicht mehr an der eng begrenzten Identität des Ehepartners, Kindes, Schülers, Lehrers und so weiter festmachst, lässt du auch die vorgefassten Meinungen bezüglich deiner Persönlichkeit los und machst dir keine Gedanken mehr, ob du bei anderen nun auf Wohlwollen oder Missbilligung stößt. Du kannst auf äußere Bestätigung verzichten und wirst nicht mehr nervös oder traurig, wenn sie ausbleibt. Du kannst einfach der Mensch sein, der du sein willst."[154]

d. Schönheit

Sich in Schönheit zu üben heißt, auch dem »Unschönen« einen Liebreiz abzugewinnen. Es heißt, „die Unzufriedenheit anderer nicht persönlich zu nehmen. Bei Kritik nicht überzureagieren, uns nicht zu verteidigen und in unserer Mitte zu bleiben, statt uns nur deshalb aufzuregen, weil ein anderer gerade wütend ist. Wenn du um dich herum nur Schönheit siehst, wird sie dich an den unwahrscheinlichsten Orten suchen und finden ... und dann bist du auf dem besten Weg, ein Held zu werden."[155]

Möchte man, worum es in der ersten Einsicht, dem Weg des Helden, geht aus einem Satz herauslesen, lautet er: „Wir müssen alles hinter uns lassen, von dem wir dachten, es tun oder sein zu müssen, um von anderen geliebt oder angenommen zu werden."[156]

b) Der Weg des leuchtenden Kriegers

Wer sich auf den Weg des sogenannten leuchtenden Kriegers begibt, lässt sich auf das Phänomen »Angst«, das Kontrastgefühl zur Liebe ein und übt sich daher in Furchtlosigkeit. Angst stellt das

---

[154] Ebenda, S. 142
[155] Ebenda, S. 143 f.
[156] Ebenda, S. 112

mächtigste Hemmnis dar, dem wir uns Menschen zumeist unbegründet aussetzen. Im – auch eingebildeten – Angstzustand wird die reguläre mentale Gehirnfunktion, der freie Gedankengang, unterbrochen und der Stressmodus aktiviert. Angesichts des machthaberisch-medialen Credos »*only bad news are goog news*« wird die Menschheit permanent in einem latenten Stresszustand gehalten, der kreative, innovative, inspirative und holistisch-weltschätzende Denkweisen beeinträchtigt oder gar blockiert. Demgemäß stehen in den Nachrichten nicht Zuversicht und Chancen auf dem Programm, sondern im Grunde ausschließlich furchteinflößende Berichte, Sofern wir ihnen Glauben schenken, jagt letztlich eine (Welt)Krise die nächste. Konzedierte Macht, Herrschaft und Einflussreichtum wünscht sich nichts weniger als kollektiven Übermut – mit Betonung auf Mut.

Daher werden wir konditioniert, das Universum für einen feindseligen Lebensraum und das Leben für eine Arena, in der für und gegen alles zu kämpfen sei, zu halten. Und so tun wir es auch, zumindest verbal. Heutzutage wird nichts angestrebt, sondern um alles »gekämpft«. Sobald man eine Nachrichtenplattform besucht, wird man an allen Tagen mit Kämpfen konfrontiert. Heute ist der 11.01.2020 und gleichgültig, welchen Nachrichtendienst ich auswähle, schlagen mir Kampfhandlungen entgegen: „Für viele Menschen sind die Buschbrände zu einem täglichen Kampf geworden."[157] – „So konnten wir mit dem Wissen in diese Saison starten, dass wir nur erfolgreich sein werden, wenn wir als Team kämpfen und unser Zusammenhalt jede Woche gefragt ist."[158] –

---

[157] Friedrich, Philip et al.: *Dramatische Bilder aus dem All*, datiert vom 07.01.2020 in: www.t-online.de/nachrichten/panorama/id_87108464/buschbraende-in-australien-existenz-von-kleineren-gemeinden-akut-bedroht.html Stand: 01/2020

[158] Siskovic, Dominik: *Nübels Wechsel darf uns nicht aus der Bahn werfen*, datiert vom 10.01.2020 in: www.t-online.de/sport/fussball/bundesliga/id_87117930/schalke-star-omar-mascarell-nuebel-degradiert-jetzt-spricht-der-neue-kapitaen.html Stand: 01/2020

„Das Projekt wird von Umweltschützern seit Jahren bekämpft.“[159] – „Und Ströbele wiederum erinnerte sanft, altersweise, aber auch stur die Jüngeren noch einmal daran, dass er
und seine Mitstreiter damals gegen gewaltige Widerstände gekämpft hätten [...].“[160] – „Die Diesel-Advokaten kämpfen mit harten Bandagen.“[161] – „Müdigkeit bekämpfen: Dauernd müde und
schlapp? 5 Tipps für mehr Energie.“[162] – „Es bekämpft den Stress
des Alltags, wodurch die Stimmung und die Leistung der Person,
die es nutzt, verbessert wird.“[163] – "Statt aufzugeben wer wir
sind, kämpfen wir gemeinsam für das, woran wir glauben."[164] –
„Im Kampf gegen Bestechung und Korruption kommen die meisten Länder der Welt nach Einschätzung der Nichtregierungsorga-
nisation Transparency International nicht voran – oder machen
sogar Rückschritte.“[165] – „Gontscharuk hatte bei seiner Ernen-
nung angekündigt, die Korruption und die Armut in der Ukraine

---

[159] *Greta Thunberg mischt sich in Klima-Streit mit Siemens ein*, datiert vom
11.01.2020 in: www.t-online.de/nachrichten/deutschland/gesell-
schaft/id_87131996/-den-bau-stoppen-greta-thunberg-mischt-sich-in-streit-mit-
siemens-ein.html Stand: 01/2020
[160] Hensel, Jana: *Grüne: Happy Birthday Gegenwart*, datiert vom 11.01.2020 in:
www.msn.com/de-de/nachrichten/politik/grüne-happy-birthday-gegenwart/ar-
BBYR3dM?ocid=spartanntp Stand: 01/2020
[161] Bendel, Volker et al.: *Prozesse gegen VW und Daimler: Richter gegen Richter:
Der Diesel-Streit in Stuttgart eskaliert*, datiert vom 10.01.2020 in:
www.msn.com/de-de/finanzen/top-stories/prozesse-gegen-vw-und-daimler-rich-
ter-gegen-richter-der-diesel-streit-in-stuttgart-eskaliert/ar-
BBYN9ZS?ocid=spartanntp Stand: 01/2020
[162] www.msn.com/de-de/gesundheit/smartliving/müdigkeit-bekämpfen-dauernd-
müde-und-schlapp-5-tipps-für-mehr-energie/ar-BBYEDPt?ocid=spartanntp datiert
vom 09.01.2020, Stand: 01/2020
[163] https://trendy-gadgets.net/neck-massager-de/?uclick=usxogm7s Stand:
01/2020
[164] www.t-online.de/auto/elektromobilitaet/id_87191682/auto-sono-sion-das-ist-
deutschlands-unbekannteste-automarke.html Stand: 01/2020
[165] www.t-online.de/nachrichten/ausland/id_87205232/korruption-transparency-
international-zeichnet-duesteres-bild.html Stand: 01/2020

bekämpfen zu wollen.“[166] Lässt sich Armut bekämpfen? Etwa verbal oder handgreiflich oder gar mit Waffengewalt? Vermutlich ging gerade deshalb die Armut aus diesen Kämpfen stets siegreich hervor. Wäre es nicht zur Abwechslung langsam an der Zeit bzw. den Versuch wert, die Armut und all die anderen bekämpften Gegebenheiten zu befrieden? Und wer meint, dies seien doch nur banal-wirkungsneutrale Wortspielereien, vergegenwärtige sich, wie unterschiedlich es wirkt, beispielsweise vom Vorgesetzten im Falle eines unterlaufenen Fehlers entweder als Neuling oder als Idiot bezeichnet zu werden. Oder von wem auch immer entweder »du lernst es schon noch« oder »du bist eine Niete/Pfeife, ein hoffnungsloser Fall« zu hören. Oder den Klassiker: entweder »ich mag/liebe dich« oder »ich hasse dich«. Der analoge Unterschied besteht zwischen »bekämpfen« und »befrieden«. Der Ton macht die Musik, das Wort die Gemütsverfassung. „Ich habe auch wirklich gekämpft, um wieder auf die Beine zu kommen.“[167] Besonders in solchem Fall fragt man sich, wie sich so ein »Kampf« ums Gesundwerden oder wie in diesem Fall Überleben abspielt. Ich denke, dass es sich in Wahrheit um ein demütiges Hoffen, Sehnen und Bitten/Beten handelt. Weshalb benennen wir es dann nicht so? Im letztgenannten Beispiel (idealer)weise „Ich habe auch wirklich darauf vertraut, wieder auf die Beine zu kommen.“

Sprache ist ein wie äußerst subtiler, so äußerst wirksamer Manipulator. Wofür wir keine Worte haben, darüber denken wir nicht nach. Ausdrücke hingegen, die unseren Standardwortschatz bilden, bestimmen unsere Lebenseinstellung. Was wir verbal verinnerlichen, ideomotorisch vernehmen und von uns geben, was sich in unseren Synapsen durch ständiges Hören, Äußern und Lesen, also ständige Wiederholung festsetzt, beeinflusst unsere Überzeugungen und prägt unsere Vorstellungswelt.

---

[166] www.t-online.de/nachrichten/id_87167646/ukraine-ministerpraesident-alexej-gontscharuk-tritt-zurueck.html datiert vom 17.01.2020, Stand: 01/2020
[167] www.organspende-info.de/erfahrungen-und-meinungen/erfahrungsberichte/sascha-koch.html Stand: 01/2020

Diese Erkenntnis bedarf keiner Verifikation anhand wissenschaftlicher Studien. Jeder kann bei sich selbst nachforschen, welcher Ausdrucksweise er sich bedient, um festzustellen, welches Weltbild er vertritt – und umgekehrt. Doch verständlicherweise gibt es auch eine wissenschaftliche Disziplin, die sich mit dem Verhältnis zwischen Sprache und gesellschaftlicher Zugehörigkeit, d. h. weltanschaulicher Einstellung beschäftigt, die Soziolinguistik. Gesellschaftsgruppen besitzen bzw. verwenden ihre eigenen Soziolekte. So gesehen spricht man nicht nur, wie man denkt, sondern vor allem auch wie man empfindet. Seine Sprechweise drückt die Haltung des jeweiligen Menschen gegenüber der Welt und dem Leben aus.

> „Gesellschaften lassen sich in der Regel in drei Schichten, sogenannte *strata* einteilen: unteres *stratum*, mittleres *stratum*, oberes *stratum*. Verschiedene Gruppen haben unterschiedliches Prestige und ihre eigene Sprachverwendung. Diese Sprachverwendung verleiht ihren Benutzern ein Zugehörigkeitsgefühl zu einer Gruppe, von der alle anderen ausgeschlossen sind. Jeder Sprecher möchte so sprechen, wie die Mitglieder jener Gruppe, die für den Sprecher das meiste Prestige hat."[168]

Wenn mithin heutzutage immer öfter von Sprachverrohung die Rede ist, bedeutet es, dass jene Menschen die Welt und das Leben als rücksichtslos, unbarmherzig und brutal betrachten. Und da bereits dem angeblich zwischen dem 2. und 4. Jahrhundert verfassten *Corpus Hermeticum*, einer Sammlung griechischer Weisheits-Traktate, unter anderem zu entnehmen ist, dass »wie oben, so unten – wie innen, so außen – wie der Geist, so der Körper«[169] sei, begegnet uns die Welt so, wie wir (über sie) sprechen. Nach diesem Prinzip der Analogie entsprechen die Verhältnisse

---

[168] Birzer, Sandra: *Sprache und Gesellschaft*, Skript zur Einführung in die Kulturwissenschaft, datiert vom 28.11.2008
[169] Übersetzung des Originals: „Das was oben ist, entspricht dem, was unten ist. Und das, was unten ist, gesellt sie wiederum zum Oberen mit dem Vermögen, die Wunderwerke eines einigen Dinges zu vollbringen." www.ewigeweisheit.de/geheimwissen/hermetik/die-tabula-smaragdina-hermetis Stand: 01/2020

im Universum (Makrokosmos) jenen im Individuum (Mikrokosmos). Die äußeren Verhältnisse spiegeln sich im Menschen und umgekehrt. Veränderungen im mikrokosmischen Bereich wirkten sich folglich auch auf die Gesamtheit aus. Dies wiederum basiert auf dem Resonanzprinzip: „Gleiches zieht Gleiches an und wird durch Gleiches verstärkt. Ungleiches stößt einander ab. Dein persönliches Verhalten bestimmt Deine persönlichen Verhältnisse und Deine gesamten Lebensumstände. Negativität zieht Negatives an, Dunkles zieht Dunkles an, Hass zieht Hass an, Angst zieht Angst an, Sucht zieht Sucht an, Aggressivität zieht Aggressivität an."[170] Demgemäß zieht wertschätzendes und liebevolles Verhalten Respekt, Achtung und Liebe an. Oder Furchtlosigkeit unbedenkliche Situationen.

a. Furchtlosigkeit

Auf ein furchtloses Auftreten zu setzen bedeutet aktiv Friedfertigkeit und Gewaltlosigkeit zu praktizieren, selbst wenn man sich bedroht fühlt. Furchtlosigkeit hilft uns, Gewalt, die in der Angst gründet, zu überwinden. Denn Gewalt zieht Gewalt an und verhindert die Deeskalation. Indem wir andauernd für und gegen unsere Interessen kämpfen, verstricken wir uns in einen Dauerkampf, anstatt vertrauensvoll unserer Bestimmung zu folgen. Wir reiben uns an allem, was nicht unseren, zumeist von anderen übernommenen Ressentiments entspricht, wodurch unser Leben holprig, obstruktiv und im Großen und Ganzen freudlos verläuft. Sich in Furchtlosigkeit zu üben heißt, die Kampfhandlungen zu beenden, die in unserem Inneren wüten. Wie sollen wir mit anderen, der Welt ins Reine kommen, solange wir mit uns selbst nicht im Reinen sind? Wie sollen wir das Kämpfen mit Äußerlichkeiten aufgeben, solange wir mit uns selbst kämpfen? Hierfür gibt es keine Teillösungen. Entweder man gibt das Kämpfen vorbehaltlos auf, indem zunächst das Wort „kämpfen" aus dem eigenen Vokabular gestrichen wird oder der Kampf in

---

und um sich herum hört nie auf. Wenn ich um nichts kämpfe, kämpft niemand gegen mich. Wenn ich auf Gewalt – auch verbale – verzichte, wird mir im Normalfall keine Gewalt zuteil.

„Wenn wir uns in Furchtlosigkeit üben, müssen wir uns keine Feinde mehr machen oder zwanghaft nach ‚den Bösen‘ Ausschau halten, um sicher sein zu können, dass wir stets das arme Opfer sind."[171]

b. Nichttun

Unter Nichttun sollen erwartungsgemäß weder Untätigkeit noch Tatenlosigkeit, Müßiggang, Faulenzerei oder Gleichgültigkeit verstanden werden. Im Zustand des Nichttuns vertraut man sich dem Fluss des Universums an und nutzt die seinerseits gebotenen Chancen, „statt darum zu kämpfen, allem und jedem die Zustimmung zu unseren Plänen abzuringen."[172] Nichttun lässt der Intuition, Inspiration und Kreativität freien Lauf, eilt und drängt nicht, überstürzt nichts, gönnt sich geduldig zu sein. Nichttun überlässt es den (erwünschten) Dingen, sich auf ihre Art und in ihrem Tempo zu entwickeln, indem es die Intelligenz und Weisheit des Universums der eigenen überordnet. Im Zustand des Nichttuns setzen wir uns Prioritäten und wissen, dass sich das für sie Relevante punktgenau fügt. Hierbei lernen wir zwischen dem Entscheidenden, dem Banalen und dem Unbedeutenden zu unterscheiden und lehnen uns hinsichtlich der letzten beiden Kategorien entspannt zurück. In diesen Kontext fällt auch die Erkenntnis, die eigene Unwichtigkeit zu kultivieren.

„Am interessantesten und erfolgreichsten sind die Menschen, die sich nicht wichtig nehmen. Sie amüsieren sich über sich selbst und wissen, dass das Leben ein Abenteuer mit vielen unerwarteten Drehungen, Wendungen und spannenden [Ereignissen] ist."[173]

---

[171] Villoldo, Alberto: a.a.O., S. 177
[172] Ebenda, S. 178
[173] Ebenda, S. 182

c. Gewissheit

Gewiss ist sich derjenige, wer unerschütterlich seine Entscheidungen trifft und eingeschlagenen Wege verfolgt. Wer sich von der Angst freimacht, Fehler zu machen oder nicht gut genug, jung genug, attraktiv genug, reich genug bzw. was auch immer unzulänglich für irgendetwas zu sein. Sobald man sich Rückzüge offenhält, wird es schwierig, seine Vorhaben zu verwirklichen, weil man sich seiner selbst nicht gewiss ist.

„Hintertüren befinden sich dort in dir, wo sich auch die Angst versteckt, und sie werden zu sich selbst erfüllenden Prophezeiungen des Versagens und der Niederlage. Denk daran: Gewissheit wird von Liebe und Furchtlosigkeit getragen, eine Hintertür dagegen beruht auf Angst."[174]

d. Nichtkämpfen

Aus der Position des Nichtkämpfens lässt man sich auf keine Auseinandersetzungen, Händel, Streitigkeiten, Wortgefechte und Provokationen ein, die man nicht selbst und aus freien Stücken in die Wege geleitet hat. Doch der wahre Gegner sind unsere inneren Konflikte. Daher sollten wir uns um sie bemühen, statt unser verletztes Selbst auf andere zu projizieren. So wäre es, sofern man auf jemanden wütend wird, weil er anderer Meinung ist, weise, sich zu vergegenwärtigen: Der einzige fruchtbare Ansatz besteht darin, den eigenen inneren Konflikt zu lösen.

„In der Übung des Nichtkämpfens müssen wir uneingeschränkt verhandlungsbereit und vollkommen kompromisslos zugleich sein. Das heißt, wir müssen willens sein, zu verhandeln und etwas aufzugeben. In der Übung des Nichtkämpfens bemühen wir uns stets darum, eine

---

[174] Ebenda, S. 185

Einigung mit anderen zu erzielen. Gleichzeitig dürfen wir keine Kompromisse machen, was unsere Integrität oder die Dinge angeht, [an] die wir wirklich glauben."[175]

c)   Der Weg des Sehers

Bei dieser Komponente steht die Aktivierung der visionären Fähigkeiten und die Intensivierung des Wachträumens im Fokus. Der hier beschriebene indigene Weisheitsansatz geht davon aus, dass wir uns unsere Wirklichkeit selbst erschaffen: „Wenn du die Kunst erlernst, mit offenen Augen zu träumen, kannst du aufhören, unbewusst durchs Leben zu gehen. Du kannst anfangen, dir ein erfüllendes Leben aufzubauen, statt dich mit dem kollektiven Albtraum zufriedenzugeben, den sich die Gesellschaft für dich erdacht hat."[176] Die meisten Menschen finden die sie umgebende Wirklichkeit in vielerlei Hinsicht verbesserungsbedürftig. Manche sind sogar mit dem Großteil der Lebensverhältnisse unzufrieden. Gerade in unserer Zeit, in der das Konsumgüterangebot nicht nur immer gigantischere Ausmaße annimmt, sondern auch im jeweiligen Umfang abgenommen wird, nimmt der kollektive Missmut zu. Das scheint ein signifikanter Beleg dafür zu sein, dass materieller »Wohlstand« kein Wohlbefinden gewährleistet. Als »Sehender« blickt man hinter die Kulissen der BadNews-are-GoodNews-Strategie und erschließt sich dadurch die Option, sich dem allgegenwärtigen Albtraum-Szenario zu verweigern und es durch eine selbstkreierte GoodNews-Realität zu ersetzen.

„Viel zu oft nehmen wir das, was der kollektive Traum als möglich oder unmöglich, als akzeptabel oder unannehmbar darstellt, als gegeben hin. In der Tat ist den meisten von uns nicht bewusst, dass wir erträumt werden und das wir uns stattdessen eine ganz andere Vorstellung machen könnten, die wir ganz allein erschaffen."[177]

Wir Menschen scheuen es, aus eingefahrenen Denkbahnen auszubrechen, um sich neuen Wegen zu öffnen und anzuvertrauen.

---

[175] Ebenda, S. 189 f.
[176] Ebenda, S. 192
[177] Ebenda, S. 200

Weil wir in Neuem, in Unbekanntem Risiken und (gefährliche) Nebenwirkungen wittern. So wird es uns von Geburt an eingebläut. Sei vorsichtig, hüte dich, es sei denn, (vermeintlich) Erfahrene (Eltern, Erzieher, Experten) geben dir grünes Licht. Das ist in bestimmter Hinsicht hilfreich, erstickt aber in anderer Hinsicht den angeborenen Experimentier-, Innovations- und Freigeist. Sofern wir jedoch unseren Blickwinkel erweitern, sind wir imstande, über die uns im Dauereinsatz angedienten Probleme und Krisen hinauszublicken und deren Chancen sowie Wachstumspotenziale zu erkennen.

„Eine objektive Wirklichkeit gibt es nicht, da sich alle deine Prophezeiungen selbst erfüllen. Das ist Träumen. Wir können alles erreichen, was wir wollen. Wir müssen nur ehrlich an den Traum glauben, den wir erleben möchten, und den Weg des Sehers gehen."[178]

a. Anfängergeist

Sich im Anfängergeist zu üben erfordert die Aufgabe vorgefasster Meinungen und Ansichten. Wir erleichtern unseren Geist und damit unser Leben ungemein, wenn wir uns vom Ballast unserer Geschichten und Erwartungen befreien. Nicht von ungefähr streben Meditierende nach dem »leeren« Geist. Nach unseren westlichen Maßstäben nehmen hingegen der Wert und das Ansehen eines Menschen mit Umfang oder Tiefe seines Wissens im Allgemeinen überproportional zu. Dies schlägt sich in seinen Einkünften nieder. Sogenannte Experten und Gutachter sind entsprechend gefragt und entlohnt. Der Anfängergeist beschränkt sich im Umkehrschluss darauf, als Amateur in der originären Bedeutung des Wortes »Liebender« zu agieren. Amateure in diesem Sinne lieben das Leben in seiner unendlichen Vielfalt, lieben es, jedem Tag etwas Neues abzugewinnen und neue Erfahrungen zu machen. Amateure fassen das Dasein unter Verzicht auf Expertenwissen ganzheitlich auf. Der Anfängergeist unterhält zum

---

[178] Ebenda, S. 207

Leben eine hypothetische Beziehung: „Falls wir in eine Situation geraten, in der wir schon einmal waren, gehen wir nicht automatisch davon aus, dass die Sache einen bestimmten Ausgang nehmen wird, denn damit erzeugen wir eine sich selbst erfüllende Prophezeiung. Wir sagen uns: ‚Offenbar geht es wie immer um [...]. Aber [...] vielleicht ist es diesmal anders.‘"[179]

Wenn man im Anfängergeist-Modus unterwegs ist, ergeben sich deutliche Parallelen zum wissenschaftlichen Denken. Auch in der Wissenschaft werden Hypothesen aufgestellt und anschließend anhand der Fakten auf Stichhaltigkeit überprüft. Sofern die Theorie dem Forschungsergebnis widerspricht, werden die Annahmen verworfen. Im Bemühen um den Amateurgeist geben wir mithin unsere Dogmen auf. Das fällt uns verständlicherweise hinsichtlich derjenigen Dogmen schwer, die uns vermeintlich zum Vorteil gereichen. Dogmen sind grundsätzlich kontraproduktiv. Doch auch Wissenschaft kann dogmatisch und ideologisch ausgerichtet sein, wenn sie mit Ansammlung von Wissen, anstatt der Art und Weise, sich Wissen anzueignen, verwechselt wird und neutralitätsbefreit bestimmte Ziele verfolgt. Die Dogmatik der Wissenschaft findet sich dort, wo sie sich weigert, umfassendere Fragen zu stellen und den eigenen Vermutungen entgegenstehende Erkenntnisse weiterzuverfolgen bzw. anzuerkennen.

Die Gefahr ist groß, dass wir Wahrheiten auf einschränkende Überzeugungen reduzieren, denn die Zukunft wird uns immer wieder überraschen. Für uns besteht die Herausforderung darin, uns von der Ansicht zu lösen, es gäbe nur wahr und unwahr, wirklich und unwirklich – und dass dazwischen nichts sei."[180]

Die Anfängergeist-Praxis findet auf der Ebene der einengenden Ansichten, Meinungen, Glaubenssätze, Glaubensmuster,

---

[179] Ebenda, S. 209
[180] Ebenda, S. 213

Ideologien aber auch des angehäuften materiellen Gerümpels (»Sammlerstücke«) statt. Bei Letzterem gilt die Faustregel, alles, was seit mindestens einem Jahr nicht angefasst wurde und kein unentbehrliches Erinnerungsstück oder echter Wertgegenstand ist, gehört entsorgt: „Trenne dich von der Vorstellung an allem festhalten zu müssen, was irgendwann einmal ‚etwas wert' sein könnte. Richte dein Zuhause, deinen Schreibtisch, deinen Wagen, deinen Schrank und deinen Geist nach dem Prinzip des Minimalismus ein. [...]. Nun entwickeln wir eine hypothetische Beziehung zur Welt und prüfen alle unsere Gedanken auf ihre Nützlichkeit. [...]. Dann findet der Amateur in uns seine wahre Liebe [...] – den Spirit."[181]

b. Konsequenz

Konsequentes Agieren umfasst im hier relevanten Zusammenhang all seine Bedeutungen. Aus diesem Blickwinkel bezieht sich Konsequenz auf schlüssiges und folgerichtiges, auf unbeirrtes und fest entschlossenes sowie auf die Folgen und Auswirkungen berücksichtigendes Denken und Handeln. Schlüssig zu handeln heißt, in Einklang mit den hier aufgezeigten weisheitsgeleiteten Standards. Unbeirrt zu handeln heißt, sich hierbei durch nichts und niemand von der weisheitsorientierten Haltung abbringen zu lassen. Die Auswirkungen des Handelns zu berücksichtigen heißt, nicht nach dem eigenen Vorteil des »nach mir die Sintflut« zu streben, sondern die persönlichen Begabungen, Fähigkeiten und Potenziale zum Wohl aller einzusetzen.

„Wenn du konsequent lebst, sind dir die Folgen jedes Gedankens, jeder Absicht und jeder Tat voll bewusst. Du achtest darauf, dass sie positiv und heilend, nicht selbstsüchtig und zerstörerisch sind. Du merkst, wann du aus Angst heraus handelst, und entscheidest dich

---

[181] Ebenda, S. 215 f.

stattdessen bewusst für die Liebe. Du übernimmst die volle Verantwortung für dein ganzes Tun."[182]

c.   Transparenz

Wir verharren solange in Intransparenz, wie es uns zu
schwerfällt, zu unseren Schattenseiten zu stehen und wir uns
mit ihnen unbehaglich fühlen. Sich transparent zu machen
heißt, anderen gegenüber von sich nichts zu verbergen, sich
so zu zeigen, wie man von Natur aus geartet und veranlagt
ist. Wir versuchen nicht nur das vor anderen zu verbergen,
worin wir uns unsicher fühlen. Manchmal sind es auch unsere
Stärken und/oder Vorzüge, wenn wir hierdurch entweder aus
taktischen oder aus Gründen des Mitgefühls andere nicht
missgünstig werden lassen oder entmutigen wollen. Ein tak-
tischer Zug wäre in dieser Hinsicht beispielsweise, die eigenen Kompetenzen gegenüber einem Vorgesetzten zu baga-
tellisieren, um dessen Konkurrenzbedenken auszuschließen,
d. h. den eigenen beruflichen Aufstieg nicht zu gefährden.

„Verbergen wir unser wahres Selbst, dann ziehen wir Menschen an,
die jenen heimlichen Teil von uns verkörpern. Transparenz bedeutet,
dass du die Person, die du zu sein behauptest, mit dem Menschen zur
Deckung bringst, der du wirklich bist. Es heißt, das zu tun, was du
sagst. Dein wahres Selbst ist der Seher oder Beobachter, der dein
ganzes Handeln beobachtet und doch von all deinem Denken oder
Tun unberührt bleibt. Derjenige, der sich nicht von Rollen, Alter oder
gesellschaftlicher Stellung festlegen lässt."[183]

d.   Integrität

Integer verhält sich, wer zu seinem Wort steht und erfahren
hat, wie mächtig Worte sind, indem sie die Wirklichkeit zu erschaffen vermögen. Diese Weisheit vermittelt bereits die Bi-
bel mit ihrer Metapher, wonach im Anfang das Wort gewesen

---

[182] Ebenda, S. 219
[183] Ebenda, S. 223, 225

sei, das bei Gott war. Demnach habe das Wort alles erschaffen: „Mit deinen Worten teilst du dem Universum regelmäßig mit, was für eine Wirklichkeit du erschaffen willst."[184] Dies gelingt umso zuverlässiger, je intensiver man sich mit den spirituellen Seiten des Lebens anfreundet und je strikter man Wort hält. Wer davon ausgeht, nur die Stofflichkeit zähle und die Spiritualität sei Humbug und esoterisches Geschwurbel, wird sich nicht nur mit der kreativen Macht des Wortes schwertun, sondern beschränkt sich auf die Hälfte seines Potenzials.

Integre in dem hier in Rede stehenden Sinne geben eigene Fehler zu, statt sie in leicht durchschaubaren Exkulpationsversuchen auf andere zu projizieren. Beispiel: Das habe ich ja nur deshalb vermasselt, weil man mir die erforderlichen Informationen vorenthielt. Wir lassen uns immer wieder auf Konflikte, Missverständnisse und Meinungsverschiedenheiten ein.

„Wenn wir uns um die Verantwortung für unsere Fehler drücken wollen und versuchen, sie mit Halbwahrheiten und glatten Lügen zu vertuschen, verfangen wir uns in einem Netz aus Täuschung, in dem wir uns verirren. Fehler einzugestehen bedeutet nicht nur, sie zuzugeben, sondern auch, sie zu korrigieren und wiedergutzumachen."[185]

d) Der Weg des Weisen

„Weise sein heißt, sich umzublicken und überall nur Schönheit zu sehen."[186] Wenn diese Haltung Weisheit kennzeichnet, wird auf Anhieb verständlich, weshalb Weisheit zu den rarsten menschlichen Gepflogenheiten zählt. Denn unsere Erzieher, Unterweiser und Informationsquellen vermitteln uns tagaus tagein eine diametral entgegengesetzte Vorstellung. Uns wird andauernd vor Augen geführt, wohin man auch sieht, Krisen, Katastrophen und dem »Bösen« zu begegnen. Motto: Hinter jedem Busch lauert die

---

184 Ebenda, S. 226
185 Ebenda, S. 232
186 Ebenda, S. 235

Gefahr. Was soll dann aber an einer derart missratenen Welt schön sein? Tatsächlich ist sie alles andere als missglückt. Bei diesem blauen Planeten handelt es sich um eine unübertrefflich geniale Entität. Die Erde ist von ihrer Beschaffenheit und ihrem Angebot her ein reines Paradies im Sinne der Duden-Definition „Ort, Bereich, der durch seine Gegebenheiten, seine Schönheit, seine guten Lebensbedingungen o. Ä. alle Voraussetzungen für ein schönes, glückliches, friedliches o. ä. Dasein erfüllt". Dies wurde nicht von ungefähr im Buch der Bücher als von Gott den Menschen gegeben hinterlegt. Die Welt an sich ist unwiderlegbar ein Paradies, ein Garten Eden und ein Eldorado in einem. Allein aus logischen Überlegungen wurde uns eine solche Welt nicht geschenkt, um aus ihr kurz darauf vertrieben zu werden. Wohin hätten wir denn auch vertrieben werden können? Aber auch faktisch bietet die Erde der Menschheit nach wie vor paradiesische Lebensbedingungen an. Oder lebt es sich als sogenannter Superreicher etwa nicht – heutzutage besser denn je – wie Gott in Frankreich? Wenn wir Menschheit uns seit Menschengedenken darauf einlassen, dass einige wenige von uns Unmengen, sehr viele von uns überdeutlich weniger und die meisten von uns wenig oder gar zu wenig von dem unerschöpflichen Angebot des Planeten Erde konsequent nachfragen bzw. nutzen können, dann sollten wir dies nicht demjenigen in die Schuhe schieben, der dieses Angebot bereitstellt. Das gleiche gilt für die Phänomene des Unfriedens und von Gewalt sowie alle anderen Mängelrügen. Die metaphorisch verbildlichte Vertreibung aus dem Paradies erfolgte und vollzieht sich auf eigenverantwortlicher, freiwilliger Basis durch uns Menschen selbst. Denn im Grunde ist alles, was wem auch immer an unserer Welt missfallen mag, menschengemacht. Und die Menschheit sind wir. Es liegt allein an uns, wie wir mit unserem Geschenk verfahren. Dieses Geschenk umfasst einen limitierten freien Willen, der es uns ermöglicht, damit gewissermaßen nach freien Stücken umzugehen. Somit können wir unsere Lebensbedingungen nach eigenem Ermessen gestalten, d. h. beliebig zwischen Paradies und Hölle oszillieren.

Unser wunderschöner blauer Planet ist eine Leinwand, auf die
wir unsere Weltanschauung, also unseren Film projizieren. Und
wir versuchen, das Geschehen, das uns auf dieser Leinwand erscheint, zu verändern. Weil wir uns nicht bewusst machen, dass
die Änderung der Handlung analog einem Film einer Änderung
des Drehbuchs bedarf. Also dessen, was auf die Leinwand projiziert wird, mithin unserer Weltsicht. Kurzum: Wie man sich die
Welt vorstellt, so erscheint sie einem. Wer annimmt, das Leben
sei ein einziger Kampf, bekommt recht und gleichsam nichts geschenkt. Wer das Leben hingegen als Geschenk des Himmels betrachtet, gleitet glücklich und zufrieden durch die ihm zuteilwer-
dende Lebensspanne und entsprechend spannend findet er auch
die ihm begegnenden Herausforderungen.

> „Wenn du deinem Ego die Herrschaft überlässt und darauf bestehst,
> die Ereignisse kontrollieren zu müssen, führst du am Ende einen stän-
> digen Kampf mit dem Universum. Uns westlichen Menschen fällt es
> schwer, darauf zu vertrauen, dass wir Frieden und Glück auch erlan-
> gen können, ohne aktiv daran zu arbeiten. Unser Ego will nicht, dass
> wir meinen, wir bekämen unendliche Macht, wenn wir uns in die
> Weisheit des Universums versenken – aber es ist wahr.“[187]

Den Weisen in sich zu finden heißt, gewissermaßen den Verstand
zu verlieren und gedankenlos zu sein. Man versetzt sich in die Position eines Beobachters und hört auf, sich mit seinen Gedanken
zu beschäftigen und zu identifizieren. In vielen östlichen Traditi-
onen geschieht dies anhand der Meditation. Sobald wir den Weisen in uns gefunden, d. h. aktiviert haben, wird uns bewusst, dass
alles vermeintlich Wirkliche eine Projektion ist. Dann sitzen wir
gemütlich da und sehen zu, was sich auf der Weltleinwand abspielt. Und wissen, dass wir selbst es sind, die das, was wir auf
jener Leinwand sehen, darauf projizieren.

> „Der Weise aber kann die Bilder auf der Leinwand verändern – ja, im
> Grunde kann das nur er allein. Der Weise korrigiert alles in seinem
> Inneren. Er weist den Schauspielern neue Rollen zu, legt eine neue

---

187 Ebenda, S. 243 f.

Filmspule ein oder schaltet die Projektorlampe ganz aus. Sobald dir klar wird, dass du der Weise bist, verlangt der Wahnsinn des Geistes [= Verstandes] nur noch einen winzigen Teil deiner Aufmerksamkeit, wo er zuvor hundert Prozent beansprucht hat."[188]

a. Die Zeit meistern

Die Zeit, mit der wir Menschen im Allgemeinen umgehen, ist linear bzw. fließt geradlinig in eine Richtung. Das wesentliche Funktionsprinzip linearer Zeit beruht auf der Kausalität, dem Zusammenhang von Ursache und Wirkung. Jede Ursache zeitigt sozusagen eine darauffolgende Wirkung. Die Vergangenheit beeinflusst die Gegenwart und die Gegenwart die Zukunft. Deren Komplement stellt der nicht lineare, kreisförmige Zeitverlauf dar: „Hier sickert die Zukunft in die Gegenwart durch, um uns zu sich zu rufen."[189] Das Funktionsprinzip rotierender Zeit ist die Synchronizität, das zeitgleiche, kausal nicht erklärbare Zusammentreffen von Ereignissen (z. B. Telepathie oder die quantenphysikalische Verschränkung). Synchronizität tritt nicht in linear-kausalen, sondern in retrograd-kausalen Zusammenhängen in Erscheinung „und ist mehr an Sinn und Zweck eines Ereignisses als an seiner Ursache interessiert."[190]

"Nicht von der Gegenwart in die Zukunft schauen, sondern sich in die Zukunft versetzen und in die Gegenwart zurückschauen."[191]

Träumend, im Modus tiefer Hingabe und beim Meditieren kennen wir darüber hinaus den Zustand der Zeitlosigkeit. Die Mayas wiederum ordneten der Zeit nicht nur eine quantitative, sondern auch eine qualitative Komponente zu. Die Zeit meistern bedeutet, jedwede Ungeduld aufzugeben, sich an

---

[188] Ebenda, S. 253
[189] Ebenda, S. 260
[190] Ebenda
[191] Lorenzo Tural Osorio, Thinker, Flaneur & Strategy Consultant, 2016 im Alter von 14 Jahren: https://lorenzotural.com/blog/expedition-zukunftsradar-2030 Stand: 01/2020

das Motto »alles zu seiner Zeit« zu halten und das Nebeneinander verschiedener Zeitsysteme in Erwägung zu ziehen. Denn letztlich ist Zeit nichts weiter als ein von uns Menschen zugrunde gelegtes Konzept.

„Indem wir die Zeit meistern, geben wir dem Universum Gelegenheit, das zu tun, was es sowieso tut – nämlich sich zu unseren Gunsten einzusetzen. Wir lassen die Überzeugung los, unsere Umwelt manipulieren und ‚die Kontrolle übernehmen‘ zu müssen, damit das Leben funktioniert."[192]

Wir werden darauf eingeschworen, dass die Zeit ein Naturphänomen sei, das mit einer konstanten Geschwindigkeit voranschreitet. Dabei lässt sich die Zeit als Veränderung im Grunde lediglich optisch und akustisch in Verbindung mit unseren intellektuellen Fähigkeiten wahrnehmen. In diesem Zusammenhang sei bedacht, dass wir Menschen die einzigen irdischen Lebewesen sind, die Zeit im Sinn haben. Doch sobald wir nichts sehen, nichts hören, schlafen oder träumen, nehmen auch wir Zeit nicht mehr wahr. Dies widerfährt uns täglich bzw. nächtlich im Schlaf oder in meditativen Zuständen. Dies widerführe uns jedoch ebenso bei längerem Aufenthalt in einem geräuschisolierten, fensterlosen Raum, wie es bei Isolationshaft in Verliesen der Fall war.

„Das scheinbare Fließen der Zeit wird daher von vielen Physikern und Philosophen als ein subjektives Phänomen oder gar als Illusion angesehen. Man nimmt an, dass es sehr eng mit dem Phänomen des Bewusstseins verknüpft ist, das ebenso wie dieses sich einer physikalischen Beschreibung oder gar Erklärung entzieht und dadurch zu den großen Rätseln der Naturwissenschaft und Philosophie zählt. Damit wäre unsere Erfahrung von Zeit vergleichbar mit den Qualia in der Philosophie des Bewusstseins und hätte folglich mit der Realität primär ebenso wenig zu tun wie der phänomenale Bewusstseinsinhalt bei der Wahrnehmung der Farbe Blau mit der zugehörigen Wellenlänge des Lichts. Hinfällig wäre damit unsere intuitive Vorstellung, es

---

[192] Villoldo, Alberto: a.a.O., S. 263

gäbe eine von der eigenen Person unabhängige Instanz nach Art einer kosmischen Uhr, die bestimmt, welchen Zeitpunkt wir alle im Moment gemeinsam erleben, und die damit die Gegenwart zu einem objektiven uns alle verbindenden Jetzt macht."[193]

Wir meistern die Zeit, indem wir uns vom Zeitkonzept unabhängig machen. Wir befreien uns vom Zeitdruck und von der Vorstellung einer ausschließlich linearen Zeit und tauchen zeitweise auch im Wachzustand in die Zeitlosigkeit ein. Wir sind nie entspannter, friedlicher, gelassener, kreativer, ruhiger, wunschloser, zufriedener, sprich liebenswerter als im zeitlosen Wachzustand.

b. Projektionen zurücknehmen

Wie bereits erwähnt, projizieren wir auf andere, was uns an uns missfällt. Es sind diejenigen Aspekte unserer Person, welche wir für uns selbst nicht gelten lassen wollen. Ganz nach der Devise: schuld, schlecht, böse, dumm und Fehler machend sind immer die anderen. Weshalb tun wir das? Weil unsere Gesellschaftssysteme spätestens ab der Grundschule systematisch auf Fehlersuche und Fehlertadel ausgerichtet sind. Und Fehler werden als „etwas, was falsch ist, vom Richtigen abweicht" oder als „schlechte Eigenschaft, Mangel" (Duden) definiert. Daraus folgt, dass diejenigen, die Fehler machen oder fehlerhaft sind, im Vergleich mit Fehlerlosen als geringwertiger gelten. Und da es zu des Menschen essenziellsten Bedürfnissen zählt, von anderen wertgeschätzt, angesehen, anerkannt zu sein, ist ihm seine eigene Fehlerhaftigkeit ein Gräuel.

Solche Projektionen nehmen wir zurück, indem wir uns diese unerwünschten Wesenszüge, genannt unsere Schatten, bewusst machen und respektieren. Unsere Schatten erkennen wir, wenn wir bewusst darauf achten, was uns an anderen missfällt. Deren uns widerstrebenden Eigenschaften

---

sind das Spiegelbild unserer eigenen verborgenen Unzuläng-
lichkeiten.

„Unsere Schatten sind jene Aspekte, die uns das Gefühl geben, nicht
gut genug, unerwünscht, erfolglos und niemals glücklich zu sein. Die
Projektion ist der Mechanismus, mit dessen Hilfe wir diese unerwünschten Eigenschaften auf andere übertragen. Die Projektion ist
der Mechanismus, der sagt: *‚Die anderen sind das Problem.‘* Sobald
du jene Teile von dir annimmst, mit denen du dich unwohl fühlst,
machst du andere nicht mehr für deinen Schmerz oder dein Glück
verantwortlich."[194]

Naturgemäß projizieren wir auch unsere willkommenen
Schattenseiten auf die Außenwelt. Und das Universum ist flexibel genug, sich diesen Projektionen anzupassen und uns immer wieder zu bestätigen, dass wir recht haben.

„Wenn dir klar wird, dass alles, was du als nicht zu deiner Person gehörig erlebst, eine Projektion deines Schattens ist, kannst du die Welt
verändern, indem du diese Projektion zurücknimmst. Achte bitte darauf, dass ich nicht gesagt habe, du solltest ‚deinen Schatten annehmen‘ – ein in der westlichen Psychologie beliebtes Konzept."[195]

Denn mit der Akzeptanz der Schatten hellen sie sich nicht auf,
sondern verdunkeln sich eher noch. Weil man mit deren Annahme versucht, das Drehbuch zu überarbeiten, anstatt zu
lernen, ein neues zu schreiben. Die Rücknahme der Schatten
verkleinert sie. Allerdings ist es mit der Rücknahme der Schatten noch nicht getan. Danach sind Absichtserklärungen an
der Reihe, was hier jedoch nicht vertieft wird.

---

[194] Villoldo, Alberto: a.a.O., S. 270 ff..
[195] Ebenda, S. 273

c. Nichtdenken

„Die Übung des Nichtdenkens verlangt von dir, dich von deinen Gedanken zu lösen und Kontakt zum Weisen in deinem Inneren aufzunehmen, der jenseits der Gedanken existiert. Dazu musst du nicht stundenlang meditieren.“[196]

„Der Übergang von der Identifikation mit dem geistigen Geplapper zum Weisen gelingt dir mit Fragen wie: ‚Wer ist verletzt?‘, ‚Wer ist wütend?‘ und ‚Wer ist es, der diese Frage stellt?‘ In dem Augenblick, in dem du diese Überlegung anstellst, erwachst du aus der Trance, und das Denken löst sich auf, Zurück bleibt nur der Spirit – denn er *ist* der Weise.“[197]

Der Weise ist unser wahres Selbst. Sobald uns das klar wird, „legt sich das äußere Chaos, denn wir erkennen, dass es nur der Spiegel dessen ist, was sich in unseren Köpfen abspielt. Langsam, aber unaufhaltsam gewinnt der Weise die Oberhand, während sich die Leinwand unserer Wirklichkeit leert, damit wir etwas Neues erschaffen und erträumen können.“[198]

d. Indigene Alchemie

„In der indigenen Alchemie üben wir uns, wenn wir einen aus vier Schritten bestehenden Prozess durchmachen, um uns von unseren Rollen und unseren Situationen zu lösen. [...] Wollen wir die indigene Alchemie erlernen, so müssen wir verstehen, dass in dem großen Bienenstock, zu dem die Menschheit und alles Leben zählt, alles miteinander verbunden ist. [...] wenn wir verstehen wollten, wie das Universum funktioniert, müssten wir zunächst wissen, wie in einem Grashalm mithilfe der Photosynthese Licht in Leben verwandelt werde. [...] Die indigene Alchemie hilft uns dabei.“[199]

Die vier Schritte der indigenen Alchemie bestehen aus Identifikation (Schlangenebene), Differenzierung (Jaguarebene),

---

196 Ebenda, S. 280
197 Ebenda
198 Ebenda, S. 281
199 Ebenda, S. 285, 287

Integration (Kolibriebene) und Transzendenz (Adlerebene). Bei deren Ergebnissen handelt es sich um holistische Gefüge, die mehr sind als die Summe ihrer Teile. Der Philosoph Ken Wilber beschreibt diesen Vier-Schritte-Prozess in folgendem Beispiel: Zunächst identifizieren wir uns als Kinder mit unseren Eltern. In der Pubertät differenzieren wir uns, indem wir uns von ihnen abgrenzen und hierdurch zur eigenen Identität finden. Irgendwann gelingt es uns, unsere Eltern in unser Leben zu integrieren, ohne fürchten zu müssen, die eigene Identität zu verlieren. Und sobald n wir selbst Eltern werden, transzendieren wir sie.

„Wird eine Eichel in die Erde gelegt, dann muss sie die Identität eines ‚Samens' ablegen, und sich allmählich als ‚Eiche' betrachten. Auch wir müssen uns von der Vorstellung lösen, wir würden von einem Problem niedergedrückt oder seien in einer Rolle gefangen. Wir müssen uns von den Dingen freimachen, mit denen wir uns identifizieren und an denen wir festhalten, ganz gleich, wie unwahrscheinlich uns dieses Ziel erscheint."[200]

Durch die Differenzierung in Form einer Rücknahme der Projektionen werden Identifikationen überwunden, wodurch man auf die nächsthöhere Bewusstseinsebene gelangt. Die nächste Bewusstseinsstufe wird erklommen, sobald die Projektionen integrativ in Absichtserklärungen umgewandelt sind. Den höchsten Bewusstseinszustand, also jenen der Weisheit, erreichen wir, wenn wir das, was uns zuvor problematisch vorkam, transzendierend als Chance erkennen.

Was der Autor auf 300 Seiten zusammentrug, habe ich vorstehend auf etwas mehr als eine Handvoll Seiten komprimiert. Dieser kompendiarische Abriss zeigt dennoch gut nachvollziehbar auf, was Weisheit de facto kennzeichnet. Er bestätigt zudem meine These, dass Weisheit keine wenigen Ausnahmemenschen vorbehaltene, sondern eine grundsätzlich jedermann/jederfrau angeborene Gabe ist, die lediglich geweckt und gefördert zu werden braucht. Anders als andere

---

[200] Ebenda, S. 291 f.

geistige und körperliche Fähigkeiten bedarf sie zur Aufrechterhaltung keines Trainings, denn einmal weise heißt immer weise. Auf »zuträgliche« Art und Weise lassen sich einmal erlangte Bewusstseinszustände nämlich nicht herabstufen/downgraden.

4.4 Weisheitsaspekte

Im Jahr 1991 erschien ein Band mit dem Titel „Weisheit". In jenem Werk widmen sich diesem Phänomen 36 Wissenschaftler. Dessen Herausgeberin ist die namhafte Philologin Aleida Assmann, Mitbegründerin des Arbeitskreises „Archäologie der literarischen Kommunikation" und das Buch dessen Band III. Ich finde es wissenswert und daher zielführend, aus dieser 563-seitigen Publikation eine Reihe aufschlussreicher Aussagen zu zitieren.

„Weisheit bedient sich der *Imagination*, der Konstruktion helfender Fiktionen, die neue Spielräume, neue Chancen sichtbar macht. [...] indem sie zeigt, wie allein durch einen Perspektivenwechsel ein Bann gebrochen, eine Blockierung befreiend aufgehoben werden kann. Denn darum geht es bei der Weisheit überhaupt: [...] das von Stagnation in Krisen und Problemen bedrohte Leben und Handeln hier und jetzt wieder in Gang zu bringen. [...] Oft geht es dabei um nichts anderes als die Abwendung von Schlimmerem oder das Ertragenlernen von Unabwendbarem. [...] Rechtzeitig absehen können, worauf etwas hinausläuft, durch Weitsicht Fehlverhalten meiden und Schaden mindern, [...] anerkennen, was sich nicht ändern läßt, hinnehmen, was einem beschieden ist – das sind Haltungen, denen das Prädikat ‚weise' zugesprochen wird. [...] Sie setzen voraus, daß man sich mit der Welt, so wie sie nun einmal ist, arrangiert. [...] Weisheit [...] kommt zum Zuge, [...] – wo Probleme entstehen, für deren Behebung es keine institutionalisierten Problemlösungsinstanzen und -verfahren gibt. [...] Weisheit des Herrschers bedeutet Verzicht auf Zwangsmaßnahmen. Heute würden wir diesen Typ des Weisen freilich eher mit dem Therapeuten als mit dem Politiker assoziieren."[201]

---

[201] Assmann, Aleida: *Was ist Weisheit? Wegmarken in einem weiten Feld*, S. 15–44

„Die Weisheit ist uns im Unterschied zur Klugheit etwas Höheres. Im Unterschied zur Klugheit kennt sie kein Mehr oder Weniger."[202]

„Denn ‚das Ganze‘ zu erkennen, sei ‚den Menschen‘ mit ihren beschränkten Sinnesorganen verwehrt. Das Ganze gehört zum Begriff der göttlichen Weisheit, zum Menschlichen das Partielle."[203] Mein Credo: Dennoch sollten sich gerade weisheitlich orientierte Menschen stets bemühen, das – vermeintlich – Partielle auf eine ihrem Intellekt zugängliche ganzheitliche Weise, d. h. weise zu betrachten. „Um es zu verstehen, muß man hinhören auf den ‚Logos‘, das ‚richtige Denken‘; denn es besagt, ‚dass Alles Eins ist‘: Lust uns Schmerz, Gut und Schlimm, Jugend und Alter, Leben und Tod. Das Prinzip der Einheit heißt ‚Recht‘, das Prinzip der Vielheit heißt ‚Streit‘, und Recht und Streit sind Eines, ‚das Recht ist der Streit‘. Es ist ein Unterschied der Perspektive: ‚Für den Gott‘, sagt er, ‚ist alles schön und gut und gerecht, die Menschen aber haben das eine für unrecht angenommen, das andre für recht.‘ In Wahrheit ist das ‚Ganze‘ nur ‚ganz‘ aus ‚Verschiedenem‘, wie die musikalische Harmonie ‚zusammenklingend von Auseinanderklingendem‘: aus Allem Eines und aus Einem Alles. Was ist nun menschliche Weisheit? Heraklit sagt es, mit klaren Worten: ‚Wenn man [...] auf den Logos (d. h. auf das richtige Denken) hört, ist es weise, einzustimmen (wörtlich; in Übereinstimmung mit dem Logos zu sagen), daß Alles Eines ist‘. Es ist die Weisheit des *Erkennenden*. [...] Weisheit ist: das Wahre (griech.: das Unverdeckte) zu sagen und zu tun, indem wir auf *die Natur* hinhören, das heißt: auf das gesetzliche Wesen der Welt. Es ist die Weisheit des *Handelnden*. Richtig Denken und rechtes Handeln, beides gründet in einem Hinhören und Verstehen. ‘Alles ist gut‘, das ist, im Ethischen, die göttliche Formel, der im Physikalischen die andre entspricht: ‚Alles ist Eins‘. Es ist die Versöhntheit mit dem Streit der Gegensätze, mit dem ‚Krieg‘, mit dem Zufall, dem Häßlichen, dem Leiden, dem Tod; es ist das Jasagen zu dem Widerspruch des Lebens und der Welt, das den Menschen der Gottheit annähert. Ich denke, das ist Heraklits Weisheit."[204]

---

[202] Wiehl, Reiner: *Weisheit und praktische Vernunft*, S. 87
[203] Hölscher, Uvo: *Heraklit über göttliche und menschliche Weisheit*, S. 77
[204] Ebenda, S. 78 f.

„Weisheit galt seit altersher und weithin als Tugend, für viele Menschen in mannigfaltigen Kulturen und Kulturepochen als höchste Tugend, als Tugend aller Tugenden. [...] gemessen an jenem überlieferten Geltungsanspruch, der der Weisheit einen sehr hohen, wenn nicht den höchsten Wert auf die mannigfachen Verhaltensnormen des Menschen einräumt, scheint man nicht umhin zu können zu sagen: Die Weisheit sei für uns Heutige nicht das, was sie einmal zu anderen Zeiten und für andere gewesen war. Vor allem den Jüngeren erscheinen Weisheit und Tugend oft als etwas Ältliches und Verschrobenes, während es unter den Älteren immer noch manchen gibt, der um ihre Alt-Ehrwürdigkeit und Erhabenheit weiß. So mögen die einen der Weisheit und Tugend mit Gleichgültigkeit, vielleicht sogar mit Lach- und Spottlust begegnen, während die anderen eine Sehnsucht wachhalten, die aus der Ahnung entspringt, daß jene Worte Schlüsselbegriffe einer moralischen Kultur bezeichnen, die den Menschen zu einer Lebensorientierung im Blick auf ein Ideal verhilft. Weisheit ist auch dem heutigen Menschen etwas, was er den anderen Menschen wünscht, wenn er ihnen freundlich gesonnen ist und zugleich etwas, um dessen Erwerb für ihn selbst er bemüht ist, wenn er es gut mit sich meint. Aus eben diesem Grunde vermag die Weisheit dem Menschen, dem wir sie zuerkennen, Respekt und Autorität, Achtung und manchmal darüber hinaus Zuneigung zu verschaffen. In unserem Verständnis der Weisheit gehen wir davon aus, daß diese sich erkennen läßt als eine bestimmte Art und Weise, die Dinge zu betrachten, und als eine bestimmte Art und Weise des Tuns und Lassens. Mit der Weisheit verbinden wir die Vorstellungen der Unabhängigkeit und der Unbestechlichkeit, die Idee einer Uneigennützigkeit und eines Interesses für Andere. Diese Weisheit in der Lebenseinstellung und Lebenshaltung ist Einsicht, Einsicht in die Zusammenhänge des Ganzen, des Universums, Einsicht in den Lauf der Dinge. Weisheit ist hier die ausgezeichnete Fähigkeit, die Wahrheit zu ertragen; nicht nur deren angenehme und erfreuliche Seiten zu genießen, sondern auch das Unangenehme, das Unerträgliche an ihr auszuhalten."[205]

---

[205] Wiehl, Reiner: a.a.O., S. 83 ff.

„Zur Weisheit gehört es, wie man spricht und welcher Ausdrucksweise man sich im Alltag bedient. Weisheitliche Rede verletzt nicht, sie ist nicht aggressiv, sie lädt zur Zustimmung ein. Sie sagt die Wahrheit so, daß der anderen nicht das Gesicht verliert, sondern Raum zur Zustimmung bekommt. Der Weise äußert Kritik so, daß er seinerzeit nicht angeklagt werden kann, er habe durch scharfe Worte Unfrieden gestiftet. ‚Der Weise ist geduldig…: er weiß seine Worte zurückzuhalten, wenn es nötig ist, er wird nicht zornig und vermeidet Dispute, indem er auf Provokationen nicht reagiert. Diese seltene Qualität erfordert einen starken Charakter.‘“[206]

„Weisheit […] ist die Kunst, das Leben zu meistern. Das Ideal ist der besonnene, allem Streit abholde Mensch. Nach der biblischen Weisheitslehre gibt es eine sittliche Weltordnung. Sie besteht darin, daß der schlechte oder böse Mensch keinen Lebenserfolg hat, während dem guten Menschen Erfolg beschieden ist. Immer lohnt sich das Gute; stets bringt das Schlechte Unglück.“[207]

„Der wahre Weise ist so selten wie der Vogel Phoenix, der alle 500 Jahre sich zeigt: aber es gibt auch Weise ‚zweiter Klasse‘ (*secundae notae*): das sind *boni viri*, die auf dem Weg sittlicher Vervollkommnung ziemlich weit fortgeschritten sind und die gegebenenfalls als Vorbild dienen können. Zwischen einem fortgeschrittenen *vir bonus*[208], dem Exempel für eine bestimmte Tugend und dem perfekten Weisen ist wohl schon in der antiken Stoa nicht genau unterschieden worden. Sokrates wird immer wieder genannt […]. Der vollkommene Weise ist eine reale Möglichkeit; er ist keine leere philosophische oder literarische Fiktion, sondern – darauf bestehen die Stoiker – dieses ‚Ideal‘ hat eine geschichtliche Dimension: es hat sie gegeben, und es wird sie geben, wenn auch selten. Wer das Ideal bereits verkörpert hat, ist unsicher; nur für Sokrates besteht eine recht große Gewißheit.“[209]

---

206 Sundermeier, Theo: *Der Mensch wird Mensch durch den Menschen*, 121 und 128 -> vgl. Kapitel „Holistische Rhetorik“ in: Bermeiser, Martin: *Lebensmeisterei*
207 Lang, Bernhard: *Klugheit als Ethos und Weisheit als Beruf*, S. 178 f.
208 Vgl. Bermeiser, Martin: *Lebensmeisterei*, S. 49
209 Cancik, Hubert/Cancik-Lindemaier, Hildegard: *Senecas Konstruktion des Sapiens*, S. 213

„Nimmt man den Medizinmann zum Ausgangspunkt einer Geschichte der Therapie, so kann man sagen, dass Weisheit und Wissen
noch identisch waren. Ich möchte kurz andeuten, wie im Verlaufe der
weiteren Geschichte beide Bereiche auseinanderfielen, und in der
Medizin ein enormes Wissen über den Körper produziert wurde, ein
Wissen, dem zunehmend die Weisheit abging [...]. Charakteristisch
für den Krankheitsbegriff sogenannter ‚primitiver Kulturen' war die
[...] Verknüpfung zwischen der Krankheit des Individuums einerseits
und den Zuständen der Gesellschaft andererseits. Das heißt, daß in
der primitiven Medizin die Krankheit nicht als ein rein physiologischer
Prozeß, der im Körper des Individuums abläuft, betrachtet wurde,
sondern immer auch als Aussage über Probleme, die die ganze
Gruppe betrafen, in welcher der Kranke lebte. In diesem Sinne hatte
die Krankheit eine symbolische Bedeutung [...]. Der Geisterglaube,
der lange als Ausdruck der ‚Urdummheit des Menschen' gegolten
hatte, entpuppte sich der modernen Ethnologie als ein differenzier-
tes Symbolsystem, um Krankheit und Sozialkonflikt miteinander in
Beziehung zu bringen. Von der Weisheit kann man sicherlich sagen,
sie sei ein Wissen, das zum Unbewußten hin durchlässig ist. [...] wir
stehen am Ende unserer Weisheit. Aber am Ende welcher Weisheit?
Vielleicht einer durch die neuzeitliche Wissenschaft halbierten Weisheit, einer Weisheit, die sich nur auf der Ebene des Bewußtseins zu
bewegen wagte. Öffnete sie sich jedoch zum Unbewußten hin, so
müßte sie mit der Ambivalenz fertig werden, welche das Handeln des
Menschen bestimmt. Wie sähen Wissenschaft und Technik aus, wenn
der Mensch sich seiner Ambivalenz bewußt wäre und wüßte, daß,
was er zu seinem Wohle schafft, gleichzeitig seiner Zerstörung
dient?"[210]

„Auf diese Weise versucht Solowjow den bekannten schlagenden
Beweis für die Endlichkeit, Sterblichkeit, ‚Zufälligkeit' des Menschen,
nämlich seine ‚Materialität', in einen Beweis seiner Unsterblichkeit
umzuwandeln: die Materialität als das Mütterliche, weibliche Prinzip,
und mehr noch als die Person Sophia, ist allein imstande, den Menschen durch Liebe zu retten – und vor allem den Menschen, der liebt:

---

[210] Erdheim, Mario: *Psychoanalyse als moderne Form der Weisheit*, S. 223 f. und
229

den Philosophen, oder den Sophiologen. Das Ziel des solowjowschen Philosophierens besteht darin, den Menschen dazu zu bringen, die Materie zu akzeptieren, zu rechtfertigen und – als Sophia – zu lieben. Durch die Liebe [...] soll die einseitige theoretische Ausrichtung der Philosophie überwunden werden. Die Philosophie wird praktisch: sie erkennt das wahre verborgene Gesicht der materiellen Welt, der Sophia, und transformiert entsprechend das ganze verfallene kosmische Leben. Der Grund für die Unvollkommenheit der Welt liegt in ihrer Zerrissenheit, im Kampf aller gegen alle. Um Harmonie zu stiften, darf nicht jeder seinen Willen unbegrenzt behaupten, [...] aber auch nicht einfach verleugnen, [...], sondern lediglich begrenzen – sich einfügen in das sophiologische Ganze. Das Erkennen der wahren sophiologischen Beschaffenheit der Welt, Ihre ‚Sophiezität‘, eröffnet jedem Einzelnen die Möglichkeit, für eigene Triebe und Leidenschaften, sowie für die der anderen einen angemessenen Platz zu finden, ohne gegen sie ‚kämpfen‘ zu müssen. Die Sophiezität erweist sich in diesem Zusammenhang als eine Übertragung auf das kosmische Ganze [... in Form des] Sicheinfügen[s] in das gesellschaftliche Ganze ohne den Verlust der eigenen Subjektivität und Individualität.“[211]

„Schriftliche Weisheit ist auf Fernwirkung ausgelegt. Der schriftlichen Weisheit wohnt die Kraft inne, sich noch über Jahrhunderte hinweg zu bewahrheiten. [...] In diesem Prozeß der Selbsterfindung des Menschen hat das Prinzip Weisheit seinen Ort. Sie wirkt hier als eine ausgleichende Gegensteuerung zum innovativen Erfindergeist, als eine Art ‚Autoimmunsystem‘ der Kultur. Ihre Maximen sind kulturelle ‚Antikörper‘ gegen Gefahren, die dem Menschen nicht von außen, sondern von innen drohen. Die Situation des Menschen ist offenbar durch die ‚gegenstrebige Fügung‘ von Begrenzungs- und Entgrenzungsbedürfnis gekennzeichnet. Der innovative Erfindergeist richtet sich auf die Überwindung, das Prinzip Hoffnung auf die Erlösung von den Beschränkungen, denen das Dasein in der Welt-wie-sie-ist unterworfen ist, Weisheit dagegen richtet sich auf die Wahrnehmung der Beschränkungen, derer das menschliche Dasein bedarf, wenn es in

---

[211] Groys, Boris: *Weisheit als weibliches Weltprinzip*, S. 347 f. Laut Groys soll der Begriff „All-Einheit“ auf Solowjow zurückzuführen sein (S. 349).

der Welt-wie-sie-ist gelingen soll. Hoffnung entspringt dem Freiheits-
bedarf, Weisheit dem Beschränkungsbedarf des Menschen."[212]

„In der frühen Neuzeit bildet sich ein neuer Begriff der Weisheit
heraus, der sich [...] durch sein *gebrochenes Verhältnis zur Idee des
Ganzen* abhebt. Sie greift zur Maske der Narrheit (Erasmus) oder des
Wahnsinns (Cervantes) [...], die Weisheit des Menschen sei Torheit
angesichts der göttlichen Weisheit [...]."[213]

„Wer den Prozeß der Zivilisation nicht nur als einen Vorgang der
Entzauberung und Entmythisierung, sondern auch als einen der Ent-
Weisheitlichung betrachtet, legt es nahe, nach den Gründen für diese
Entwicklung zu fragen: Ausgangspunkt ist ein Gefühl des Mangels:
hier ist etwas verloren gegangen, was uns heute gut anstünde. [...]
‚Weisheit' wäre demnach die Frage nach dem ‚guten Leben' unter der
Prämisse eines nicht stillzulegenden, dynamischen Fortschritts. Das
‚gute Leben' ist daher niemals eines der Ruhe und des Gleichge-
wichts; es besteht im permanenten Aushalten und Ausbalancieren
von Krisen und Ungleichgewichten. Es ist anstrengend – im Sinne von
Kleists ‚schöner Anstrengung'. Diese Ästhetik der Anstrengung geht
verloren, wenn die Widersprüche des Systems ein Ausmaß erreichen,
in dem die Menschen einfach zerrieben werden. Weisheit besteht
nicht darin, diese Widersprüche abschaffen zu wollen, sondern sie
auf ein humanes Maß zu reduzieren."[214]

„Auf der Basis einer Weisheit, die anstelle des rücksichtslosen
Sachbezugs konstant die menschlichen Dinge im Auge behält und
dies nicht abstrakt, sondern im Kontakt mit lebendiger Erfahrung,
möchte wohl ein ganzheitlicher, auch die Vernunft umfassender Re-
generationsprozeß in Gang kommen. Es gilt, mit Spürsinn und kreati-
vem Interpretationsvermögen nach einer Vernünftigkeit zu suchen,
die sich auf die Entfaltung und Gestaltung des Lebendigen wahrhaft
versteht."[215]

---

[212] Assmann, Jan: *Weisheit, Schrift und Literatur im alten Ägypten*, S. 477 und 498
[213] Schröder, Gerhart: *Weisheit und Gelächter*, S. 511
[214] Kittsteiner, Heinz Dieter: *Über Weisheit, Kasuistik, Moralität und Geschichte*, S. 513 und 523
[215] Balmer, Hans Peter: *Weisheit der untröstlichen Tröster*, S. 534

„Eine mögliche Grundstruktur von Weisheit: nämlich ‚holistische Äquilibrierung von Differenz‘."[216] Gemeint ist der Umstand, dass sich das Gehirn eine rechte und eine linke Hemisphäre aufteilt. Die rechte dient dem »unscharfen« holistisch-vereinigendem Gefühls-Denken und die linke dem abstrahierend-trennenden Symbolisierungs-Denken. Die weise Herangehensweise ist bestrebt, zwischen dieser Dialektik einen Ausgleich zu schaffen, ein Gleichgewicht herbeizuführen, in kompatiblen Gegensätzen zu denken. „Weise handeln hieße demnach nicht nur Wissen zu besitzen. Hinzu kommen muß eine kreative Intuition, um Handlungszeitpunkte in Situationen zu erkennen bzw. Situationen so umzuperspektivieren, (Stichwort: Paradoxierung), daß es allen Beteiligten wie Schuppen von den Augen fällt, weil ‚der Weise‘ eine zeitweilige Koinzidenz zwischen Eigenwelten herzustellen in der Lage war. Diese doppelte Kompetenz setzt Erfahrung voraus. Weisheit ist nicht intellektuell lehrbar. Wissen sehr wohl. Weise handeln hieße demnach nicht nur, Wissen zu besitzen. Wissende (Intellektuelle) sind daher institutionell reproduzierbar, Weise leider nicht. Weisheit setzt offenbar anerkannte Erfolge bei der Äquilibrierung von Gefühl und Denken, Intuition und Analyse, holistischem Gesamtzugriff und symbolischer Abstraktion voraus, die an Individuen gebunden ist, erlebt und vorgelebt, aber weder wissenschaftlich analysiert noch theoretisch oder praktisch imitiert werden kann, weil wohl Wissen weitergegeben aber nicht Intuition für Situationstypik redupliziert werden kann. Maximen und Mechanismen für und von Weisheit lassen sich vielleicht analysieren; das Praktischwerden von Weisheit, weises Handeln, läßt sich offenbar nur erleben und leben – sonst gäbe es wohl (mehr) Weise. Allerdings: Ob es in der Geschichte tatsächlich Weise gegeben hat, ob sie nicht immer nur eine Metapher für Weisheits*bedarf* waren, scheint mir frag-würdig. (Weisheit heute im Sinne eines ‚Bedenkens des Ganzen‘ erscheint mir nur noch frag-würdig!). Offenbar gilt in unserer Gesellschaft die Konvention, daß man nur andere, nicht aber sich selbst als ‚weise‘ bezeichnen kann. Soweit ich sehe, gibt es [...] keinen Gegenbegriff zu weise [...]. Wenn

---

[216] Schmidt, Siegfried Johannes.: *Weisheit oder <>*, S. 557

die Entwicklung des Wissensbegriffs in der Aufklärung den Weisheitsdiskurs überlagert und verdrängt, dann kann das so interpretiert werden, daß eine neue Differenz den Platz eines holistischen Konzepts einnimmt (wahr/unwahr statt weise). Diese Differenz wird im sozialen System Wissenschaft institutionalisiert und erlaubt eine sehr viel komplexere und aufschlußreichere Kommunikation. ‚Weisheit' verschwindet damit nicht einfach, sondern wird nun in anderen Kommunikationssystemen ‚mitbetreut' (z. B. in der Literatur) – seine Polyvalenz wächst."[217]

4.5 Was uns fehlt

Das nächste, in diesem Fall populärwissenschaftlich verfasste Buch „über das, was uns fehlt" (so dessen Untertitel), das ich exzerpiere, stammt von Gert Scobel und ist bereits neueren Datums. Aber auch jenes umfasst knapp 450 Seiten. Hieraus das Wesentliche herauszupicken ist wahrlich ein sehr ambitioniertes Unterfangen. Doch auch hier geht es nebenbei darum, dem Leser einen Eindruck der thematisch aufschlussreichen Lektüre zu vermitteln, der bei näherem Interesse in Eigenregie vertieft werden kann. Bereits in seinem Prolog weist der Autor darauf hin, dass wir Menschen sowohl das universale Veränderungsprinzip als auch den darauf beruhenden Veränderungsbedarf ausblenden und die zumeist als leidvoll empfundene allumfassende Endlichkeit einschließlich unserer eigenen auf massive Weise verdrängen. Weisheit stellt sich hingegen auf diese kontinuierliche Veränderung ein. Sie betrachtet sie als eine Überlebensübung, „die paradoxerweise darin besteht, Veränderlichkeit, Vergänglichkeit und letztlich die Tatsache des Todes anzuerkennen."[218]

Interessanterweise bedeutet *homo sapiens* wörtlich »der weise Mensch« oder zumindest so etwas wie »ein Mensch auf dem Weg zur Weisheit«, sofern *sapiens* auf *sapientia* als Weisheit beruht. Doch diesen Weg scheinen wir weisheitsbegabten *homines sapientes* für zu steinig zu erachten. Jedenfalls spielt er in unserer Welt gegenwärtig keine nennenswerte Rolle. Dies wirkt sich allerdings deutlich auf

---

[217] Ebenda, S. 560 ff.
[218] Scobel, Gert: a.a.O., S. 25

unser aller Dasein aus, indem wir, die Welt, von einer Krise in die andere schlittern – woraus „Kampf ist die Parole"[219] folgt. Weisheit sei zu einem Fremdwort in unserer Sprache geworden. Und wofür es kein Wort gibt, existiert im Alltagsbewusstsein nicht bzw. Wörter, die im allgemeinen Sprachgebrauch nicht auftauchen, deren Bedeutungen und Bedeutsamkeiten sind der Masse nicht präsent und unerheblich. Doch „Weisheit ist nichts Esoterisches, Unbrauchbares, Alltagsfernes. Im Gegenteil: Weisheit ermöglicht uns wie sonst kaum eine andere Fähigkeit, einen realistischen Umgang mit der Komplexität des Lebens in all seiner Vielfalt zu finden."[220] Weshalb sind wir also an dieser ultimativen Kompetenz, mit der Lebenskomplexität zurechtzukommen, so desinteressiert? Weil wir hierdurch lernen müssten, in den entscheidenden Dingen des Lebens umzudenken – oder überhaupt den Mut aufzubringen, sich des eigenen Verstandes zu bedienen.

Laut Scobel sei Weisheit eine wesentliche Dimension unseres Lebens, die in Vergessenheit geriet und uns somit auf eine sehr existenzielle, fundamentale Weise fehlt. Weisheit sei hierdurch ein „verschwundenes" Wort, das zum Fremdwort der eigenen Sprache geriet. Angesichts ihrer Unpopularität empfinde sie der moderne Mensch alles andere als erstrebenswert. Doch solange wir sie missachten, seien wir in Gefahr, unser Leben zu verpassen, sofern wir Leben nicht in dem Sinne verstehen, es schon irgendwie „hinter sich zu bringen". Für Scobel ist Weisheit die unsererseits benötigte Fähigkeit, um mit Komplexität umgehen zu können. Er ist nicht nur Hochschullehrer, sondern auch Journalist. Seiner journalistischen Arbeit verdanke er die Möglichkeit, die verschiedensten Geistes- und Naturwissenschaftler fragen gekonnt zu haben, was deren Ansicht nach die größte wissenschaftliche Herausforderung der kommenden Jahrzehnte sein werde. Die ziemlich einhellige Antwort sei gewesen: Ob und wie es gelinge, Komplexität zu verstehen und komplexe Prozesse zu handhaben. Scobel wundere daher, wieso Komplexität trotz ihrer wissenschaftlichen Bedeutsamkeit im kollektiven Bewusstsein kaum

---

[219] Ebenda, S. 30
[220] Ebenda, S. 42

eine Rolle spielt. Komplexitätsmuster seien Fraktale, also sichtbar gemachte selbstähnliche Strukturen, die sich überall in der Natur befinden – „in der Bildung von Wolken ebenso wie in Wachstumsprozessen oder in den Schwankungen der Börsenkurse."[221] Der Duden definiert Fraktale als komplexe geometrische Gebilde, wie sie ähnlich auch in der Natur vorkommen (z. B. das Adernetz der Lunge). Der namhafte Systemtheoretiker Niklas Luhmann (1927-1998) beschrieb die Komplexität in »esoterischer« bzw. paradoxal-logischer Manier: „Komplexität ist die Einheit einer Vielheit".[222] Im Hinblick auf diese scheinbare Paradoxie zeichnet sich Weisheit sowohl auf sozialer und kultureller Ebene wie auch auf der Ebene persönlicher Lebensbewältigung dadurch aus, die größeren Zusammenhänge zu erkennen, zu berücksichtigen und bestmöglich zu handhaben.

Wann immer Scobel im Kreis von Entscheidungsträgern aus Politik, Wirtschaft und Topmanagement das Thema Weisheit angesprochen habe, sei überdeutlich das Geräusch der inneren Rollläden zu hören gewesen, die augenblicklich heruntergelassen worden seien. Zugleich sei man in peinliches Schweigen verfallen: „Allein das [...] Aussprechen des Wortes ‚Weisheit' führt dazu, jeden, der dieses Unwort in den Mund nimmt, mit dem Stigma des Unseriösen (weil Irrationalen und Unwissenschaftlichen) zu versehen."[223] Wer Weisheit ins Spiel der Wirtschaft, der Politik, der Wissenschaft, mithin der ‚Weltlenkung' zu bringen versuche, erwecke schnell den Anschein eines realitätsfremden Eiferers, der meine, mittels esoterischer Scharlatanerie den Problemen der Welt beikommen zu können. Doch falls Weisheit überhaupt den Anschein des Esoterischen haben sollte, dann genau in dem Sinn, in dem Komplexität scheinbar esoterisch sei. Weisheit beziehe sich nicht auf ein mysteriöses Jenseits, sondern auf ein Hier und Jetzt in seiner ganzen Komplexität. Komplexität sei zur zentralen Kategorie der Naturwissenschaften der nächsten Jahrzehnte arriviert. Bei der Umsetzung und Anwendung jener Erkenntnisse in das alltägliche Leben werde demnach Weisheit, sofern uns

---

[221] Ebenda, S. 86
[222] www.researchgate.net/publication/336989663_Exzerpt_Luhmann_GdG_Kapitel_1IX_Komplexitat_2014 Stand: 04/2020
[223] Scobel, Gert: a.a.O., S. 115

auch für die kommenden Generationen an einer Zukunft liege, zu einem unverzichtbaren Faktor. Weisheit markiere die mögliche Exzellenz menschlicher Entwicklung. Weisheit sei die Voraussetzung dafür, gerade bei schwierigen Lebensentscheidungen und Problemen wohltätig und zugleich wohltuend zu handeln. Der weise Mensch zeichne sich dadurch aus, dass er es versteht, Unsicherheiten und Konflikten auszuweichen und sich ihrer zugleich bewusst zu sein, sie mithin weder zu verleugnen noch zu verdrängen. Weisheit wisse um eine ausgewogene Toleranz gegenüber Verschiedenheit und deren Grenzen, sie weiß, wie nichtwissend wir sind. Weise Menschen seien die idealen Ansprechpartner, weil sie auch in ungewöhnlichen, widersprüchlichen, beängstigenden und panikhervorrufenden Situationen zur Orientierung und praktikablen Auswegen verhelfen können. Weise sind in der Lage, das Leben aus verschiedenen Blickwinkeln zu betrachten und Gegensätze auszutarieren.

Die ‚Weisheitsleistung‘ (Weisheits-Performance) sei losgelöst sowohl vom Grad der Intelligenz als auch den kognitiven Fähigkeiten. Weisheit ist eine einzigartige holistische Eigenschaft und Qualifikation. Latentes Weisheitspotenzial lässt sich durch weisheitspraktizierende Mentoren aktivieren, fördern und trainieren. Hierunter fällt auch die Unterrichtung in der Kunst der Intuition, der unsere Bildungssysteme keinerlei Bedeutung beimessen. Für weise Menschen ist kennzeichnend, dass sie mit Unsicherheiten, Veränderungen, Widersprüchen und Paradoxien des Lebens wie selbstverständlich umzugehen wissen. Deren Persönlichkeitsstruktur zieht Wachstum und Entwicklung dem Bewahren vor. Sie streben nach Selbsterkenntnis – ganz im Sinne der delphischen Apollotempel-Inschrift *gnothi seauton*.

Weise zu denken und zu handeln heißt, die wahre Natur aller Dinge, deren »Leerheit« zu erkennen und sich in einer dualistischen Welt so zu positionieren, sie zugleich als Einheit und Verschiedenheit zu begreifen. Der menschliche Geist ist von Natur aus weder gut noch schlecht, sondern mangels des Wissens um die Einheit allen Seins (Leerheit) verwirrt. Zum Zeitpunkt der Geburt ist seine Weisheit dieses Urwissens noch aktiv. Bevor des Menschen Erziehung beginnt, ist er weise wissend. Doch im Zuge der Erziehung wird sein Weisheitswissen aus auf Kalkül beruhender Unwissenheit systematisch deaktiviert und Weisheit ins Reich des für Normalsterbliche quasi Unerreichbaren verbannt. Daraufhin erlischt jedwedes Interesse an dieser höchsten Lebenskunst, der angeborenen Gabe, das Leben zu meistern. Doch das auf Eis gelegte, latente Weisheitspotenzial lässt sich jederzeit (re)aktivieren. Anders ausgedrückt: Weisheit, die Kunst, selbst angesichts schwieriger Situationen ein gelungenes Leben zu führen, ist lehr- und lernbar. Weisheit „verändert die Haltung, mit der man anderen Menschen begegnet und eine heitere Freude entwickelt, auch wenn die Lebensumstände wenig erfreulich sein mögen."[224] Weise zu sein heißt, mit den Wechselfällen des Lebens verständnisvoll, mitfühlend und gelassen umgehen zu können. Weise sind fähig, das Alltägliche aus einer höheren Warte zu betrachten und deshalb in der Lage, bei Erfolg und Misserfolg, bei Freude und Leid besonnen zu bleiben. Weisheit birgt die Kriterien des glücklichen Lebens in sich. Die These, dass Weisheit ein nur wenigen Auserwählten vorbehaltenes Supertalent sei, leitet sich davon ab, „dass wir keine Kultur und damit keine Tradition der Weitergabe von Weisheit entwickelt haben. Weisheit ist in unserer Kultur noch nicht angekommen."[225]

Worin die Weisheit letztlich wurzelt, kann mit Nikolaus von Kues (1401-1464) als *coincidentia oppositorum* oder der Zusammenfall der Gegensätze benannt werden, was im Grunde darauf abstellt, das dualistische Denken zu überwinden. Der Zusammenhang zwischen Weisheit und Dualismus führt tief in die Widersprüche unserer Kultur und unseres Denkens – „Widersprüche, die uns gefangen halten und einem freien Umgang mit der Welt im Weg stehen."[226] Das Grundprinzip unserer Welt ist monistisch, die Grundstruktur unserer Welt(sicht) dualistisch. Systemtheoretiker Niklas Luhmann formuliert es dergestalt: ‚Erkenntnis projiziert Unterschiede in eine Realität, die keine Unterschiede kennt.' Die Welt sei demnach eine Konstruktion, eine Vorstellung. Vorstellung in doppelter Hinsicht ihrer Bedeutung:

---

[224] Ebenda, S. 313
[225] Ebenda
[226] Ebenda, S. 346

Zum einen als Bild, das sich jemand in seinen Gedanken von etwas macht, das er gewinnt, indem er sich eine Sache in bestimmter Weise vorstellt. Zum anderen als Aufführung, Darbietung, Schauspiel. Die Logik unseres dualistischen Denkens verdanken wir Aristoteles' Metaphysik: A ist ungleich Nicht-A. Oder A kann nicht zugleich Nicht-A sein. Dass uns dies völlig einleuchtend erscheint, liegt an der grundlegenden Struktur unseres Denkens, die nicht nur unserer Logik, sondern auch der Funktionsweise unserer Sinne entspricht. Dieses Phänomen veranschaulichte auf genial weise Weise der englische Mathematiker George Spencer Brown (1923-2016) in seinem Werk *Laws of Form* aus dem Jahr 1969. Auf dessen diesbezüglichen Erkenntnisse gehe ich ausführlich in dem Buch »Lebensmeisterei« ein. In *Laws of Form* geht es darum, wie elementar Dualismus und Denken mit der Idee der Unterscheidung zusammenhängen. Denken, gleich welcher Art und Kultur, beginnt stets und notwendigerweise mit einer Unterscheidung. Daraus folgt, dass die Heterogenität des Universums, der Welt, des Seins, nicht »von Natur aus« besteht, sondern vom Denken erzeugt wird: *„Das Unterscheiden ist die grundlegendste Operation des Erkennens“*.[227] Nach den Gesetzen der Form führt dies dazu, dass alle Dinge formal identisch sind. Die buddhistische Weisheitstradition beschreibt diese Erkenntnis in dem Herz-Sutra: »Form ist Leere, Leere ist Form«. Das Universum ist formlos. Es erscheint uns erst, wenn wir Unterscheidungen treffen. Etwas zu bezeichnen und eine Bedeutung beizumessen ist nichts anderes als der Gebrauch von Wörtern. Jede Bezeichnung ist so gesehen ein Prinzip, bestimmte sprachliche Unterscheidungen zu treffen, was jedoch irgendwann in Vergessenheit gerät. Und dann glauben wir fälschlicherweise, dass unsere Unterscheidungen bzw. Begriffe naturgegeben seien. Doch wenn alle Natur Eins ist, dann ist natürlich auch die Sprache naturgegeben, weil die Natur, zumal »alle«, den Menschen einschließt. Zudem gilt er nicht als ein unnatürliches Wesen. Das Fundament unseres Denkens, also auch der Mathematik und Logik, ist ein Akt der Unterscheidung, den ein Beobachter vornimmt. Weisheit basiert auf der Praxis, im dualistischen Denksystem die eigentliche Differenzlosigkeit im Sinne einer

---

[227] Ebenda, S. 359

paradoxalen Logik[228] mitzudenken und mitzuberücksichtigen. Das Universum ist uns ohne Unterscheidung nicht zugänglich. Ohne unsere Unterscheidungen ist es das, was es ist: Eines, oder besser Nicht-Zwei. Worin keine Unterscheidungen getroffen werden ist leer – ein »Raum« ohne jede Form von Unterscheidungen und daher auch frei von Dualität und Vielheit. Meister Eckhardt und andere sprachen vom Nichts oder der Wolke des Nicht-Wissens. Diese (leere) Form des Nicht-Wissens ist jedoch eine Form sehr klaren Bewusstseins, dass »Ich« und die anderen untrennbar verbunden sind. Weder die anderen noch das Ich existieren unabhängig voneinander. So wie Eis und Wasser ein und dasselbe und das Meer und die Welle eins sind. Weisheit ist die Erkenntnis und Erfahrung der unmittelbaren, nichtdualistischen, konkreten Wirklichkeit, des Hier und Jetzt diesseits und jenseits aller Unterscheidungen. Man denke darüber nach, welche Verbindung man zwischen der dualistischen Weltsicht und der Frage von Streit, Konflikt und Gewalt ziehen kann. Aus buddhistischer Sicht schafft alles, was dem dualistischen Denken verhaftet bleibt, Leiden. Daher ist es entscheidend, sich zu vergegenwärtigen, dass ein einziges großes undifferenziertes Ganzes existiert, das fiktiv in Unterschiedenes unterteilt wird. Weises Denken ist eines, das den Dualismus transzendiert: Weise ist jemand, der sich weder an Erde noch an Himmel gebunden (»transmanent«) in allen Denkbereichen frei bewegt. „Der Nichtdualismus ist der Schlüssel der Erfahrung der Weisheit, Gelassenheit die Folge."[229] Es gehe nicht darum, uns vom Wissen zu trennen, sondern nur von der Vorstellung, dass das, was wir wissen, die Welt des Wissens, bereits die Wirklichkeit sei.

Der Autor resümiert, dass es wichtig wäre, die zentralen Fragen der Forschung auf die Frage des menschlicheren Umgangs miteinander zu bündeln. Insofern werde aus Weisheit die entscheidende Frage der Lebens-, ja Überlebensstrategie. Weltweisheit sei eine Übung, die auch in Schulen, Firmen und anderen Institutionen bis hinein in die Verwaltung, Politik und Wissenschaft angewandt werden sollte. Weisheit sei keine bloße Theorie, ein Umstand, der neue Me-

---

[228] Vgl. Bermeiser, Martin: *Lebensmeisterei*, S. 26 ff.
[229] Scobel, Gert: a.a.O., S. 383

thodologien und Forschungsansätze erforderlich mache. Die naturwissenschaftliche Beschreibung, treffe in keiner Weise auf die Welt zu, wie wir sie äußerlich und innerlich erleben. Dass Ich, Welt und sogar Gott konstant seien, entspricht der Struktur linearer Systeme. Unsere Sinne suggerieren eine lineare Welt mit klaren Ursache-Wirkung-Zusammenhängen, in der komplexe Dimensionen, verschränkte Quantenzustände oder die Relativität von Raum und Zeit keine Rolle spielen. Letztlich sei die Zeit selbst eine solche Illusion. Wir erleben sie nur deshalb als nicht umkehrbar, weil unser Gehirn nicht zweimal exakt in ein und denselben Zustand zurückfallen kann. Um ein lineares System zu verändern, bedarf es eines Impulses. Das Universum ist hingegen ein komplexes System, das seine Strukturen auch ohne externen Anstoß verändern kann. Denn komplexe Systeme sind autopoietisch, sie haben die Fähigkeit zur Selbstorganisation, also jene, sich selbst zu erhalten, zu wandeln und zu erneuern. Die Welt ist zu komplex, um sich darin mit unseren menschlichen Fähigkeiten orientieren zu können. Daher ist unser biologisches System darauf ausgerichtet, die nichtlineare Komplexität in lineare Strukturen zu transformieren. Wir unterstellen dem Dasein eine nichtvorhandene Linearität, die wir auch in der Erfahrung eines individuellen Ich machen. Daraus erklären sich die vielen Widersprüche, die uns im Leben begegnen. Aus einem nichtlinearen, beispielsweise quantenphysikalischen Blickwinkel betrachtet ist die Welt eine ganz andere als sie uns linear erscheint. Von solcher ganzheitlichen Warte ausgehend ist Weisheit eine weise Art des Umgangs mit der nichtlinearen Welt, die wir im Alltag als linear empfinden. In Wahrheit leben wir „in einer komplexen, dynamischen, nichtlinearen, sich in vielen Bereichen ohne unser Eingreifen auf erstaunliche Weise selbstorganisierenden Welt, in die wir restlos eingebunden sind. Insofern ist eine solche Sichtweise auch nicht wirklich ‚jenseitig' und esoterisch, sondern im Gegenteil auf radikale Weise diesseitig und empirisch." Der Weise weiß, „dass die Welt nicht einfach so ist, wie sie uns erscheint. Oftmals ist tatsächlich das genaue Gegenteil von dem, was uns als wahr erscheint, der Fall. Aus diesem Grund wirkt die Welt, wie sie ist, zuweilen seltsam verrückt." [230] Der Autor fährt fort, Weisheit sei daher in unserer Lebenswelt die Verwirklichung dessen, was die Wissenschaft einen optimalen Umgang mit der Komplexität der Welt nennen würde. Wir dächten in Polaritäten, die unser Denken, unsere Wahrnehmung und unser Handeln bestimmen. Tatsächlich spiele sich das alltägliche Leben jedoch zwischen den Polen ab. Weisheit sei die Kunst, die Mitte zu finden. Glück habe sehr viel mehr mit Weisheit zu tun, als wir glauben. Weisheit mag etwas sein, das uns gegenwärtig besonders fehlt. Ob wir sie fördern oder nicht, sei letztlich eine Frage des Überlebens.

4.6 Weise sind ideenlos

Europa habe von der Weisheit nur Trümmer bzw. einige vereinzelte Bruchstücke übrigbehalten. Wir hätten gelernt, dass Weisheit langweilig sei, während wir von ihrem Widerpart, dem abenteuerlichen, extremen, riskanten, zumindest fröhlichen Denken irgendein Zeichen, eine Offenbarung erwarten. Aus diesem Grund sei es notwendig (im Sinne von »Not [ab]wendend«), der Weisheit mit der Darlegung der ihr eigenen Logik erneut Substanz zu verleihen.

Wenn es bei uns Denkenden etwa heißt, dass jeder so seine eigenen Ideen und Vorstellungen hat, ist der Weise ohne Idee, weil er einzelne Ideen weder bevorzugt noch ausschließt, mithin an die Welt ohne vorgefasste Sichtweise herangeht: „Indem er seine Beziehung zur Welt vollkommen offen hält, kann er ihrer ganzen Vielfalt entsprechen und sich ungehindert jedem Einzelfall anpassen."[231] Der Weise vermeidet nicht nur, sich auf partikuläre Standpunkte zu fixieren, sondern entwickelt sich in Einklang mit dem Lauf der Dinge. Mithin enthalten sich Weise starrer Positionierungen. Es gibt diesen zirkulären Effekt von der Idee, die durch die ihr eigene Exklusivität zur Projektion von Imperativen dafür sorgt, dass wir eine bestimmte Position einnehmen. Und diese einengende Positionierung führt schließlich zur (Ein)Bildung unseres partikulären Ich. Nun wird aber dieses Ich, bei dem man ankommt, selbst wieder zum Ausgangspunkt

---

[230] Ebenda, S. 438
[231] Jullien, François: *Der Weise hängt an keiner Idee*, S. 22

von Ideen im Sinne von »dass jeder so seine eigenen Ideen« hat. Aus der dem Ich eigenen Partikularität ergibt sich die Parteilichkeit, die jeder Idee zugrunde liegt: Das Ich reduziert sich auf einen Stand- oder Blick-Punkt, der eine enge, monoperspektivische Sichtweise zur Folge hat. Weise ist, wer Sachverhalte von »allen« Seiten, d. h. multiperspektivisch zu betrachten bestrebt ist. „Der Weise ergreift Partei, doch ohne parteiische Voreingenommenheit. Er hütet sich irgendetwas auszuschließen, es gibt nichts, dem er von vornherein beipflichtet, und auch nichts, was er prinzipiell verwirft.“[232] Und wenn sie es noch so sehr überspiele, die Philosophie habe mit der Weisheit ein Problem. Anfangs sah es noch anders aus: Die Weisheit sollte das Ideal bleiben und die Philosophie ihr gegenüber ehrfurchtsvoll Abstand halten. Die Weisheit sei für Götter, meinte Platon, die Menschen könnten hingegen nur nach ihr streben und sie in Form der *philo-sophia* ,lieben‘. Das sei die List der Philosophie gewesen, denn diese Bescheidenheit habe nach Nietzsche nur dazu gedient, den Ehrgeiz der Philosophie zu verschleiern, während sie bereits bei Platon anhob, die Weisheit in die Schmähsphäre des unbewiesenen Wissens zu verbannen. Und diese Geringschätzung nahm stetig zu, bis die Weisheit von ihrer Über- zur Unter-Philosophie verkam: Sie sei ein Denken, das kein Risiko mehr einzugehen wage (die Wahrheit zu erreichen) oder das Verzicht übe – ein weiches, konturloses, stumpfes, gemäßigtes Denken. Kurzum: Ein flaches und rein residuales (Gemeinplatz)Denken, meilenweit entfernt vom faszinierenden Aufschwung der Ideen: Sie sei das Denken des nachlassenden Begehrens – doch denkt sie überhaupt noch? – bestenfalls ein resigniertes Denken. Während die Philosophie der Weisheit mit Verachtung begegnete, habe man weiterhin alles Denken, das ,dem Leben dient‘ als Weisheit bezeichnet. Ungeachtet der Vorbehalte sah man im Weisen denjenigen, der sein Denken in die Praxis umsetzt und sein Denken dahin orientiert, ,Glück‘ zu erlangen. Daher gebe es zwei verschiedene Arten der Einheit des Denkens zu unterscheiden. Auf der einen Seite die Vorgehensweise der Philosophie mittels Abstraktion und Konstruktion. Und auf der anderen die der Weisheit mittels Reihung

---

[232] Ebenda, S. 24

und Fortsetzung. Die Philosophie ‚fasst begrifflich' bzw. ‚entwirft',
während die Weisheit ‚durchzieht'. Während die Philosophie darauf
abzielt, die Differenz auf der Suche nach einer Wesensidentität aufzulösen, strebt die Weisheit danach, die Differenz zu verknüpfen, indem sie Dinge, so verschieden sie auch sein mögen, intern miteinander verbindet bzw. ‚kommunizieren' lässt. Zwar werde sich die Weis-
heitsrede von einer Bemerkung zur anderen unaufhörlich ‚modifizieren', doch wird durch ebendiese ‚Modifikation' stets ein und derselbe, sich ständig erneuernde Sinn ‚hindurchgehen'. Die philosophische Operation sei die der Systematisierung, die weisheitliche die der
Variation. Anders ausgedrückt: Die Logik der Philosophie sei eine Pa-
norama-Logik, die der Weisheit eine wandernde Logik der Evolution
durch Verwandlung. Was die Philosophie als Rätsel behandelt, das
gelte der Weisheit als ‚Evidenz'.

Im Unterschied zum Philosophen, der sich zumindest zu Beginn
der Tradition gerne für ein außergewöhnliches Wesen hielt, schreibt
sich der Weise keine besondere Begabung zu. Sein Verhalten sei »gewöhnlich«. Das Verborgene der Weisheit ist das Verborgene der ‚Evidenz' (= Immanenz). Und das, was am schwersten zu sehen oder zu
sagen ist, sei von der Art des Alltäglichen. Denn dieser Weg der Immanenz, aus dem unaufhörlich die Realität hervorgeht, stelle sowohl
das ‚Gute' als auch die ‚menschliche Natur' dar. Es obliege der Weis-
heitsrede, auf den Weg aufmerksam zu machen, dafür zu sorgen,
dass er bemerkt wird. Das kann beispielsweise in Form der rhetori-
schen Figur des Paradoxons geschehen. Die Philosophie ‚erfasst' und
‚begreift' (durch Begriffe) ihr Objekt, die »Wahrheit«, während die
Weisheit das Evidente ‚realisiert'. 'Realisieren' ist präziser als das einfache ‚Bewusstwerden' im Sinne der Erkenntnis, weil es nicht etwa
die Bewusstwerdung dessen ist, was man nicht sieht oder nicht weiß,
sondern im Gegenteil gerade dessen, was man sieht und weiß, ja sogar dessen, was man nur allzu gut weiß, was vor unseren Augen liegt.
Mit anderen Worten: Realisieren heißt, sich der Evidenz bzw. des realen Charakters der Realität bewusst zu werden. Die Weisheit sei somit kein Denken, das in den Kinderschuhen stecken blieb und nicht
zum Begriff vorgedrungen ist, vielmehr bringt sie ein anderes Verstehen als die Philosophie hervor. Sie bietet der Philosophie an, die Idee

der Wahrheit und des Begriffs zu modifizieren. Es mag paradox klingen, aber die Philosophie wird sich nicht von ihrer Geringschätzung als Wissenschaft befreien können, solange sie nicht auch eine andere Möglichkeit des Denkens in Erwägung zieht, desjenigen, das nicht in Begriffen denkt, des Denkens der Immanenz. Mit anderen Worten: solange sie nicht einen Begriff von Weisheit als Alternative zu ihrem abstrakten Denken in Form einer Philosophie der Weisheit gebildet und integriert hat. Denn ich wage eine Weis(e)sagung: Ob man es zum jetzigen Zeitpunkt wahrhaben will oder nicht, die wissenschaftliche Zukunft gehört der weisheitsgeleiteten Wissenschaft, der ich die Bezeichnung »Wissenheit« (*Sciedom*) verleihe, in der Wissenheitszweige wie Philosophie der Weisheit, Sophialogie u. Ä. eine tragende Rolle spielen werden.

Sobald die Argumentation die Oberhand gewinnt, Begriffe definiert werden, das ‚Wahre' dem ‚Falschen' entgegengesetzt wird, Positionen eingenommen, gegenübergestellt und verteidigt werden, sich das Denken historisiert, hat man es mit Philosophie zu tun. Doch das Umgekehrte ist ebenfalls wahr. Immer, wenn die Philosophie auf kritische Argumentation verzichtet oder zumindest zu ihr auf Abstand geht, wenn es sich weniger um ‚Wahrheitssuche' als den ‚Weg' eines ‚besseren Lebens' handelt, wird sie zur immerwährenden *philosophia perennis*[233]. Wenn dies geschieht, macht die Philosophie der Weisheit Platz. Während die Philosophie im Modus der Exklusion (wahr/falsch, Sein/Nichtsein) denkt und ihr ganzes Tun darin besteht, die Gegensatzbegriffe dialektisch zu entwickeln, denkt und handelt die Weisheit im Modus einer Komplementarität der Gegensätze, mithin nicht in dem des entweder/oder sondern in dem des Zugleich. Derjenige denkt weise, der über die Widersprüche hinauszugehen versteht, der nicht mehr ausschließt, der nicht das eine oder das andere wählt, sondern der das eine im anderen schätzt, weil er weiß, dass das eine nicht ohne das andere sein kann, da sich beide ergänzen. Während es ohne Rede keine Philosophie gibt, spricht der Weise so wenig wie möglich; wenn der Weise schweigt, dann deshalb, weil es nichts zu

---

[233] Philosophie im Hinblick auf die in ihr enthaltenen, überall und zu allen Zeiten geltenden Grundwahrheiten.

sagen gibt und nicht, weil er nichts zu sagen hätte. Während eine einzelne Rede nur einseitig ihre jeweilige Wahrheit zum Ausdruck bringen kann, sind zwei antithetische Reden in der Lage, die Wahrheit genauer zu erfassen. Durch Vergleich miteinander und Aufschlüsselung der von beiden Seiten vorgebrachten Argumente wird die Wahrheit erhellt und kann eher überzeugen. Der Philosoph rivalisiert mit den anderen um die Wahrheit, die Philosophie ist ein Wortstreit. Der Weise hingegen konkurriert nicht, er ist nicht bestrebt, sich durchzusetzen. Er strebt nicht danach, durch die Originalität seines Denkens einen Standpunkt von dem der anderen zu unterscheiden, sondern danach, alle anderen Standpunkte in sein Denken einzubinden und zu versöhnen. Vom Prinzip her ist Weisheit selbstreferenziell – statt die Zustimmung der anderen einzufordern, billigt sie sich selbst und ist sich selbst genug. Während sich die Philosophie eristisch-agonistisch gibt, verhält sich die Weisheit irenisch. Während die Philosophie dialogisch vorgeht und die Zustimmung der anderen verlangt, führt die Weisheit gewissermaßen Selbstgespräche und weicht tendenziell dem Dialog aus. Während die der Wahrheit verpflichtete Philosophie exkludiert, tritt die Weisheit universal auf, indem sie gegensätzliche Standpunkte von vornherein miteinschließt. Die Logik der Weisheit besteht in der Weigerung, das Widerspruchsprinzip zu thematisieren. Die wahre Mitte der Weisheit ist die variable Mitte, indem sie zwischen den Gegensätzen oszilliert. Das Gegenteil der Weisheit ist das Partikuläre, Parteiische. Ganz allgemein beruht das Unglück der Menschen darauf, dass ihr Geist von der partikulären Ansicht der Dinge geblendet ist und sie die Logik des Ganzen außer Acht lassen. Indem sie sich auf bestimmte Punkte konzentrieren, übersehen sie die globale Dimension der Realität. Sie achten nur auf einen, bestenfalls einige Aspekte der Dinge und vernachlässigen die anderen. Indem man das eine sieht, sieht man das andere nicht mehr, und da sich alles vom Rest unterscheidet, verdeckt es sich gegenseitig. Für sich genommen hat jeder recht, verfährt jedoch reduktionistisch, sofern er eine ‚Ecke' für das Ganze hält. In dem Fall beschränkt sich der Geist lediglich auf einen oder wenige Aspekte der Dinge. Es ist die Logik der Nichtausschließung, die keine Seite beiseitelässt und es zulässt, gegensätzliche Standpunkte koexistieren zu lassen. Beim Weisen ersetzt der Sinn die Wahrheit und tritt an ihre Stelle, ohne nach dem Sinn zu fragen. Derjenige ist weise, der sich die Frage nach dem Sinn nicht mehr stellt, da für ihn alles (s)einen Sinn hat. Weise ist der, für den Welt und Leben sinnvoll sind. Weise ist der, der zu realisieren vermag, dass alles so ist wie es ist. Weise ist, wer zu erkennen vermag, wie jeder auf seine Weise recht hat. Trennungen verbauen uns den Zugang zur Evidenz. Die Disjunktion sei der zwangsläufige Endpunkt einer Entwicklung, die uns Schritt für Schritt von dem Gebot, alles Existente gleichberechtigt zu behandeln, entfernt hat. Es müsse zunächst eine Dissoziation (Trennung von Wahrnehmungs- und Gedächtnisleistungen, die normalerweise zusammengehören) stattgefunden haben, damit anschließend eine Disjunktion (Trennung, Sonderung, entweder-oder) möglich wird: Die Weisheit geht bereits im Stadium der Dissoziation verloren. Ihr geht es nicht um die Erreichung einer höheren Wahrheit, sondern um eine innere Befreiung durch den Verzicht auf Voreingenommenheit. Auf diese Weise ‚vereint‘ sie sich mit den ‚Disjunktionen‘ der Welt. Es gelte immer und überall als Charakteristikum der Weisheit, jene oberste, ‚dramatischste‘ Disjunktion – die zwischen Leben und Tod – zu reduzieren. Wenn man mit den Dingen in Einklang steht und im Moment ruht, gebe es keine Möglichkeit mehr, den Tod vom Leben zu unterscheiden. Da der Weise mit dem Wandel der Dinge eins ist, sind auch Leben und Tod für ihn wie eins. Die globale Sichtweise des Weisen sei keine ‚Erleuchtung‘. Der, dessen Geist vollkommen ‚offen‘ ist, passt sich den Disjunktionen der Welt an, ist aber selbst ohne Disjunktion. Logisch betrachtet ist die ‚Sicht‘ des Weisen nichts anderes, als die Bereitschaft, koexistieren zu lassen. Indem man dem folgt, was spontan so ist, wie die sich im Wind wiegenden Zweige, vergisst man die Disjunktionen. Doch nichts ist schwieriger, als die Immanenz des ‚so‘ zu erfassen. Und zwar eben deshalb, weil man es nicht wie einen Gegenstand zu ‚fassen‘ bekommt. Um die Natur des ‚so‘ – im Sinne von ‚es ist so‘ und des ‚von selbst so‘ – zu verstehen, müssen wir, der Logik der Weisheit folgend, jegliche Disjunktionen überwinden. Der Weise nimmt die Dinge ‚wie sie kommen.‘ Weisheit besteht darin, vom besitzanzeigen-

den ‚sein‘ des An-etwas-Haftens zum ‚sein‘ der Immanenz überzuge-
hen. Sie besteht darin, seine eigene Perspektive mit derjenigen eines
jeden Dinges koinzidieren zu lassen, wodurch für den Weisen ‚seine‘
Perspektive nicht mehr die seine ist. Daher bedeutet auch die Formel,
wonach die Weisheit darin bestehe, nicht zu urteilen, sondern zu begreifen, dass alles gerechtfertigt werden kann. Indem er auf Wahr-
heitsurteile verzichtet hat, vereinigt sich der Weise mit der Kongruenz: indem er sich von jedem kategorischen Urteil befreit hat, urteilt
er ‚je nachdem‘. Wenn man auf beiden Seiten geht, gibt es keine Seite
mehr, man hat die Einseitigkeit des Urteils verlassen, um in der natürlichen Gleichheit zu ruhen. Der Weise ist umfassend ‚verständnisvoll‘, weil er ruhig, entspannt, gelassen ist. Wenn der Geist des Weisen vage und ‚einfältig‘ (arglos-gutmütig) zu sein scheint, dann eben
deshalb, weil er nicht zulässt, dass es zwischen den Dingen zu Trennungen kommt, da er sich der Welt nicht gegenüberstellt, sondern
sie ‚begleitet‘. Im Gegensatz zu den disjunktiven Urteilen, bei denen
entweder das eine oder das andere vorliegt, vermag der Weise durch
die Unterschiede hindurch zu erkennen, dass das eine und das andere im Grunde ‚kommunizieren‘, dass sie miteinander verbunden
sind, dass sie eine gemeinsame Basis haben. Diese Einheit ist nicht
metaphysisch in dem Sinne, dass alles eins ist, sondern ebenso per-
vasiv (allgegenwärtig, durchdringend) wie prozessiv (in ständiger
Weiterentwicklung begriffen). Der Weise behauptet nicht, dass die
Unterschiede nur Schein seien, er verneint ihre Existenz nicht, aber
er versucht, die ihnen zugrunde liegende Einheit des undifferenzierten Quells allen Seins mitzuberücksichtigen. Statt sich durch die Unterschiede begrenzen zu lassen, will er über sie hinausgehen – vermag er sie zu relativieren. Indem er die Einheit der Unterschiede
wahrnimmt, besitzt er einen freien Geist. Die Sprache unterminiert
sich unablässig selbst, indem sie mit Hilfe von Disjunktionen operiert.
Die logische Disjunktion führt zu ihrer logischen Destruktion.

Alles hängt davon ab, womit man vergleicht, nichts ist an sich und
durch sich bestimmbar und folglich auch nicht genau qualifizierbar.
Es gibt stets etwas Größeres, womit verglichen das Betreffende klein
ist, und stets etwas Kleineres, demgegenüber es vergleichsweise groß
ist. Man kann also von nichts sagen, es sei an sich ‚groß‘ oder ‚klein‘,

wodurch sich die Disjunktion auflöst. Analog verhält es sich hinsichtlich ähnlicher Wertkategorien: Was für den einen gut ist, mag einem anderen missfallen. Es gibt nichts an sich Gutes, nichts an sich Wahres, nichts an sich Schönes. Die Einsicht, dass alles relativ ist, führt zur Einsicht, dass nichts ‚für sich genommen‘ ist, dass also nichts ist: das Verb ‚sein‘ löst sich diesbezüglich auf. Solange wir uns mitten in einem Traum befinden, wissen wir nicht, dass es ein Traum ist. Der Weise vermag zu erkennen, wie die auf einem gemeinsamen Grund beruhenden Differenzen sich dadurch rechtfertigen, dass sie ein Ganzes bilden – die Welt. Dass es aller Unterschiede bedarf, um eine Welt zu bilden. Wenn man selbst weiß, dass man nichts weiß, läuft dies darauf hinaus, Wissen zu besitzen. Während das Wissen die Wahrheit zum Ziel hat, zielt das Nicht-Wissen auf Kongruenz ab. Was man gemeinhin ‚Wissen‘ nennt, blockiert nunmehr die Immanenz. Wenn also Nicht-Wissen den Weg zur Weisheit eröffnet, dann einzig und allein deshalb, weil man sich, indem man sich nicht mehr ‚erkundigt‘, darauf einstellt, das, was kommt, anzunehmen, wie es kommt, die Dinge also so zu nehmen, ‚wie sie kommen‘, weil man von nichts mehr erschüttert oder beunruhigt wird (Ataraxie). Die Beendigung der endlosen Suche nach Wissen verhindert, die Welt und das Leben als Rätsel zu betrachten. Die Philosophen verfälschen und führen uns das Erscheinungsbild der Natur mit verzerrten Zügen vor Augen. Hieraus entstehen die völlig uneinheitlichen Darstellungen eines derart einheitlichen Gegenstands. Wie die Natur uns mit Füßen zum Gehen versehen hat, so mit Weisheit zu unserer Lebensführung.

Wenn man die Weisheit von der Philosophie und den an ihrem Rande anzutreffenden Denkrichtungen zu unterscheiden versucht, wird deutlich, dass sie sich nicht klassifizieren lässt. Dies macht sich unter anderem dort bemerkbar, wo es um das Diskutieren geht. Denn der Weise diskutiert nicht, sondern variiert. Wie jede Unterscheidung auf Nichtunterschiedenem basiert, so auch jede Diskussion auf Nichtdiskutiertem. Wie jeder Differenz als Ausgangspunkt ein Undifferenziertes zugrunde liegt, von dem sich ein Unterschied abheben kann, so setzt jede Diskussion, damit die beiden Parteien einander hinreichend verstehen und sich als Gegensätze positionieren können, etwas Nichtdiskutiertes voraus, das aber eben deshalb nicht zu Diskussion gestellt werden kann. Was also außerhalb der Diskussion bleibt, ist das Unbestreitbare und gerade dank dieser unbestreitbaren Grundlage sind wir in der Lage ein Streitgespräch zu führen, zu diskutieren. Mit anderen Worten: Es bleibt stets eine Grundlage der Debatte, an die diese Debatte nicht rührt. Oder noch anders ausgedrückt: Eine Meinungsverschiedenheit ist nur auf der Grundlage einer – unausgesprochenen – Übereinstimmung möglich. Hingegen hält der Weise die Aspekte zusammen, statt sie auf Konfrontationskurs gehen zu lassen. Demgegenüber ziehen es die meisten anderen vor, zu diskutieren. Jeder will den anderen aufzeigen, was oder wie man es selbst sieht. Der Gedanke liegt nicht fern, dass es unter dem äußeren Schein der Debatte darüber, was wahr oder die Wahrheit ist, letztlich immer schon um eine Zurschaustellung geht: jegliche Gegenüberstellung, auch die der Argumente, hat etwas von einer Inszenierung an sich. Daher enthält jede Diskussion (etwas) Unbeachtetes. Was nicht nur bedeutet, dass man in jeder Diskussion nur seinen eigenen Standpunkt sieht, ohne sich dem des anderen zu öffnen, sondern, dass jede Diskussion, indem sie Positionen hervorhebt und damit zur Konfrontation führt, nur oberflächlich sein kann. Wir diskutieren stets nur die Schaumkrone der Dinge, denn wir diskutieren stets nur das Diskussionswürdige, das Bestreitbare. Was die Diskussion zum Vorschein bringt ist immer durch den Konflikt bestimmt, der sie strukturiert. Da hierdurch jede Diskussion, jede Debatte, jeder Diskurs das Produkt einer Montage ist, bleibt dabei alles aus dem Spiel, was sich einer Gegenüberstellung entzieht: sie lassen von vornherein alles außer Acht, was nicht widerlegt, entgegengesetzt, bestritten werden kann. Sie ignorieren konsequent alles, was nicht Gegenstand einer Kontroverse zu sein vermag. Eine Diskussion wird auf diese Weise prinzipiell oder unbewusst gerade das Wesentliche beiseitelassen: jene Basis der Dinge, die sich, weil sie allem zugrunde liegt, nicht trennen lässt. Auf sie hat die Diskussion keinerlei Zugriff. Die Evidenz zeichnet sich bekanntlich dadurch aus, dass über sie nicht diskutiert werden kann. Nun sind wir von dieser Evidenz aber allseits derart durchdrungen, dass wir sie gar nicht mehr wahrzunehmen vermögen. Sie bleibt unbemerkt, weil wir sie ständig vor Augen haben.

Statt zu diskutieren, gleicht der Weise, der alles erfasst und umfasst, einem Gefäß, dass den Himmel, das Natürliche, d. h. die Immanenz aufnimmt, also das, wovon uns die Diskussion immer weiter entfernt, da sie das Ergebnis von Abgrenzungen ist. Dis-junktion, Dis-kussion: das *dis-* als Präfix mit der Bedeutung »zwischen, auseinander, hinweg« (lateinisch für »entzwei«) bringt eine Trennung zum Ausdruck. Zuerst gibt es eine Unterscheidung bzw. Distinktion und aus ihr ergibt sich dann die Diskussion (lateinisch *discussio* = eigentlich: Erschütterung, *discutere* = zerlegen, zerteilen, zerschlagen). Das eine zieht das andere nach sich. Eine Diskussion besteht darin, dass der eine behauptet, es sei dies, während der andere behauptet, es sei nicht dies, womit notwendigerweise der eine recht hat und der andere nicht. Da der Weise keine Trennung kennt, bleibt ihm mithin der Weg der Diskussion verschlossen. Stattdessen setzt er auf Variation im Selbstgespräch. Statt am Spiel der Gegensätze Gefallen zu finden, harmonisiert er.

4.7 Prinzipien des gelingenden Lebens

Die Weisheitsforscherin Judith Glück befasst sich mit dem Faszinosum Weisheit seit dem Jahr 1999. Hinsichtlich der Grundmerkmale weisen Denkens und Handelns kommt sie demzufolge letztlich zu den gleichen Erkenntnissen, wie ihre Fachkollegen (m/w): Ein weiser Mensch müsse in der Lage sein, auch komplexe und widersprüchliche Sachverhalte von verschiedenen Seiten zu betrachten, um möglichst viele ihrer Aspekte zu erfassen und zu durchdringen. Wissen allein genügt nicht, er muss darüber hinaus überdurchschnittlich empathiefähig sein und aktiv zuhören können. Weise Menschen akzeptieren und respektieren andere und verachten und verurteilen nicht. Sie sind gelassen, souverän und ruhen in sich. Sie sind mit sich und dem Leben im Reinen und engagieren sich für die Schwächeren und weniger Glücklichen. Der Weg zur Weisheit sei lang, steinig und häufig steil und unbequem. Die Entwicklung zur Weisheit erfordere eine intensive Auseinandersetzung auch mit den weniger schönen Seiten des Lebens. Wir alle erleben Dinge, die uns belasten und die wir irgendwie zu bewältigen versuchen. Dabei erscheint es uns leichter, Unangenehmes wie Schuldgefühle und Ängste zu verdrängen als sie auf dem beschwerlicheren Weg der Weisheit wahr- und ernst zu nehmen, unser Verhalten zu hinterfragen, uns in andere hineinzuversetzen und immer wieder Neues über uns zu lernen. Doch nur auf dem Weg der Weisheit können wir dem Ideal des gelungenen Lebens, des Friedens mit uns selbst und unserer Mitwelt immer näher kommen.

Interessanterweise habe sich die Philosophie, die die Liebe zur Weisheit im Namen trägt, selten und der Neuzeit noch weniger als vorher mit der Weisheit als menschlicher Eigenschaft befasst. Ihr ging es seit jeher eher darum, weise Gedanken und Ideen zu beschreiben. Eigenschaften wie Weisheit, die sich erst im Laufe des Erwachsenenalters entwickeln und noch dazu nur bei manchen Menschen, standen seitens der Wissenschaft zu allen Zeiten im Hintergrund. Überhaupt interessieren sich bislang nur sehr wenige Forscherinnen und Forscher für dieses Thema. Denn an eine so komplexe Eigenschaft wie Weisheit, welche die größeren Zusammenhänge und deren ethische Bedeutung zu erkennen vermag, die sich jedoch nicht präzise definieren und schon gar nicht messen und in Zahlen ausdrücken lässt, wagt sich die Wissenschaft nicht heran. Doch der Hauptgrund dürfte darin liegen, dass wohl die wenigsten Forscher mit ihrer eigenen Weisheit hinreichend vertraut sind, um sie fundiert erfassen zu können: denn über Weisheit sollte nur theoretisieren, wer aus eigener Erfahrung weiß, wie sie sich anfühlt. Doch da die Autorin die Auffassung vertritt, dass Weisheit eine seltene und außergewöhnliche Eigenschaft ist und es den meisten von uns deshalb nicht vergönnt sei, sie zu erwerben[234], verwundert es nicht, dass Weisheit seit jeher einen unbedeutenden Stellenwert besitzt und sich kaum jemand für deren Erforschung interessiert. Die stiefmütterliche Behandlung dieser ultimativen menschlichen Glückseligkeits-Kompetenz ist genau darauf zurückzuführen: Der Ansicht oder der Absicht, dass Weisheit nur wenigen Auserwählten zugänglich sei. Hierdurch wird das Phänomen Weisheit im Katalog der zu fördernden angeborenen Anlagen ausgeblendet. Aber Veranlagungen, in denen wir uns nicht üben, kommen nicht zur Geltung, führen ein Schattendasein und verkümmern.

---

[234] Glück, Judith: *Weisheit*, S. 16

Um Weisheit zu entwickeln, bedürfe es einer besonders intensiven und auch selbstkritischen Auseinandersetzung mit den Erfahrungen des Lebens. Weise Menschen wissen, was ein gelingendes Leben ausmacht und wie sie anderen Menschen in schwierigen Lagen zur Seite stehen können. Nur wenigen Menschen gelinge es, sich durch intensive Auseinandersetzung mit dem Leben kontinuierlich weiterzuentwickeln, indem sie offen für neue Erkenntnisse bleiben. Mithin haben weise Menschen ein breites und tiefes Wissen über das Leben und sind in der Lage, schwierige Probleme in ihrer Komplexität zu erfassen. Gegenüber dem Leben weisen sie eine ganz bestimmte Haltung auf, die weniger mit Denken als mit Fühlen zu tun habe. Ihre Offenheit für neue Erfahrungen und Erkenntnisse befähigt sie, Gefühle bei sich selbst und bei anderen differenziert wahrzunehmen und mit ihnen je nach Situation optimal umzugehen. Weise Menschen können sich in andere sowohl hineinfühlen als auch hineindenken – sie fühlen sich anderen Menschen verbunden und empfinden Mitgefühl auch für diejenigen, die ihnen nicht nahestehen. Ein weiteres zentrales Charakteristikum von Weisheit sei die Selbsttranszendenz. Weise Menschen setzen sich intensiv und kritisch mit sich selbst auseinander und sind in der Lage, sich selbst mit allen ihren Stärken und Schwächen so zu akzeptieren, wie sie sind. Im Kern ihres Wesens sind sie unabhängig von jenen äußeren Dingen, die den meisten von uns wichtig sind, wie etwa Statussymbole oder die Anerkennung durch andere. Selbsttranszendente Menschen fühlen sich als Teil eines großen Ganzen nicht nur mit der ganzen Menschheit verbunden. Weise sind in der Lage, zum Wohle aller Beteiligten eine Balance zwischen sich widersprechenden Anforderungen zu finden.

Auf dieser Grundlage ergeben sich für die Autorin fünf Weisheits-Prinzipien:

1.	Offenheit

Weisheit kann sich dann entwickeln, wenn Menschen bereit sind, sich zu verändern. Wenn sie neuen Erfahrungen nicht mit einer vorgefassten Sichtweise begegnen, die sie beibehalten wollen, sondern willens sind, sich überraschen, beeindrucken und überzeugen zu lassen. Weise Menschen haben sich somit die Fähigkeit des Staunens, des Wahrnehmens ohne sofortiges Einordnen erhalten. Würden wir schon als Kleinkinder so unflexibel an unseren Vorstellungen festhalten, wie wir es als Erwachsene tun, kämen wir in unserer Entwicklung nicht weit. Weisheitsgeleitete Menschen sind sich dessen bewusst, dass eine Veränderung der eigenen Denkmuster auch noch im Erwachsenenalter die Perspektive erweitern, das Leben bereichern und es letztlich leichter machen kann. Sie sind bereit, etwas Neues auszuprobieren, und haben dadurch gelernt, dass es sehr unterschiedliche Sichtweisen auf das Leben gibt. Diese Bereitschaft ist jedem angeboren, verliert sich jedoch im Laufe des Lebens dann, wenn sie erziehungsseits – wie es üblicherweise der Fall ist – systematisch konterkariert wird. Während man also von klein auf darauf eingeschworen wird, sich seiner selbst und des eigenen Rechthabens sicher zu sein, wird man im Laufe des Lebens immer öfter mit Widersprüchen und Paradoxien konfrontiert. Demzufolge sollte man eigentlich an der Allgemeingültigkeit der eigenen Sichtweisen zu zweifeln beginnen. Doch kaum jemand ist bereit, solche Widersprüche gerade auch im eigenen Ich zu erkennen und zu lernen, sie zu akzeptieren und zu integrieren. Hierdurch wird auch die wertende Haltung gegenüber anderen Menschen und Sachverhalten nicht aufgegeben. Somit erreichen nur sehr wenige Menschen jene Reife, die von Akzeptanz gegenüber der Unterschiedlichkeit von Menschen und sonstigen Erscheinungen gekennzeichnet ist. Weisen Menschen gelingt es, Erlebnisse auf eine konstruktive, lebensbejahende, d. h. weise Weise zu verarbeiten. Ein Mensch, der für die Anschauungen anderer offen ist, versteht damit umzugehen, dass diese sich von seinen eigenen unterscheiden. Er hat es nicht nötig, andere Perspektiven als dümmer oder naiver als die eigene zu betrachten, um seine eigene nicht infrage stellen zu müssen. Weise Menschen wissen, dass sich alles im Leben verändert, diese Veränderungen jedoch keine Katastrophen sind, sondern das Potenzial für Entwicklung und Wachstum in sich bergen.

2. Der gute Umgang mit Gefühlen

Die Intensität unserer Gefühle hindert uns daran, ruhig zu überlegen und klar zu denken, und vor allem auch daran, uns bewusst zu machen, wie unwichtig eine Situation eigentlich ist. Weise Menschen sind sich dessen bewusst, ohne ihre Gefühle zu ignorieren oder zu verdrängen. Bei den meisten von uns reicht bereits ein Satz, den jemand sagt, oder eine Zeile in der Zeitung, um eine intensive körperliche Reaktion hervorzurufen. Emotionen entstehen in einem engen Wechselspiel von Denken und körperlichem Empfinden. Sensiblen Menschen fällt es nicht schwer, ihre Gefühle wahrzunehmen. Oft sagen die subtilen Gefühle, die ‚kleinen Stimmen' im Inneren, etwas Wichtiges. Ein Kennzeichen eines weisen Umgangs mit Gefühlen ist die Bemühung, alle Gefühle zuzulassen. Weisen Menschen gelingt es, Freude in vollem Umfang zu genießen, weil sie wissen, wie kostbar Freuden sind. Andererseits können Weise Kritik annehmen ohne sich zutiefst verletzt zu fühlen. Der weise Umgang mit Gefühlen erfordert mithin einerseits die Bereitschaft, sie überhaupt zu bemerken und anzuerkennen, sich auf sie einzulassen und andererseits die schmerzhaften so weit wie möglich auszuhalten. Gefühle sagen uns viel darüber, wer wir eigentlich sind. Wenn wir uns ihrer bewusst sind, können wir sie konstruktiv nutzen. Weise Menschen haben Verständnis für sich selbst und andere entwickelt. Dadurch sind sie nicht verletzlich, haben es nicht nötig, sich gegen Kritik von außen abzusichern und keine Angst vor Unwägbarkeiten. Zudem bedeutet Weisheit, seine eigenen Grenzen klar zu kennen und gegebenenfalls anderen zu signalisieren. Eine grundlegende weise Erkenntnis über das Leben, die außerordentlich platt klingt, die aber die wenigsten Menschen gefühlsmäßig erfassen und verinnerlichen, ist die, dass alle anderen Menschen ebenso fühlende und denkende Wesen sind wie wir selbst und nicht nur Statisten auf unserer Lebensbühne. Weise Menschen bereuen nichts, weil sie jede Erfahrung als Lektion begreifen.

3. Einfühlungsvermögen

Ein emotionales Hineinversetzen in Gefühle anderer bewirkt nicht notwendigerweise das, was üblicherweise mit Mitgefühl assoziiert wird, nämlich den Wunsch, dem Wesen, das da leidet, auch zu helfen. So reagieren wir beispielsweise auf ein schreiendes Baby im Flugzeug nicht zwangsläufig mit dem Verlangen, es zu trösten. Es erzeugt in uns nicht etwa ein liebevolles Mitgefühl, vielmehr eine unmittelbare Missempfindung, die uns vom Entspannen oder Schlafen abhält oder in unserer (flugangstbedingten) Angespanntheit bestärkt, und von der wir uns daher dringend wünschen, dass sie aufhört. Wir sind imstande, unsere emotionale Ansteckung ein- oder auszuschalten und sie nur dann zu mitfühlender Sorge werden zu lassen, wenn uns die Person, die da leidet, in irgendeiner Form nahesteht. Das Mitempfinden von Leid kann insbesondere dann leicht ausgeblendet werden, wenn die betroffene Person einer anderen, als fremd empfundenen Gruppe angehört. So ist es erklärbar, dass viele Menschen kein Mitgefühl beispielsweise mit jenen empfinden, die aus ihrer Heimat flüchten, sondern im Gegenteil, ihnen noch Schlimmeres wünschen. Das Nichtmitfühlen mit jenen, die wir nicht als zu uns gehörig empfinden oder die mit uns tatsächlich oder vermeintlich konkurrieren, gehört so zu unserer Natur wie Mitgefühl. Wir alle haben also von Natur aus eine gewisse Neigung unser Mitgefühl abzuschalten, wenn es um Menschen geht, die wir als anders oder einer fremden Gruppe zugehörig empfinden. Weisen gelingt es, solche Instinkte zu überwinden. Dies liegt daran, dass sie sich mit der ganzen Menschheit verbunden fühlen. Zu den vielen Illusionen, die weise Menschen überwunden haben, gehören somit auch Stereotype, die Vorstellung, dass andere Menschen rein aufgrund der Tatsache, einer bestimmten Gruppe anzugehören, bestimmte Eigenschaften haben oder gar charakterschwach, niederträchtig und böswillig sind. Stereotype werden problematisch, wenn sie zu Vorurteilen werden. Weise Menschen versuchen sich ihrer Stereotype bewusst zu sein und sich von ihnen nicht in ihrem Verhalten leiten zu lassen. Wenn es um Weisheit geht, ist vor allem die Fähigkeit wichtig, die Sicht einer anderen Person nachvollziehen zu können und die Gefühle anderer auszuhalten. Empathie mag nicht immer dazu führen, dass man sich für andere einsetzt. Durch die Medien werden wir jedoch heutzutage gezielt mit so viel Leid bzw. nahezu ausschließlich BadNews konfrontiert, dass man nicht mehr anders kann, als darüber hinwegzusehen. Weise vermögen zu erkennen, woran es Menschen hinsichtlich ihres »Seelenheils« mangelt und es auf eine Art zu vermitteln, die jene auch annehmen können.

4. Kritisches Reflektieren

Weise Menschen denken mehr nach als andere und vor allem etwas weiter. Die meisten von uns neigen dazu, einfachen Erklärungen komplexer Sachverhalte vertrauensselig Glauben zu schenken. Wenn beispielsweise Politiker versprechen, Probleme, die seit jeher zur Lösung anstehen, durch gesunden Menschenverstand zu lösen, zieht dies das hoffnungsvolle Wahlvolk an. Weisheitsbezogene Menschen macht es hingegen skeptisch. Sie wissen, dass die Hintergründe solcher Probleme komplex sind, dass es viele Beteiligte mit unterschiedlichen Perspektiven und Bedürfnissen gibt und bei solcherart Lösungen zumeist die Schwächeren auf der Strecke bleiben. Weise Menschen suchen nach Lösungen, die die unterschiedlichen Aspekte und Interessen ausbalancieren. Sie streben nach Kompromissen, die im Rahmen der Gegebenheiten das Wohl aller Beteiligten berücksichtigen.

Wir neigen dazu, das Verhalten von Menschen auf ihre Persönlichkeit zurückzuführen, statt auf die Situation, in der sie sich befinden. Wenn uns ein Fremder unfreundlich begegnet, schließen wir daraus, dass es sich bei ihm um einen unfreundlichen Menschen handelt und nicht, dass er gerade Schmerzen oder mit seinem Vorgesetzten, Lebenspartner oder aus irgendeinem anderen Grund Ärger hat. Sind dagegen wir selbst gegenüber jemand unfreundlich, betrachten wir es völlig anders. Weise Menschen berücksichtigen den Kontext und die Situation, wenn sie das Verhalten von Menschen zur Kenntnis nehmen. Sie beurteilen und verurteilen nicht. Sie haben den gesunden mutigen Ehrgeiz, ihr eigenes Verhalten kritisch zu hinterfragen, die Verantwortung für ihr Handeln zu übernehmen und daraus zu lernen. Sie wollen sich durch die intensive Auseinandersetzung mit Erfahrungen weiterentwickeln und ihre Perspektive erweitern. Sie durchdenken ihre Erlebnisse und ziehen jene Schlüsse daraus, die ihre Weisheit steigern.

In unserer Gesellschaft wird bewusst und unterbewusst viel mit Angst gearbeitet. Es wird von der Kirche, in der Medizin, in der Politik mit Angst gearbeitet. Angst wird immer gemacht. Angst ist immer nützlich, denn damit kann man Menschen manipulieren. Weise Menschen sind diesem Angstmachen gegenüber sensitiv. Sie erkennen sofort, wo gelogen und Angst gemacht wird, wo Menschen manipuliert werden. Reflexivität erfordert ein Mindestmaß an Weisheit, da es darum geht, über komplexe Sachverhalte in entsprechender Komplexität nachzudenken.

5. Überwindung der Kontrollillusionen

Wir alle haben unsere Illusionen. Mehr als die Hälfte der Menschen glaube, überdurchschnittlich intelligent zu sein. Fast alle halten sich für gute Menschen und seien mit ihrem Leben zufrieden. Und natürlich hegen wir keinen Zweifel, mit unseren Überzeugungen im Recht zu sein. Ein besonders interessanter Bereich seien die sogenannten Kontrollillusionen: Viele Menschen überschätzen den Einfluss, den sie selbst auf die Ereignisse in ihrem Leben haben. Andererseits ist es unserer Lebensfreude zuträglich, zu glauben, im Großen und Ganzen die Kontrolle über unser Schicksal zu haben. Tatsächlich belegen Studien, dass das Gefühl, das eigene Leben selbst steuern zu können, das Wohlbefinden beeinflusst. Menschen fühlen sich umso wohler, je überzeugter sie sind, selbst etwas tun zu können, um ihre Ziele zu erreichen. Das Gefühl, hilflos und auf andere angewiesen zu sein, macht uns schwach und passiv. Weshalb ist Kontrolle so wichtig für uns? Schon als Kinder sind wir bestrebt, zu verstehen, wie die Welt um uns herum funktioniert. Welche Reaktionen erhalte ich auf welches Verhalten? Was muss ich tun, um das zu bekommen, was ich brauche? Es ist sozusagen die Hauptaufgabe Heranwachsender, die Gesetzmäßigkeiten der Welt abschätzen zu können, um daran das eigene Verhalten auszurichten. Dieses Vertrauen in die Welt bedeutet zugleich Selbstvertrauen. Wenn die Signale des Kindes verstanden und richtig beantwortet werden, lernt das Kind, dass es selbst in der Lage ist, die richtigen Signale auszusenden, also seine Umwelt aktiv zu beeinflussen. Dieses Gefühl von Sicherheit in der eigenen Welt ist die Basis für gesunde Kontrollillusionen. Kinder, deren Bezugspersonen ihnen diese Sicherheit nicht geben können, entwickeln weniger vertrauensvolle Grundvorstellungen von ihrer Mit- und Umwelt. Kontrollillusionen wirken sich demnach auf unsere Selbstwirksamkeitsüberzeugung aus, in schwierigen Situationen das tun zu können, was wichtig ist. Selbstwirksamkeitsüberzeugungen beeinflussen daher stark, wie wir uns in einer Situation verhalten. Kontrollillusionen mögen nur bedingt realistisch sein, aber sie wirken auf uns beruhigend. Wie verhält es sich damit bei weisen Menschen? Wenn jene klarer sehen als andere, dann dürften sie auch Kontrollillusionen durchschauen. Ist es realisierbar, sich der Grenzen der eigenen Möglichkeiten bewusst zu sein, ohne in Ängstlichkeit oder Depression zu verfallen? Weisen Menschen gelingt es, mit Unkontrollierbarkeit umzugehen, weil sie sie annehmen können. Sie haben aus Erfahrungen gelernt, dass Dinge jederzeit und an jedem Ort geschehen können. Sie kalkulieren den Spruch „erstens kommt es anders und zweitens als man denkt" ins Leben mit ein. Sie haben gelernt, mit dem, was auch immer passieren mag, umzugehen und möglichst daran zu wachsen und sich weiterzuentwickeln. Sie sind an dem Punkt angelangt, an dem man akzeptiert, dass es so ist, wie es ist und die Frage nach dem Warum in den Hintergrund tritt.

Die fundamentalste Erfahrung von Unkontrollierbarkeit ist die Auseinandersetzung mit unserer eigenen Sterblichkeit. Wie gehen weise Menschen mit dem Tod um? Sie akzeptieren den Tod als einen integralen Teil des Lebens. Im Stadium der selbsttranszendenten Weisheit nehmen sie ihre Existenz, d. h. sich selbst, nicht mehr wichtig. Sie fühlen sich anderen Menschen, der Natur, dem Universum verbunden und erleben sich über ihre eigene Existenz hinaus als Teil eines größeren Ganzen. Sie setzen sich intensiv mit sich selbst auseinander und lernen dabei, auch ihre Schwächen, dunklen Seiten und Widersprüchlichkeiten anzunehmen und in ein wohlwollendes Bild von sich selbst zu integrieren. Durch dieses intensive Spüren des eigenen Selbst sind sie zunehmend unabhängiger von anderen Quellen der Selbstbestätigung wie beruflichem Erfolg, finanziellem Status oder auch der Anerkennung und Liebe anderer. Das bedeutet nicht, dass selbsttranszendente Menschen selbst nicht lieben können, im

Gegenteil. Gerade weil ihr Selbstvertrauen nicht davon abhängt, geliebt zu werden, können sie andere selbstlos so sehen und akzeptieren, wie sie sind. Im Alltag kann man oft Menschen erleben, für die es ungeheuer wichtig ist, in einer Auseinandersetzung recht zu behalten, nicht um der Sache willen, die zur Diskussion steht, sondern weil sie eine »Niederlage« in ihrem Selbstvertrauen treffen würde. Einem weisen Menschen geht es um die Sache und wenn ein anderer fundiertere Argumente vorbringt, lässt er sich überzeugen, ohne sich deshalb unterlegen zu fühlen. Auch daran ist ersichtlich, wie sehr das Kontrollbedürfnis – recht behalten, bestimmen, sich durchsetzen – mit innerer Schwäche bzw. fehlendem Selbstvertrauen zusammenhängt. Selbsttranszendenz hat viel mit Urvertrauen, d. h. Spiritualität zu tun. Spirituell orientierten Menschen fällt es leichter, mit Unkontrollierbarem und Unvorhersehbarem, mit Zufällen umzugehen, weil sie sie letztlich auf das Wirken irgendeiner Art von höherer Instanz oder Planung zurückführen: Es ist wie es ist, und so, wie es ist, ist es gut. Sie sind beseelt von Dankbarkeit als der Wertschätzung dessen, was einem vom Leben geschenkt wird. Eine konkrete Form von Dankbarkeit, die weise Menschen häufiger erwähnen als andere, ist die Dankbarkeit für ihren Partner oder ihre Partnerin. Weise Menschen haben weniger Illusionen über die Kontrollierbarkeit der Dinge in ihrem Leben, aber sie machen sich zugleich nichts vor, was ihre Verantwortung für die ihnen zuteilwerdenden Dinge betrifft. Weisheit besteht also nicht allein im Fehlen von Kontrollillusionen, es gehört auch das durch Lebenserfahrung erworbene Bewusstsein der eigenen Möglichkeiten und Stärke dazu. Weise Menschen haben mithin keine oder zumindest weniger Kontrollillusionen als die meisten von uns. Sie wissen aus eigener Erfahrung, wie viel im Leben geschehen kann, ohne dass man es voraussehen konnte und dass man andere Menschen nur in den seltensten Fällen verändern kann. Aber diese Erfahrung macht sie weder ängstlich, hilflos noch depressiv. Denn das Leben hat sie gelehrt, Vertrauen zu haben, das, was geschieht, anzunehmen und damit sinngemäß umzugehen. Sie wissen, die Kraft zu haben, was auch immer geschieht zu bewältigen, Auch wenn man Dinge theoretisch hätte anders machen können, konnte man es eben praktisch nicht, weil man die Situation seinerzeit anders betrachtete oder einschätzte, als man es aus der Retrospektive tut. Aus diesem Grund werfen weise Menschen sich und anderen nichts vor – denn geschehen ist geschehen. Wenn uns das bewusst wird, werden wir weniger überheblich.

Kontrollverlust ist für viele Menschen mit großer Angst verbunden. Man muss sich auch nicht gleich intensiv mit der eigenen Sterblichkeit auseinandersetzen, es reicht, sich in anderen Bereichen des Lebens öfter zu fragen, ob man vielleicht gegen etwas ankämpft, was man gar nicht ändern kann. Gerade in Bereichen, die uns sehr wichtig sind, wie die Entwicklung unserer Kinder, unsere beruflichen Erfolge, unsere Paarbeziehung, fällt es uns schwer zu akzeptieren, dass wir Grenzen haben. Wenn wir diese Grenzen (an)erkennen, verschwinden die Probleme paradoxerweise oft von selbst. Menschen, denen Erfahrungen mit Unkontrollierbarkeit bisher erspart geblieben sind, die im Berufsleben wie im Privaten im Großen und Ganzen alle ihre Ziele aus eigener Kraft erreicht haben, sollten sich vor Augen führen, dass dies nicht wirklich immer durch deren eigene Kraft geschah. Nicht um sich selbst Angst zu machen, sondern um nicht zu sehr der Illusion zu verfallen, dass sie alles in ihrem Leben sich selbst und ihrem Ehrgeiz verdanken. Wir alle verdanken viel mehr als wir uns vorzustellen vermögen den glücklichen Zufällen, die in Wahrheit keine Zufälle im Sinne »blinder« Geschehnisse, sondern von uns Zufallendem im Sinne eines Zuteilwerdens sind. Weise Menschen kennen die Grenzen ihrer Einflussmöglichkeiten, gleichzeitig aber werden sie dort, worüber sie tatsächlich Kontrolle haben, auch aktiv und tun das, was sie können. Weise Menschen hinterfragen sich, aber kritisieren sich nicht. Weise kann nur sein, wer wirklich daran interessiert ist, auch schwierige und schmerzhafte Lektionen aus den eigenen Erfahrungen zu lernen. Darüber hinaus sind bestimmte Denkstile erforderlich, vor allem die Fähigkeit, gezielt unterschiedliche Perspektiven einzunehmen. Ein wirklich weiser Mensch gibt seine Impulse und Anregungen nicht preis, um stolz auf sich sein zu können, sondern um anderen Personen uneigennützig weiterzuhelfen. Eine interessante Frage sei die, ob weise Menschen sich ihrer eigenen Weisheit bewusst sind. Die Autorin meint, den Eindruck zu haben, dass Weisen die Grenzen ihres Wissens bewusster sind als den meisten. Die individuellen Wege zur Weisheit seien eher steinig als bequem, weshalb wirkliche Weisheit nur selten anzutreffen sei. Die ideale, perfekt weise Person gebe es vermutlich nicht, jedenfalls hätten die Weisheitsforscher sie noch nicht gefunden. Aber der Weg zur Weisheit sei auch schon ein Teil des Ziels. Schon recht nah an der Weisheit sei, wer in einer peinlichen Lage plötzlich lachen muss, weil er sich selbst von außen betrachtet und die Absurdität der Situation komisch findet. Die Autorin ist überzeugt, dass weise Menschen glücklicher als andere seien. Die von ihr befragten, weisheitsbezogenen Probanden fühlen sich mit der Natur verbunden und betrachten den Aufenthalt in der freien Natur als Quelle von Ruhe und Kraft. Sie sehen sich nur sinnvolle Fernsehsendungen an. Das mediale Sich-berieseln-lassen sei ihnen fremd. Stattdessen ist ihnen die Auseinandersetzung mit bildender Kunst, Literatur, Musik, Wissenschaft und Philosophie wichtig, Die Quelle von Glück liegt für weise Menschen in der Erkenntnis. Es kann sehr beglückend sein, zu erkennen, dass man bestimmte Aspekte eines Problems übersah und dann zu neuen Schlussfolgerungen zu kommen. Weise Menschen wissen, was zu tun ist, um glücklich zu sein. Da sie sich selbst hinreichend gut kennen, wissen sie, was sie brauchen und wie sie es finden können. Weise sind insbesondere deshalb glücklich, weil sie dank ihrer Orientierung an einem größeren Ganzen bestrebt sind, die Erkenntnisse ihres Lebens in irgendeiner konstruktiven Form an andere weiterzugeben. Der Weg zur Weisheit werde gesäumt von einer unvoreingenommenen Weltsicht, dem Anerkennen dessen, was ist. Wenn es uns gelänge, die Welt ohne unsere ständigen, automatischen Be- und Verurteilungen zu betrachten, könnten wir das sehen, was ist und mit unserem Ich in den Hintergrund treten.

4.8 Sprache der Weisheit

Holger Kuße verfasste ein Buch über die Sprache der Weisheit, zu der Lev N. Tolstoj (1828-1910) in seinen letzten Lebensjahren gefunden habe. Tolstoj sei ein mystischer Denker gewesen. Am 06.01.1909 vermerkt er in seinem Tagebuch: ‚Ich kann Gott nicht anders verstehen denn als Liebe. Gott lieben heißt die Liebe lieben.'[235] Gotteserkenntnis sei zugleich Selbsterkenntnis und Selbsterkenntnis führe zur Gotteserkenntnis. Mit dieser Erkenntnis erkenne der Mensch die Liebe zu allem, das lebt: ‚So werde ich immer in Liebe zu allem bleiben in Taten und in Worten und mehr noch in meinen Gedanken.'[236] Die Mystik zeichne aus, dass sie gleichzeitig eine persönliche und universale Erfahrung von Transzendenz als Durchdringung und zugleich Begrenzung des Selbst sei. Da das Universale auch alle Menschen einschließe, sei die mystische Erfahrung zwar eine besondere, jedoch allen Menschen zugänglich. In ihr werde der Widerspruch zwischen Sichwichtignehmen und der objektiven eigenen Unwichtigkeit überwunden: ‚Verbessern kann der Mensch nur das, was in seiner Macht steht – sich selbst.'[237] Niemand könne für sein Handeln die letzte Verantwortung übernehmen, da niemand die Folgen seines Handelns für die Welt und die Geschichte und die Schicksale aller Einzelnen überblicken kann. Konflikte, in denen Gewalttaten immer neue Gewalttaten nach sich ziehen, bestätigen, dass gewaltsamer Widerstand gegen das Böse dieses Böse nicht beendet, sondern vermehrt, zumal dann, wenn (besser gesagt: da) die Gegner in sich selbst nur die gute und im anderen nur die böse Seite sehen. Ebenso bringt sozialer Fortschritt nur scheinbar Verbesserungen, ändert aber nichts am moralischen Niveau einer Gemeinschaft. Von einem positiven Einfluss sozialer Veränderungen auf die Moral der Gemeinschaft auszugehen sei dasselbe, wie zu denken, dass allein der Bau eines Ofens, ohne ihn mit Brennstoff zu versehen, Wärme erzeuge. Tolstoj greift sowohl die Religion als auch die Wissenschaft an, weil sie sich entgegen ihrer Bestimmung der Rechtfertigung und nicht der Überwindung bestehender Übel verschrieben haben: ‚Wir meinen, dass Wissenschaft nur dann Wissenschaft sei, wenn jemand in einem besonderen wissenschaftlichen Jargon nebulöse, ihm selbst kaum verständliche, geschraubte Phrasen drischt, deren einziges Ziel es ist, zu zeigen, dass das, was ist, auch so sein soll. Die echte Wissenschaft besteht darin, zu erkennen, wie das gemeinsame Leben der Menschen geregelt sein

---

[235] Kuße, Holger: *Tolstoj und die Sprache der Weisheit*, S. 25
[236] Tolstoj, Lev N.: *Чи мы?* S. 146
[237] Ders.: *Путь жизни*, S. 202

soll, wie die Erde gebraucht werden soll, wie sie ohne Unterdrückung anderer Menschen geteilt werden kann, wie das Verhältnis zu Fremden, der Umgang mit Tieren und vieles andere aussehen soll, das für das Leben der Menschen wichtig ist. Diese wahre Wissenschaft wird jedoch von allen Wissenschaftlern verneint und zurückgewiesen, die die herrschende Ordnung verteidigen.'[238] Für Tostoj wird mithin Wissenschaft nicht dadurch wissenschaftlich, dass ihre Sprache unverständlich und wichtigtuerisch ist. Einen noch schlimmeren Dienst an den bestehenden Ungerechtigkeiten der Gesellschaft leistet in Tolstojs Augen die Institution des Rechts: ‚Was sich hinter dem Wort ›Recht‹ verbirgt, ist nichts anderes als die gröbste Rechtfertigung von Gewalttätigkeiten, die von den einen Menschen an den anderen verübt werden. Denn die Sache ist ganz einfach: Es gibt Menschen, die Gewalt ausüben und solche, die Gewalt erleiden. Und die, die Gewalt ausüben, wollen ihre Gewalt rechtfertigen.'[239] Das größte Übel staatlicher Ordnung sei für ihn der Umstand, dass sie die Liebe zerstört und die Menschen voneinander trennt. Jeder Mensch sei verpflichtet, dem objektiv Guten zu dienen und sein Recht sei es, die Möglichkeit zu fordern, seine Pflicht erfüllen zu können. Die Beschränkung des Einzelnen, das Gute, das er erkannt hat, zu tun, ist ein allgemeines Merkmal aller Unrechtsregime. Nichtsdestotrotz resümiert er: ‚Das, was dem Menschen als Übel erscheint, ist nur ein Hinweis darauf, dass er sein Leben nicht richtig versteht und nicht tut, was ihm Heil gibt. Das Übel gibt es nicht.'[240]

Die Aufgabe der spirituellen Kunst sei die Bildung und Festigung der Gemeinschaft. Sie soll bewirken, ‚dass die Gefühle der Brüderlichkeit und Liebe zum Nächsten, die heute nur die besten Menschen der Gesellschaft erreichen, zu gewöhnlichen Gefühlen werden'[241] und alle erkennen, dass ‚das Wohl aller in der Vereinigung aller besteht.'[242] Der Ort, an dem Menschen sich in der universalen Liebe zu

---

[238] Ders.: *Что такое искусство*, S. 189 f.

[239] Hauck, Wilhelm-Albert: *Rudolf Sohm und Leo Tolstoj*, S. 163 ff.

[240] Tolstoj, Lev N.: *Путь жизни*, S. 16

[241] Ders.: *Что такое искусство*, S. 194

[242] Ebenda, S. 190

allem Lebenden entwickeln können, ist für Tolstoj die Schule, vorausgesetzt, dass sie keine Institution staatlicher Deformierung des wahren Wesens von Menschen ist. Andererseits ist er der Ansicht, dass sich die Schule nicht in die Erziehung einmischen solle, die allein die Aufgabe der Familie sei. Das heißt, dass die Lehrer weder auszeichnen noch bestrafen sollen. Die Schüler lernen aus eigenem Antrieb. Sie konkurrieren miteinander, versuchen sich auch manchmal gegenseitig zu verdrängen, lernen aber aus sich heraus, sich gegenseitig zu achten und aufeinander Rücksicht zu nehmen. Dagegen führe die Erziehung, die auf äußerlicher Disziplinierung beruhe, das Kind in die Welt des Betrugs ein, zerstöre also die Moral, die jedem Menschen angeboren ist. Um die animalische Seite zu überwinden, solle nicht Strafe, sondern Überzeugung und Liebe angewendet werden.

Was ist das wahre Gesetz des Lebens, der Wahrheit? Es ist die Liebe zum Nächsten und zu allen Lebewesen und die Überwindung des Bösen durch das Gute. Taten der Liebe können auch den Tod überwinden. Tolstoj behauptet, ein Mittel gefunden zu haben, die Menschen von allen gesellschaftlichen Krankheiten zu heilen: ‚Du willst frei sein, dann lerne, dich in deinen Wünschen zu mäßigen. Man muss immer froh sein. Wenn die Freude endet, dann suche, worin du dich geirrt hast. Rühme dich nicht, verurteile niemanden, streite nicht. Je besser die Menschen leben, umso weniger beschweren sie sich über die Menschen. Und je schlechter ein Mensch lebt, umso mehr ist er nicht mit sich, sondern mit anderen unzufrieden.‘[243]

Voraussetzung für menschliches Bewusstsein sei die Gemeinschaft. Denken ist ebenso wie Kommunizieren ohne die Voraussetzung eines anderen Bewusstseins, auf welches das Denken und die Kommunikation gerichtet sind, nicht vorstellbar. Einen von Geburt an vollständig isolierten Menschen könne es nicht geben. Auf der Ebene der sprachlichen Realisation gebe es Mehrdeutigkeiten, aufgrund derer gleiche Äußerungen als Beschreibung (indikativisch) oder als Vorschrift (imperativisch) interpretiert werden können. Tolstoj selbst hat seine moralischen Gesetze nicht konsequent befolgen können und die sich selbst auferlegten Imperative blieben immer wieder unerfüllt

---

[243] Ders.: *Путь жизни*, S. 484, 495, 350, 355

– letztlich sollen sie ihn in den Tod getrieben haben. Die Umsetzung solcher Einsichten ist bekanntlich schwer. So reden wir heute über den Klimawandel und seine Folgen. Und doch räume kein Baumarkt sein Tropenholz aus den Regalen, werde kein Schnitzel weniger gegessen, kein Auto weniger gefahren und auf den Laptop könne ohnehin nicht mehr verzichtet werden – es würden nur einige Glühbirnen ersetzt. Doch Tolstoj findet nach der Mystik und Moral seine dritte Ausdrucksform, in der er Menschen mit seinen Einsichten anzustecken wünscht: die Weisheit. Er setzt Weisheit mit Religion, dem Glauben, gleich, wobei er den Glauben als das Sich-selbst-verstehen in der Komplexität der Welt sowie eine innere Handlungsverpflichtung und Religion als Sinngebung, Erkenntnis der Wahrheit und Seelenrettung begreift. Glaube ist für ihn ein ‚seelischer Zustand‘, aber nicht wie in traditionellen Vorstellungen der Hoffnung oder des Vertrauens, sondern des ‚Bewusstseins des Menschen über seine Situation in der Welt, das ihn zu einem bestimmten Verhalten verpflichtet.‘[244] Was aber die Religion als objektiv beschreibbare Form ersetzen kann, ist die Weisheit. Sie bildet keine feste Form, kein Lehrgebäude, das in Gefahr gerät und verteidigt werden muss. Weisheit wirkt kontextuell. Sie ist auf Lebenssituationen, auf Lebensmomente, aber immer auf die Gegenwart bezogen: ‚Sobald du anfängst, mehr darüber nachzudenken, was war, und darüber, was sein wird, verlierst du das Wichtigste, das wahre Leben in der Gegenwart. Du willst das Gute. Aber das Gute gibt es nur jetzt. In der Zukunft kann es das Gute nicht geben, weil es die Zukunft nicht gibt. Es gibt nur die Gegenwart. Das Wichtigste im Leben ist die Liebe. Doch lieben kann man nur in der Gegenwart, jetzt, in dieser Minute. Alles ist unwichtig außer dem, was wir in der gegenwärtigen Minute tun.‘[245] In der Gegenwart erfüllt Weisheit für Tolstoj die in allen Handlungen lebensleitende Funktion, dass sich Menschen dem Ideal der Vollkommenheit nähern. Sie hilft, den Weg nach innen zu finden, der für alle derselbe ist, den jedoch jeder Mensch selbst gehen muss.

---

[244] Ders.: *Что такое религия и в чём сущность её*, S. 170
[245] Ders.: *Путь жизни*, S. 333 – 336

Der Weisheit als Wissen steht die Weisheit als Einsicht in die Relativität alles Wissens als Komplement gegenüber. Beide gehören zusammen, aber welche Dimension jeweils die dominierende ist, lässt Weisheit von Weisheit unterscheiden. Tolstojs Weisheit sei vor allem eine des Wissens und als solche aus der Sicht fernöstlicher Weisheit als ›westlich‹ zu bezeichnen. Die Weisheit der Einsicht, die vor allem im asiatischen Kulturraum Tradition hat, zeichnet sich dagegen besonders durch die Offenheit der Selbsterkenntnis in der Komplexität der Welt aus. Die Offenheit und Kontextualität der Einstellung als Reaktion auf die Einsicht in die Komplexität entspricht Weisheitsdefinitionen wie ,holistisch-kognitiver Prozess' oder ,metakognitiver Stil', der die Einsicht enthält, dass niemand alles wissen kann und die Wahrheit in den Grenzen des Wissbaren zu suchen ist. Tolstojs Denken ist auch in seiner Alltäglichkeit weisheitlich, denn Weisheit ist kein Denken des Transzendenten. Sie bezieht sich auf das Hier und Jetzt: ,Damit der Umgang mit den Menschen weder für dich noch für alle anderen zur Qual wird, meide den Umgang mit Menschen, wenn du keine Liebe für sie empfindest.' [246]

Nicht nur gegen die Ideologie zur Legitimierung menschlicher Machtinteressen, auch gegen abstrakte Argumentation und jede Art von Erkenntnis- und Wissensanspruch ohne moralische Legitimation fordert Tolstoj die Anerkennung der richtigen Zusammenhänge von Erkenntnissen, die aus der Erfahrung des Lebens gewonnen werden und die Anerkennung des Guten als Ziel des Lebens: all das macht seine Weisheit aus. Damit der Mensch sein Leben gut lebt, muss er wissen, was er tun und was er nicht tun soll. Um das zu wissen, muss er verstehen, was er selbst ist und was die Welt ist, in der er lebt. Das haben die weisesten Menschen aller Völker zu allen Zeiten gelehrt. Diese Lehren stimmen im Wesentlichen überein. Sie stimmen auch damit überein, was jedem Menschen seine Vernunft und sein Gewissen sagen.

Welchen Nutzen haben wir davon, zu wissen, was außerhalb von uns ist, solange wir nicht erkannt haben, was in uns ist? Kann man überhaupt die Welt erkennen, wenn man sich selbst nicht kennt?

---

[246] Ebenda, S. 169

Könne jemand, der zuhause blind ist, sehend sein, wenn er zu Gast ist? Der Mensch kann sich jede Minute fragen, was er sei und was er jetzt mache, denke, fühle, und er kann sich antworten: jetzt mache ich, denke ich, fühle ich dieses oder jenes. Aber wenn der Mensch sich fragt: Was ist das, das sich in mir bewusst ist, dass ich etwas tue, denke oder fühle? So könne er sich keine andere Antwort geben als die, dass dieses das Bewusstsein seiner selbst sei. Das Bewusstsein seiner selbst sei das, was wir die Seele nennen. Was müsse man tun, um sich nicht zu fürchten und keine Angst zu haben? Es gebe nur ein Mittel: Es besteht darin, das Leben nicht in dem zu vermuten, was vergänglich ist, sondern in dem, was nicht zugrunde geht, im Geist, der im Menschen lebt. Alle lebenden Wesen sind durch ihre Körper voneinander getrennt, aber das, was ihnen Leben gibt, ist ein und dasselbe in allen. Lebe für den Körper, und du bist allein unter Fremden; lebe für die Seele und dir sind alle verwandt. Zwar sind alle Menschen voneinander verschieden, aber der Geist, der in ihnen lebt, ist in allen ein und derselbe. Nur dann versteht der Mensch sein Leben, wenn er in jedem Menschen sich selbst sieht.

Liebe deinen Nächsten wie dich selbst. Und wer ist mein Nächster? Darauf gibt es bloß eine Antwort: Frage nicht, wer dein Nächster ist, sondern handle an allem, das lebt, so, wie du willst, dass sie an dir handeln. Um mit jedem Menschen gut zu leben, denke daran, was dich mit ihm verbindet und nicht daran, was dich von ihm trennt. Liebe ruft Liebe hervor. Den Nächsten zu lieben heißt nicht, einen Menschen zu lieben, der uns angenehm und nützlich ist, sondern in gleicher Weise – weise – jeden Menschen, auch wenn es der unangenehmste und sogar uns feindlich gesinnte Mensch wäre.

Gott wollte, dass wir glücklich sind, und deshalb gab er uns das Bedürfnis nach Glück. Aber er wollte, dass wir alle glücklich sind und nicht einzelne Menschen, und deshalb gab er uns das Bedürfnis nach Liebe. Daher können wir Menschen nur dann glücklich sein, wenn alle einander lieben. Die wahre Liebe ist die, wenn wir in jedem Menschen denselben Geist anerkennen, der auch in uns lebt. Nur wenn wir so lieben, lieben wir nicht nur die, die uns lieben, sondern auch die, die uns hassen, unsere Feinde. Weise sei der Mensch, der alle liebt und allen Gutes tut, ohne zu unterscheiden, ob sie gut oder schlecht sind.

Tolstojs weitere Weisheiten:

Alles, was der Körper braucht, ist leicht zu bekommen. Schwer ist nur das zu bekommen, was er nicht braucht.

Der Mensch hat recht, wenn er glaubt, dass auf der Welt kein anderer Mensch höher steht als er; aber er irrt sehr, wenn er meint, dass es auf der Erde auch nur einen Menschen gebe, der niedriger wäre als er.

Nichts führt sicherer zu schlechten Taten, als wenn einige Menschen unter sich eine Gemeinschaft bilden und sich von allen anderen Menschen abtrennen.

Es ist dumm, wenn ein Mensch sich für besser hält als andere Menschen, aber noch dümmer ist es, wenn sich ein ganzes Volk für besser hält als andere Völker.

Kein Mensch kann das Leben anderer Menschen verbessern. Jeder kann nur sein eigenes Leben verbessern.

Die Menschen wollen so schlecht bleiben, wie sie sind, und wollen zugleich, dass das ganze Leben besser werde.

Nichts verunstaltet das Leben der Menschen mehr und entfernt sie so sicher vom wahren Heil, wie die Gewohnheit, nicht nach den Lehren der weisen Menschen der Welt und nicht nach ihrem Gewissen, sondern danach zu leben, was diejenigen Menschen gutheißen und befürworten, mit denen sie leben.

‚Wenn meine Soldaten zu denken begännen, würde niemand mehr in der Armee bleiben', sagte Friedrich II.

Wissen ist endlos. Deshalb lässt sich von dem, der sehr viel weiß nicht sagen, dass er mehr wisse als der, der sehr wenig weiß.

Die Menschen meinen oft, je mehr man wisse, desto besser. Doch es geht nicht darum, viel zu wissen, sondern darum, aus allem, was man wissen kann, das zu wissen, was am Notwendigsten ist.

Das Wort ist der Ausdruck des Gedankens und kann der Vereinigung oder der Trennung der Menschen dienen; deshalb muss man vorsichtig mit ihm umgehen. Die Zeit geht, aber das gesprochene Wort bleibt.

Wenn dir ein Unglück zustößt, so wisse, dass es seine Ursache nicht in dem hat, was du getan hast, sondern in dem, was du gedacht hast. Das Geistige leitet das Körperliche und nicht das Körperliche das Geistige. Um seine Situation zu verändern, muss der Mensch im Bereich des Geistes an sich arbeiten – im Bereich der Gedanken.

Das, was wir für ein Übel halten, ist meistenteils das Gute, das wir noch nicht verstanden haben.

Suche in den Leiden die Bedeutung für dein seelisches Wachstum und der Kummer über die Leiden wird aufhören.

Der fleischliche Tod ist nicht das Ende des Lebens, sondern nur dessen Veränderung. Der Tod und die Geburt sind zwei Grenzen, hinter welchen dasselbe liegt. Man kann auch das Leben als Schlaf ansehen und den Tod als Erwachen.

Der Weise sucht alles in sich, der Narr alles im anderen.

Um wirklich glücklich zu sein, bedarf es nur einer Sache: Liebe alle – die Guten und die Bösen. Liebe ohne Unterlass und du wirst ohne Unterlass glücklich sein.

Der Mensch muss sein Leben nur in der liebenden Verbindung mit allem Leben erkennen, dann wird sein Leben fortan keine Qual mehr, sondern das Heil sein.

4.9 Weisheitliche Geisteshaltung

Philosophie ist die Liebe und der Weg zur Weisheit, Weisheit geht über die Klugheit hinaus und ist eine ethisch-geistige Lebenshaltung. Der Philosoph ist ein Freund oder Suchender der Weisheit, bestrebt zu erfahren, wie viel das Wissen zur menschlichen Vernunft beiträgt. Weisheit ereignet sich im Seeleninneren oder gar nicht. Nikolaus von Kues schrieb, Weisheit werde in der Bewusstwerdung erfahren, dass sie höher als jedes Wissen und unwissbar sei.[247]

- Kluge kennen ihre Schwäche, Weise überwinden sie.
- Kluge diskutieren, Weise meditieren.
- Kluge leben intellektuell, Weise spirituell.

---

[247] Hummel-Liljegren, Hermann: *Weisheit – eine Geisteshaltung*, S. 15

- Kluge stellen die richtigen Fragen, Weise geben die richtigen Antworten.
- Kluge bauen auf Sympathie, Weise auf Empathie.
- Kluge wünschen sich Mut, Weise Gleichmut.
- Der Kluge löst seine Probleme, der Weise vermeidet oder erträgt sie.
- Der Kluge fragt um zu wissen, der Weise, um dem Befragten zu helfen.
- Der Kluge widerspricht, der Weise stellt hilfreiche Gegenfragen.
- Der Kluge fällt niemandem ins Wort und kommentiert sparsam; der Weise beschränkt sich soweit es geht auf das Zuhören.
- Der Kluge verteidigt seine Positionen, der Weise weiß, wann es klug ist, nachzugeben.
- Der Kluge plant die Dinge so, dass sie kommen, wie er sie nehmen möchte, der Weise nimmt die Dinge so, wie sie kommen, sofern es noch weise ist, sie so zu nehmen.
- Der Kluge wählt sich sein Zuhause gut aus, der Weise ist überall daheim (*sapienti ubique patria*).
- Der Kluge lernt aus Fehlern und Irrtümern, der Weise ersetzt die Worte Fehler und Irrtum durch Versuch und Mutmaßung.
- Der Kluge will das Wissen der Weisen erlangen. Der Weise weiß, dass er – in sokratischem Sinne – unwissend ist.

Seneca war der Ansicht, dass nur die Menschen, die sich Zeit für die Weisheit nehmen, frei von Unruhe seien. Einstiege zur Weisheit:

- Weise Menschen suchen und von ihnen lernen.
- Die Nähe unweiser Menschen meiden oder vermindern.
- Meditieren, um sich der eigenen Wesensmitte zu besinnen.
- Nie mehr recht behalten wollen; Fehler zugeben; ein ‚Vielleicht-Argument‘ in Frageform reicht.
- Ohne Eimischung Anteil nehmen.
- Regelmäßig Alleinsein als Medizin zur Reinigung von Affekten und zur Steigerung der Empfindsamkeit praktizieren.
- Abendliche Rückschau: Was war gut, was ungut, was versäumte ich?

- Regelmäßig, idealerweise täglich etwas schreiben und etwas Gutes lesen.
- Sich aktiv mit Aufgaben der kleinen oder großen Welt verbinden.
- Sich selbst- und zeitvergessen einer Liebhaberei zuwenden.
- Geistige Weitsicht durch Verzicht auf die Aufregungen der Tagespolitik erlangen.
- Ein Tagebuch für Selbstbetrachtungen und Selbsterkenntnis führen.
- Eine reife Liebe im Sinne einer Freude am Glück des anderen entwickeln.
- Sich bewusst einfach, ganzheitlich-gesund ernähren.
- Den Tod bedenken und sich durch Patientenverfügung (Sterbetestament) jedwede Sterbeverlängerung verbitten.

Weisheit fliegt einem nicht zu und bedarf zeitlebens der »Pflege« und »Fortbildung«. Der Weise steht über den Dingen, lässt Gegensätze zu und kommt mit Zweifeln und Widersprüchen zurecht. Weisheit ist weit mehr als Erfahrung, Intelligenz und Wissen. Weisheit ist Lebenswissen, Weltwissen, Wissen über sich selbst, Gelassenheit, Güte, Humor, eine reife Einstellung zu Lebensfragen und Frieden mit sich. Weisheit ist eine Geisteshaltung.

- Widme deinem Körper ab 60 mit jedem Jahrzehnt täglich eine halbe Stunde mehr.
- Wer nach schwerer Krankheit im alten Trott weitermacht, ist ein Trottel.
- Gewinne aus jeder Krankheit an Weisheit und Gelassenheit hinzu.
- Werde zum Beinahe-Vegetarier.
- Iss dich, frei nach dem asketischen Imperativ, nie satt: ‚Eine verfressene, übersättigte, gemästete Zivilisation ist geistig verloren.‘[248]
- Erkenne dich selbst!
- Plane dein Sterben als bewussten Abschied.

---

[248] Ebenda, S. 44

Glück sei nur möglich in einer friedfertigen und menschenwürdigen Gesellschaft. Seneca: ‚Glücklich ist, wer nichts mehr wünscht und nichts mehr fürchtet.‘ Voltaire: ‚Zufall ist ein Wort ohne Sinn. Nichts kann ohne Ursache existieren.‘ Wir wissen, dass das Leben immer teurer wird. Weises Altern bedeutet, sich die Fähigkeit anzueignen, auch extreme Einbußen kompensieren zu können. Wohl dem, der von sich aus locker loszulassen vermag was kostspielig ist – wie Reisen, Auto, Wellness-Hotels, Theater-, Konzert- und Kinobesuche zugunsten einer preisgünstigen Freizeitgestaltung à la Vereinsmitgliedschaft, Gesprächs- und Literaturzirkel, Spielkreise, Spaziergänge, Wandern, Meditieren oder gar Schreiben, Malen, Musizieren. Reifung, Bildung und Lernen jenseits der 50 sind in Deutschland keinesfalls die Regel, sondern auf eine kleine Bildungs- und Arbeitselite konzentriert. Dabei seien heute 60-jährige biologisch mindestens fünf Jahre jünger als die früheren 60-jährigen. Zudem sind wir biologisch fähig, lebenslang dazuzulernen. Zur Würde des Alters gehört die Weisheit. Altersweise ist,

- wer, gut zu altern versteht und von Thema zu Thema gelassener wird.
- wer nahezu wunschlos bei sich angekommen ist.
- wer die Angst vor dem Tod besiegt, weil sich sein Leben erfüllt hat.
- wer den Tod als einen natürlichen Vorgang erwartet.
- wer an seinem Ende sagen kann: Es war gut so, wie es war.

Die zwei Pole der in jedem von uns angelegten Fähigkeit, weise zu sein, lauten »ich bin weise« und »ich kann niemals weise werden«. Tatsächlich geht es auf dem Weg zur Weisheit um einen ununterbrochenen Prozess der Selbstverfeinerung, um eine Mobilisierung unserer Energie, analog der Erlangung musikalischer Meisterschaft. Auch der beste Geiger hört niemals auf zu üben. Vollkommene Weisheit bleibt ein unerreichbares Ideal, dem sich Übende immer nur annähern können – d. h. der Schöpfungsinstanz vorbehalten.

Sowohl im östlichen als auch westlichen Kulturkreis gilt die Meditation als Königsweg zur Weisheit. Sie dient der Konzentration des

Geistes auf die Achtsamkeit unseres inneren Menschseins und persönlichen Selbst. Sie ist ein Übungsweg, um vom Moralisch-Geistigen zum Ethisch-Geistigen und zur Weisheit im Weltganzen zu finden. Der auf Laotse zurückgeführte Taoismus ist die Lehre, die vom Nichts als Ursprung der Welt ausgeht, das als Tao (Weg) weiterführt. Von ihm kommt alle Sinngebung. Das Tao führt den Menschen vom Sein zum Sinn oder je nach Begierden zum Widersinn. Der Mensch richtet sich nach der Erde, die Erde nach dem Himmel, der Himmel nach dem Sinn und der Sinn nach sich selbst. Aus dem Tao Te King: „Der Weise erwägt alles und vertraut seiner inneren Sehkraft. Wer andere kennt ist klug, wer sich kennt, ist weise. Der Weise wünscht Wunschlosigkeit."[249] Epikur: „Unwissende suchen Schuld bei anderen, Wissende bei sich selbst, Weise bei niemand. Glück ist für den Stoiker, affektlos und ausgeglichen im Einklang mit der vernünftigen Natur zu leben, mit dem Ziel, ein Weiser (*Sophos*) zu werden."[250]

Wahre Weisheit sei ein Verdienst und höchste Lebensform. Der Mensch habe es seit jeher schwer, weise zu sein, selbst wenn er guten Willens sei. Dazu umgebe ihn zu viel Unweises, das er bewusst und unbewusst, gern oder ungern vorfinde oder mitmache. Bestenfalls suche er die kluge Mitte zwischen Selbstvervollkommnung und Selbstverwöhnung. Wir leben vielfach unweise: nach außen wie nach innen gegen uns selbst, gefesselt durch eine erdrückende Medienflut und Vielwisserei. Schlimm sei auch die generelle Unersättlichkeit, die in der unausrottbaren Gier nach Bereicherung gipfele.

4.10 Im Haus der Weisheit

Mit dem Titel dieses Buches, das die Ansichten einiger spiritueller Denker wiedergibt, wird der Kreis dieses Kapitels geschlossen: „Wer dieses Buch öffnet, betritt ein Haus der Weisheit, errichtet aus den Erfahrungen und Gedanken derjenigen, die unserer innersten Sehnsucht nach Ganzheitlichkeit und Entfaltung aller in uns angelegten Seinsbereiche Ausdruck verleihen und bewohnt von uns allen, die wir auf der Suche nach dem Sinn des Lebens sind."[251]

---

[249] Ebenda, S. 87
[250] Ebenda, S. 108, 110
[251] Spannbauer, Christa: *Im Haus der Weisheit*, S. 7

Dr. Jon Kabatt-Zinn: „Ich verwende das Wort ‚Spiritualität‘ kaum mehr. Nicht, weil ich etwas gegen Spiritualität hätte, sondern weil für mich alles spirituell ist, wenn wir es aus der rechten Warte betrachten. Viele Menschen haben idealisierte und romantische Vorstellungen von Spiritualität. Doch du kannst dein ganzes Leben damit verbringen, ein spiritueller Mensch sein zu wollen, und dann findest du auf deinem Sterbebett heraus, dass du es versäumt hast, der Mensch zu sein, der du wirklich bist, und dass du deine Zeit damit vergeudet hast, ein frommes Leben führen zu wollen. Du kannst nur werden, wer du bist. Und dann erkennst du, dass deine innerste Natur bereits vollkommen ist. Schmerzen können wir als Mensch nicht vermeiden. Wie sehr wir jedoch an diesen Schmerzen leiden, darauf haben wir sehr wohl Einfluss. Wenn wir also lernen, die Dinge so anzunehmen, wie sie sind, dann sind wir in gewisser Weise immer frei vom Leiden, selbst wenn wir große Schmerzen haben. Und wenn wir erkennen, dass Leid nichts Persönliches ist – auch wenn wir immer wieder versucht sind, es sehr persönlich zu nehmen – können wir zu einem weisen und mitfühlenden Umgang mit unserem Leid gelangen. Natürlich sind wir immer dazu aufgerufen zu handeln. Mit Achtsamkeit allein können wir unsere Probleme nicht lösen. Ein Mensch, der integer lebt und seiner Vision folgt, kann einen großen Einfluss haben. Wir alle müssen handeln. Doch niemand kann uns sagen, was wir tun sollen. Wir müssen unseren eigenen Weg finden. Es ist an uns herauszufinden, was der Sinn des Lebens ist. Was ist unsre ureigene Aufgabe auf diesem Planeten? Wir müssen unserer eigenen Vision treu bleiben. Und dann unseren eigenen Ausdruck, unsere eigene Stimme finden. Und dabei nicht von Angst überwältigen lassen. Liebe ist letztlich immer stärker als Angst, solange wir bereit sind, uns der Angst zu stellen. Wir können unseren Konditionierungen nicht entfliehen, aber wir können aus ihnen herauswachsen. Wir haben genügend Ressourcen für alle Menschen in dieser Welt. Doch das erfordert von uns, dass wir bereit sind zu teilen und dass wir nicht länger eine Situation hinnehmen, in der die Arbeit von vielen den geradezu obszönen Reichtum einer kleinen Minderheit der Weltbevölkerung ermöglicht. Ich glaube nicht, dass wir unseren Planeten allein durch Meditation heilen können. Dazu gibt es einfach zu viel Irrsinn in dieser Welt,

Menschen verfallen zu schnell dem Hass und der Feindseligkeit, und das scheint kein Ende zu nehmen. Wir müssen nicht die Welt ändern – die Welt ändert sich sowieso unablässig. Was wir jedoch tun müssen, ist, unsere Beziehung zur Welt zu ändern, weiser und verantwortungsvoller mit ihr umzugehen und zu lernen, die Dinge klarer zu sehen. Und wir müssen Wege finden, mit unserer eigenen Ignoranz, unserer Gier und unserem Hass umzugehen. Das ist die wirkliche Herausforderung für jeden Einzelnen von uns. Auf der politischen Ebene kann das nicht gelöst werden. Denn woran unsere Welt wirklich leidet, ist, dass wir Menschen von Gier, Hass und Verblendung dominiert werden. Solange wir nicht sehen können, in welchem Ausmaß unser eigener Geist von Furcht, Gier und Hass verblendet wird, haben wir keine Chance, die Welt zu verändern. Wenn wir jedoch erkennen, dass wir alle diese Tendenz in uns tragen, ihr aber nicht folgen müssen, können wir einen entscheidenden Beitrag zur Verbesserung der Welt leisten. Wir müssen erkennen, wie leicht der menschliche Geist von Angst erfasst und infolgedessen gewalttätig wird. Jeder Mensch möchte glücklich sein. Niemand möchte leiden. Das ist die eigentliche Basis für politische Veränderungen und für eine Politik, die von Weisheit regiert wird. Das Ziel eines jeden Staates sollte sein, eine Regierung zu haben, der das Wohl der Menschen und der Welt am Herzen liegt. Wenn Menschen glücklich sind, dann können sie ihre eigene Arbeit zum Wohle der Gesamtheit verrichten."[252]

Dr. Claudio Naranjo: „Sich einem weisen Lehrer anzuvertrauen, ist von großem Nutzen. Unsere derzeitige Gesellschaft ist Ausdruck des patriarchalen Geistes und dessen Überbewertung der Vernunft. Der Stolz auf seinen Verstand hat den Homo sapiens in die Demenz geführt. Dessen vermeintliche Vernunft richtet sich mit seiner Unterdrückung des Weiblichen und der Unterwerfung des inneren Kindes gegen die Werte des Lebens. Da der patriarchale Geist die Herrschaft des Vaters in der inneren Familie begründet, brauchen wir dringend eine ganzheitliche Erziehung. Unter Ganzheitlichkeit verstehe ich die ausgeglichene Integration von Intellekt, Liebe und Freiheit, die zugleich Ausdruck der drei ‚inneren Personen‘ sind: Vater, Mutter, Kind.

---

[252] Ebenda, S. 21 ff.

Wenn die Schöpfung nicht ein reines Zufallsprodukt, sondern Ausdruck einer den Kosmos durchwaltenden Intelligenz ist, wie könnten da die Kräfte der Unwissenheit siegen? Wir leben am Beginn eines globalen wirtschaftlichen Herrschaftssystems, das sich derzeit noch als demokratisch tarnt, doch wenn in naher Zukunft die Nationen verschwinden, weil die Macht der transnationalen Konzerne weit größer ist, wird offensichtlich werden, dass einzig das Kapital regiert. Die Demokratie ist nichts anderes als eine Fassade, die aufrechterhalten wird, solange es noch Staaten gibt, denn sie bietet durch Gesetze und Verordnungen etwas Schutz gegen das blanke Wirtschaftsdiktat."[253]

Annette Kaiser: „Alle Menschen träumen, und man weiß heute, dass der Mensch stirbt, wenn ihm die Träume abgeschnitten werden. Träume sind etwas ganz Essenzielles. Alles, was wir träumen, steht in Resonanz zu uns, es sind Aspekte von uns, und wenn wir uns diese Träume genauer anschauen, beginnt ein innerer Prozess der Bewusstseinserweiterung. In unseren Träumen erfahren wir allmählich, dass die ganze Welt in uns ist. Doch gleichzeitig müssen wir wissen: Träume sind Schäume. Ebenso wie diese Welt auch, die in einer bestimmten Betrachtungsweise gar nicht existiert. So auch die Träume. Wir kreieren die Welt selbst. Heute ist es so, dass ich einfach wach bin. So bekomme ich Hinweise von überall her, von innen und außen, von Menschen, von Träumen. Alles sind Spiegelbilder auf einem Spiegel, der selbst leer ist. Diese innere Arbeit lässt uns alle Aspekte der Welt in uns erfahren, und wir gelangen allmählich dahin, in uns selbst die ganze Welt in Liebe und Mitgefühl zu erfahren als den großen Tanz des Lebens. Wir sind Teil des Ganzen und das Ganze zugleich. Menschen, mit denen wir im Alltag zu tun haben, sind oft kein klarer Spiegel, weil persönliche Muster die Spiegeloberfläche trüben, wodurch das Spiegelbild verzerrt wird. Die Friedensarbeit in der Welt beginnt immer bei uns selbst, denn nur der innere Frieden kann den äußeren Frieden bewirken. Die kosmische Intelligenz, die dem bewussten Sein innewohnt, hat eine Brillanz jenseits unseres Denkens und sie synchronisiert und choreografiert das Ganze. Wenn wir in die Natur blicken, sehen wir eine höhere Ordnung der Harmonie. Nur wir

---

[253] Ebenda, S. 37 ff.

Menschen machen so ein furchtbares Durcheinander. Denn wir identifizieren uns zu sehr mit der Form und haben vergessen, dass wir beides sind, Form und Formloses. Durch Erkennen der eigentlichen Essenz wird es uns möglich, uns als Teil dieser brillanten Intelligenz zu verstehen. Es geht darum, eine Lebensweise zu führen, die zum Wohle aller Wesen gereicht. Wenn wir genauer hinsehen, sind wir instinktive, reaktive Wesen mit ein bisschen Bewusstsein und dem Tierreich noch sehr nahe. Der nächste Schritt der Evolution erfordert es, dass wir uns vom mentalen Bewusstsein in ein supramentales, kosmisches Bewusstsein hineinschwingen. Mit dem Menschen ist in der Evolution erstmals ein selbstreflektierendes Bewusstsein aufgetaucht, das sich jedoch heute immer noch weitgehend mit der Form identifiziert. Wir sind nun in einem Übergang, in dem wir begreifen werden, dass wir nicht nur Form sind, sondern auch Formloses. Auf einer tieferen Ebene trägt jeder Mensch alles Wissen und damit alle Weisheit in sich. Die Liebe ist immer verbunden mit Weisheit und Bewusstsein. Sie bilden eine untrennbare Trinität. Die Liebe ist die höchste Dynamik im ganzen Universum. In der Liebe sind Himmel und die Erde nicht getrennt.“[254]

David Steindl-Rast: „Es kann nicht oft genug wiederholt werden, dass jeder Mensch von Natur her ein Mystiker ist. Mystiker sind keine besonderen Menschen, sondern jeder Mensch ist ein besonderer Mystiker. Man kann das Bestehende nicht ändern, indem man dagegen ankämpft. Um etwas zu ändern, baue ein neues Modell, dass das alte überflüssig macht. Die bestehende Weltordnung ist auf Angst gegründet und auf Gewalttätigkeit, die dieser Angst entspringt. Unser kleines Ego hat immerzu Furcht, es verteidigt und rechtfertigt sich, klammert sich an die Vergangenheit und ist in Ungeduld oder Angst mit der Zukunft beschäftigt. Das Ego lebt von der Illusion, von anderen getrennt zu sein, und das macht Angst. Diese Angst verfestigt sich dann in einer Weltordnung, die dieses Getrenntsein verteidigt. Mystiker sind revolutionär, weil sie durch Wort und Beispiel andere Menschen dazu ermächtigen, der Liebe zur Macht mit der Macht der

---

[254] Ebenda, S. 76 ff.

Liebe entgegenzutreten. Unsere Weltordnung entmächtigt die Menschen. Es ist leichter, die Verantwortung auf irgendwelche Autoritäten da draußen abzuschieben. Wir geben lieber unsere Freiheit auf, als dass wir die Verantwortung übernehmen, die uns aus der Freiheit erwächst. Wenn ich mich ändere, ändere ich die Welt. Denn wenn ich mich wirklich innerlich ändere, dann sehe ich auch, was ich im Außen zu ändern habe und was ich zu tun habe, um die Welt zu verändern. Manche Menschen auf dem spirituellen Weg denken, wenn sie sich ändern und sich innerlich anders fühlen, dann wird sich schon auch etwas am Kosmos ändern. Das ist ein gefährliches Halbverständnis obiger Aussage. Denn die entscheidende Hälfte des Handelns wird dabei einfach vergessen. Alles hängt mit allem zusammen. Wir sind mit allem verbunden. Wenn ich auf mein Leben zurückblicke, dann haben sich alle Schicksalsschläge und alles Arge, was mir widerfahren ist, immer als die Quelle einer guten Entwicklung herausgestellt. Alles Schwere und alle Schicksalsschläge wenden sich letztlich zu unserem Besten. Wir vertrauen uns dem Leben an. Wir sind offen für alle Überraschungen, die uns das Leben schenkt. Wenn man Menschen Angst macht, dann werden sie aggressiv. Der Terrorismus ist eine Reaktion auf Ausbeutung und Unterdrückung. Statt Angst zu schüren, müssen wir die Ausbeutung, Unterdrückung und Verängstigung beenden, die Terrorakte hervorbringen. Der gesunde Menschenverstand erkennt das auf den ersten Blick. Es besteht ein grundlegender Unterschied zwischen akzeptieren und gutheißen. Wir müssen nicht gutheißen, was wir akzeptieren. Wenn wir vernünftig vorgehen, dann akzeptieren wir, was ist und können dann auf dieser Grundlage etwas dagegen tun."[255]

Sylvia Wetzel: „Was mir auffällt, ist, dass die Töchter in der Regel ihren Weg machen, sie sind gut drauf, durchlaufen Schule und Ausbildung erfolgreich, doch die Jungs wissen oft nicht so recht, was sie machen sollen, sie hängen rum und haben wenig Lebensenergie und keine Visionen. Obwohl Männer immer noch privilegiert sind, werden sie heutzutage nicht mehr in dem Ausmaß bevorzugt, weder privat noch öffentlich, wie das früher der Fall war. Seitdem wissen sie nicht

---

[255] Ebenda, S. 98 ff.

mehr so recht, wer sie sind. Es gibt kaum Männer, die eine positive Vision von Männlichkeit verkörpern oder auch nur formulieren können. Frauen haben die Sensibilität außen und die Stärke innen, und die Männer haben die Stärke außen und die Sensibilität innen. Es fällt auf, dass Männer selten gute Freunde haben, während praktisch jede Frau Freundinnen hat. Männern gelingt es kaum, mit einem anderen Mann über Gefühle und Spiritualität zu reden. Die goldene Regel der natürlichen Ethik lautet in allen Kulturen: ‚Was du nicht willst, dass man dir tu‘, das füg‘ auch keinem andren zu.‘ Die Grundzüge einer neuen Ethik kann man so zusammenfassen: ‚Wenn du ganz werden willst, dann musst du fähig werden, eigene Entscheidungen zu treffen und die Verantwortung auch für deine unbewussten Seiten zu übernehmen.‘“[256]

Willigis Jäger: „Ich habe ganz klar erkannt, dass die Grundstruktur aller spirituellen Wege die gleiche ist. Es geht immer um eine Zurücknahme des Ichs, damit etwas auftauchen kann, was in jedem Menschen als das ‚Eigentliche‘ erkennbar wird, aber durch die Ich-Aktivität ständig verdeckt wird. Die Fülle des Nichts wird in der Leerheit sichtbar und erfahrbar – sie bildet den rational nicht begreifbaren Hintergrund unseres Lebens. Wenn es uns als Spezies nicht gelingt, unsere Egostruktur zu öffnen, sodass wir wahre Einheit und Liebe erfahren, haben wir meiner Ansicht nach kaum eine Chance zu überleben. Diese Ansicht teilen übrigens sehr viele nüchterne Wissenschaftler mit mir. Solange ethisches Verhalten nur Gebot bleibt, ist es letztlich nicht wirklich effektiv, weil sich der Egoismus immer wieder stärker erweist als das Gebot ‚du sollst deinen Nächsten lieben‘. Das Universum ist auf Einheit, Gemeinschaft und Liebe aufgebaut. Wer nur sein Ego pflegt, verfehlt sich gegen diese Grundstruktur des Universums. Die wirkliche Ethik kommt aus der Erfahrung der Einheit. Wer die existenzielle Verbundenheit mit allem erfährt, kann nichts und niemanden aus seiner Liebe ausschließen. Solange wir noch meinen, die Wirklichkeit entspräche dem Weltbild, das unsere begrenzte Ratio uns vorgaukelt, werden wir die Bedeutung unseres Seins in dieser Welt nicht erkennen. Die Wirklichkeit ist rational nicht begreifbar.

---

[256] Ebenda, S. 125 ff.

Auch die Wissenschaftler argumentieren in ihrem begrenzten rationalen System und erkennen noch nicht einmal die Begrenztheit ihres Tuns. Sie schaffen Modelle, um uns einen Sinn in diesem gewaltigen Universum zu geben. Aber es sind Modelle! Diese Modelle sind nicht die Wirklichkeit. Wir selbst kreieren das Universum, indem wir leben. Nur wer die personale und rationale Eingrenzung in einer tiefen Seinserfahrung überwindet, erfährt den Sinn seiner wahren Existenz, die ein Geborenwerden und Sterben nicht kennt. Wir müssen das rational nicht Fassbare in ein westliches Gewand des 21. Jahrhunderts kleiden, damit es verständlich wird. Ich hoffe darauf, dass sich immer mehr Menschen auf den Weg einer traditionsübergreifenden Spiritualität begeben. Ich bin mir sicher, dass uns eine weitere Öffnung des Bewusstseins beschieden ist. Diese Öffnung wird uns eine neue Weltsicht und die wahre Deutung unseres Lebens in diesem zeitlosen Universum schenken.“[257]

5   Koinzidenzen

Je länger und eingehender man sich auf das Faszinosum »Weisheit« einlässt, desto häufiger begegnet einem das Zusammentreffen zweier oder mehrerer analoger Ereignisse. Eine in dieser Hinsicht besonders interessante, ja verblüffende Erfahrung widerfuhr mir, als ich dabei gewesen bin, den vorherigen Unterabschnitt 4.2 abzuschließen. Die Frau an meiner Seite und ich sind Gesellschafter der MB Coaching-Training-Mentoring GbR, deren Privatpersonen-Format wir »Lebensmeisterei« tauften. Seit deren Geschäftsbeginn am Neujahrstag 2019 veranstalteten wir monatlich sogenannte Impuls-Abende, d. h. Vorträge und Workshops mit wechselnden Themen. Diese Themen legten wir in der Gründungsphase bereits für das gesamte Jahr fest. Das November-Thema des ImpulsAbends am 12.11.2019 lautete »Der Weisheit letzter Schluss«. Am 21.11.2019 trafen wir uns mit einer Bekannten, die uns fragte: „Habt ihr euch hinsichtlich eures letzten ImpulsAbends mit der Mittelbayerischen Zeitung abgesprochen?“ Als wir sie ahnungslos ansahen, informierte

---

[257] Ebenda, S. 148 ff.

sie uns, dass im Mittelpunkt des MZ-Wochenendmagazins vom 15.11.2019 das Thema „Weisheit" stand.

Nur hatte es damit noch nicht ganz sein Bewenden. Der in der MZ abgedruckte Artikel behandelte das Verhältnis zwischen Alter und Weisheit.[258] Genau die Thematik, die ich hier exakt zu jenem Zeitpunkt, als wir am 21.11. von der MZ-Inzidenz erfuhren, unter Punkt 4.2 zu Papier, d. h. MS-Word, brachte. Dieser Sachverhalt hat sich ein »Wow« verdient.

6 Traumzeit

Zuweilen mag es inspirativ sein, sich eines halbluziden Traumes zu besinnen und dessen Botschaft zu erforschen. So erschien mir am frühen Morgen des 12.07.2019 im Schlaf das Wortpaar *chvalitní tma*. Nun besitzt dieser Ausdruck im Deutschen keine Bedeutung, dafür im Tschechischen. Zwar kennt auch die tschechische Sprache nicht das Wort *chvalitní,* jedoch das so gut wie identische Adjektiv *kvalitní*, das »qualitativ« bedeutet sowie das gängige Substantiv *tma*, das für Dunkelheit steht. In diesem Fall kann ich meiner inspirativen Fantasie freien Lauf lassen, da er auf den ersten Blick keinerlei Anhaltspunkte für eine auch nur halbwegs schlüssige Interpretation bietet.

Ich beginne also mit den ersten Gedankenblitzen und bin selbst gespannt, was am Ende herauskommt. Das erste, was mir dazu einfällt, nimmt Bezug auf die Dunkelheit und Qualität des Schlafs, in dem mich diese Zweiworte-Begrifflichkeit überkam. Sowohl der Schlaf als auch die Dunkelheit stellen besondere, unverzichtbare Lebensqualitäten und letztlich Interdependenzen dar. Jedes menschliche Leben ist an Schlaf gebunden, fehlt es an hinreichend qualitativem Schlaf, leidet die Lebensqualität und ohne Dunkelheit lässt die Qualität des Schlafs deutlich zu wünschen übrig. Diese schlafrelevante qualitative Dunkelheit birgt aber noch eine weitere besondere Qualität, die des Traums und Träumens. Noch wissen wir nicht, aus welchem Grund wir träumen, was es mit dem Träumen auf sich hat, welcher Sinn ihm zugrunde liegt. Aber immerhin wissen wir, dass wir im Traum die

---

[258] Vgl. Sauerer: Angelika: *Weise werden*, datiert vom 15.11.2019 in https://stories.mittelbayerische.de/nrsieben/weise-werden-artid21599 Stand: 11/2019

Raumzeitlosigkeit erfahren. Da wir in Schlaftraum-Handlungen nicht bewusst Regie führen, basieren sie auf nicht lokalisierbaren Erlebnissen vermutlich der fünften Dimension. Somit wäre allein dieser Aspekt ein Qualitätsmerkmal dieser hochwertigen Dunkelheit: sich bewusst zu machen, dass unser vermeintlich dreidimensionaler Raum und die vierdimensionale Raumzeit nicht der Weisheit letzter Schluss seien.

Weshalb sollte auch unsere Wachzustand-Welt realistischer sein als die unseres Schlaf- und Traumzustandes? Was unsere Wissenschaft und mithin wir unzureichend berücksichtigen, ist der Umstand, dass uns viele Erscheinungen indirekt signalisieren, wie unsere Welt tatsächlich beschaffen ist. Ein Paradebeispiel dieser These stellt das WorldWideWeb dar. Während wir noch mehrheitlich davon ausgehen, dass alles voneinander getrennt ist, die Welt atomistisch-reduktionistisch aus lauter voneinander unabhängigen, getrennten Individuen und Einzelelementen besteht, führt uns das Internet penetrant vor Augen, wie es um das Universum tatsächlich steht. Alles ist miteinander verbunden, alles bedingt einander, alles steht miteinander in Wechselbeziehung. Das Universum ist ein unermessliches holistisches Gefüge. Die etablierte Wissenschaft wehrt sich vehement gegen diesen Gedanken, weil er ihr im Grunde, wie schon Physiker und Philosoph Carl Friedrich von Weizsäcker Anfang der 1990er zu Papier brachte, Entbehrlichkeit bescheinigt:

> „Das Postulat getrennt entscheidbarer Alternativen ist nur eine Näherung. In Strenge ist es falsch. Die strenge Konsequenz wäre der *Holismus*. Alles hängt mit allem zusammen. Kein einzelnes Ereignis kann fraglos als real angesprochen werden. Dies aber wäre, streng vollzogen, das Ende der Wissenschaft. [...] Diesen holistischen Hintergrund haben wir auf unserem weiteren Weg im Blick zu halten"[259]

Nun, sie ist ebenso wenig entbehrlich, wie alles andere auch, sonst gäbe es sie nicht. Die Welt ist eine genial ausgeklügelte Spielwiese, die evolutionsgeleitet jedes einzelnen Spiels und Spielzeugs bedarf. Deren holistische Struktur zeichnet sich dadurch aus, dass wir Menschen die komplexen Zusammenhänge nicht umfassend zu erkennen

---

[259] Weizsäcker, Carl Friedrich von: *Zeit und Wissen*, S. 556

vermögen, anderenfalls wir das Spiel aufgeben würden. Doch um des Spiels willen sind wir auf dem Planeten Erde inkarniert. Dieses irdische Spiel ist für uns erst zu Ende, wenn wir Terra Mater körperlich verlassen. Sodann begeben wir uns auf ein anderes Seins-Terrain. Das Charakteristikum der Evolution besteht gerade darin, ihre Entwicklungsschritte zu den jeweils angezeigten Zeiten im Sinne von »alles zu seiner Zeit« zu tun.

Zurück zur hochwertigen Dunkelheit der Traumwelt. Jede(r) von uns ist unumgänglich einem immerwährenden Wechselrhythmus unterworfen: dem Wachzustand und dem Schlaf. Im Wachzustand weilen wir zumeist im Modus der Raumzeit, im Schlaf in jenem der Traumzeit. Welch Überlegungen mich daraus für unser Diesseits und Jenseits überkamen, veröffentlichte ich am 14.02.2018 in einem Blogbeitrag auf meiner Website www.sophialogie.de, den ich nachfolgend wiedergebe:

Träume sind Schäume und Wachsein ist nicht Wahrsein. Wir konzentrieren uns auf die eine Seite unseres Seins, den Wachzustand und halten dessen Komplement, die Träume, für nicht der näheren Betrachtung wert, da sie uns nebensächlich, wenn nicht gar in ihrer irrationalen und bizarren Erscheinungsform irgendwie »sinnlos« erscheinen. Doch bei etwas genauerem Hinsehen stellt sich heraus, dass die beiden Seinsweisen miteinander korrelieren, also eine untrennbare Einheit bilden, die sowohl unser Leben als auch unseren Tod tangiert.

Es ist immer wieder faszinierend, verblüfft feststellen zu dürfen, wie ganzheitlich sich insbesondere die deutsche Sprache in ihrem Vokabular präsentiert. Da wir, um uns in unserem Leben orientieren zu können, genötigt sind, Dinge zu unterscheiden, zerlegen wir die All-Einheit, also das sogenannte große Ganze, gedanklich, d. h. sprachlich, in Einzelteile. Angesichts dieser Gewohnheit, Zusammengehöriges zu trennen, fällt uns die analytische (zergliedernde) Denkweise leicht und die synthetische (zusammenfügende) schwer. Von der klassischen Physik wurden uns daher auch Raum und Zeit als zwei verschiedene, voneinander unabhängige Faktoren vermittelt. Spätestens seit Einsteins Relativitätstheorie erwies es sich als zutreffender, die drei Dimensionen des Raumes mit der Zeit zu einer einheitlichen vierdimensionalen Raumzeit zu vereinigen. Auf die Frage „Gibt es Zeit ohne Raum oder Raum ohne Zeit" antwortete der Philosophieprofessor Holm Tetens:

> „Den Raum erfahren wir nur, indem wir uns in ihm bewegen, und mit jeder unserer Bewegungen verstreicht Zeit, die wir auch erfahren. Also erfahren wir den Raum niemals ohne die Zeit. Macht es Sinn, nach Raum und Zeit jenseits aller Erfahrung zu fragen? Jede Antwort macht den Raum und die Zeit zu einem Teil unseres Wissens. Wir können nicht wissen, was es mit dem Raum und der Zeit jenseits unseres Wissens auf sich hat. Also sollte man nicht nach Raum und Zeit an sich fragen, denn darauf kennen wir aus logischen Gründen niemals eine Antwort."[260]

Daraus folgt, was bereits (der deshalb als weise verehrte) Sokrates wusste: Nämlich, dass er (und wir alle) hinsichtlich solcher (sogenannten »letzten«) Fragen nichtwissend sei(en). Doch wem auch immer wir unsere Sprache zu verdanken haben, das Wort Traum verweist nicht nur ausdrücklich auf den Raum, sondern vereinigt in sich zudem mit t, dem Formelzeichen für Zeit[261], Raum und Zeit zur »Traumzeit«. Träume interpretieren wir (Duden) mehrdeutig: Als „im Schlaf auftretende Abfolge von Vorstellungen, Bildern, Ereignissen, Erlebnissen", als „sehnlichen, unerfüllten Wunsch" (Wunschträume), als „etwas traumhaft Schönes" oder als „eine Person, Sache, die wie die Erfüllung geheimer Wünsche erscheint" (Traumfrau, Traumberuf). Daneben unterscheiden wir Wach- bzw. Tagträume, luzide oder Klarträume, Albträume etc. Das Traumspektrum ist vielfältig und in der Psychologie hielt auch die Traumdeutung Einzug. Doch was Träume mit Raum und Zeit auf sich haben, darüber zerbrach man sich wohl bislang eher kaum den (wissenschaftsaffinen) Kopf. Dabei eröffnen sich uns gerade bei diesem Ansatz ungeahnte Perspektiven.

In unserem Dasein werden wir tagnächtlich mit zwei raumzeitlichen Erscheinungen konfrontiert. Im Wachzustand erleben wir

---

[260] www.welt.de/kultur/article2645836/Gibt-es-Zeit-ohne-Raum-oder-Raum-ohne-Zeit.html Stand: 02/2018
[261] www.bmu.de/fileadmin/bmu-import/files/pdfs/allgemein/application/pdf/strlsch_messungen_einheit.pdf Stand: 01/2021

Raumzeitlichkeit, im Schlaf Raumzeitlosigkeit. Genösse der Wachzustand von unserer Seite nicht absolute Priorität, könnte uns diese Ambivalenz verwirren. Gegebenenfalls würden wir uns nach jedem Aufwachen von neuem fragen, was nun der Wirklichkeit entspreche. Anhand der uns vertrauten binären Logik, Einheiten in zwei Teile zu zerlegen und diese zu miteinander unvereinbaren Gegensätzen zu erklären, wovon ein Teil zumeist der bessere sei, bilden wir uns ein, die weltlichen Gegebenheiten optimal in den Griff zu bekommen. Zwar gelingt es uns nicht wirklich, denn die Menschheit hangelt sich von Krise zu Krise und ist von Freiheit, Gleichheit und Brüderlichkeit nach wie vor meilenweit entfernt, doch auf unseren Hang zu Fragmentierung, Partikularisierung und Reduktionismus, also zu trennen was zusammengehört, führt dies so gut wie keiner zurück. Die Problematik liegt nicht darin, dass wir die Welt in ihre Vielfalt zergliedern, sondern darin, dass wir in unserem analytischen Eifer die Ausgangsbasis, die unseren Analysen zugrunde liegende Ganzheit, vergessen oder übersehen und die unterschiedenen Teile dieses Ganzen unterschiedlich bewerten.

Sehen wir uns unter dem vorstehenden Aspekt unser Untersuchungsobjekt an. Außerhalb unseres konditionierten Denkens vollzieht sich das kosmische Geschehen raumzeitlos. Wem das unglaubwürdig erscheint, möge sich die Quantentheorie und dort insbesondere das Phänomen der »Verschränkung« zu Gemüte führen. Die Verschränkung zweier Teilchen bedeutet, dass eine Messung des einen augenblicklich den Zustand des anderen festlegt. Augenblicklich heißt in dem Fall unabhängig von der zwischen ihnen liegenden Entfernung sowie instantan, ohne die geringste zeitliche Verzögerung. Raum und Zeit spielen keine Rolle, denn „die Verschränkung ist ein Quantenphänomen, bei dem zwei Teilchen so miteinander verknüpft sind, dass eine Änderung am einen auch eine Änderung am anderen bewirkt – egal wie weit beide voneinander entfernt sind."[262] Für die Raumzeitlosigkeit gibt es aber auch nachvollziehbarere Indikatoren. Nur für uns Menschen zählt der Tag-Nacht-Rhythmus 24 Stunden,

---

262 Matting, Matthias: *Die faszinierende Welt der Quanten*, eBook, Pos. 738

denn diese, wie auch alle anderen Maßeinheiten haben wir Menschen uns zurechtgelegt. Es ist kaum davon auszugehen, dass irgendein anderes irdisches Lebewesen außer uns Menschen sein Dasein als in einen Zeitraum- oder Raumzeitmodus eingebettet empfindet. Hingegen darf angenommen werden, dass jene Wesen ausnahmslos im Hier und Jetzt weilen. Doch auch wir weise Menschen (*homines sapientes*) erleben Nacht für Nacht bzw. Schlaf für Schlaf eine raumzeitlose Welt, in der auch unser Körper letztlich keine Relevanz besitzt. In unseren Träumen, also physikalisch *t*-Räumen, d. h. de facto transzendenten[263] Zeit-Räumen, erleben wir jedwedes Geschehen im Modus der Raumzeitlosigkeit. Während wir träumen, schaltet unser Zeit- und Raumgefühl auf Stand-by. Raum (Distanzen, Dimensionen) und Zeit (Dauer, Vergangenheit, Zukunft) sind völlig irrelevant, sämtliche Vorgänge finden im Jetzt statt. Raumzeitlosigkeit erleben wir mittlerweile aber tagtäglich auch ganz bewusst und möchten sie auch nicht missen. Unsere Segnungen des Informationszeitalters – Rundfunk, Fernsehen, Satelliten, Internet, Smartphone etc. – stützen sich allesamt auf die letztlich raumzeitlose Datenübertragung. Und auch die sich unentwegt beschleunigende Schnelllebigkeit – die Tage, Wochen, Monate und Jahre scheinen selbst aus Sicht Jugendlicher immer schneller zu vergehen – hält uns die Relativität des Zeitfaktors vor Augen.

Daraus folgt: Wir leben zugleich raumzeitlich und raumzeitlos. Keines dieser beiden Phänomene ist wirklicher, besser oder schlechter als die andere Seite dieser Seins-Medaille. Im Wachzustand sind wir auf Raum und Zeit angewiesen und der Traum dürfte unter anderem dazu bestimmt sein, uns des im Universum vorherrschenden raumzeitlosen Seins bewusst werden zu können, welches das Universum charakterisiert und das uns vor unserer Geburt und mit unserem Tod umgibt. Ob und wenn ja, was wir vor unserer Geburt und nach unserem Tod sind, kann uns bislang keine Wissenschaft verraten, da sich solche Fragen mit der wissenschaftlichen Methodik nicht beantworten lassen. Doch nur deshalb, weil die wissenschaftliche Methode stets nur die halbe Wahrheit in Erfahrung zu bringen vermag, heißt

---

[263] Letztlich transmanenten. Was es mit der »Transmanenz« auf sich hat, behandle ich in meinem nächsten Buch.

es noch lange nicht, dass wir uns mit Halbheiten begnügen müssen. Selbst, wenn man dort, wo die Wissenschaft an ihre Grenzen stößt, mit einer »unwissenschaftlichen« Vorgehensweise mitunter irren mag, was im Zeitverlauf auch regelmäßig die wissenschaftlichen Erkenntnisse ereilt, erscheint es lohnenswert, ja dringender denn je geboten, dem kreativ-forschenden Geist freien Lauf zu lassen, da sich Evolution und Fortschritt keinen Restriktionen unterwerfen und Intuition das essenzielle Forschungsinstrument darstellt:

> „Kepler war, wie jeder Wissenschaftler, von Intuition geleitet; von Versuch (Hypothese) und Irrtum (empirische Widerlegung). Und er war, wie jeder Wissenschaftler, der etwas Neues sucht und findet, ein Metaphysiker [...]. Ohne Intuition geht es nicht [...]. Wir brauchen Intuitionen, Ideen und womöglich konkurrierende Ideen [...]. Und bis sie widerlegt sind (und wohl auch länger), müssen wir auch fragwürdige Ideen tolerieren. Denn auch die besten Ideen sind fragwürdig."[264]

Da der (eigene) Tod das Tabu schlechthin repräsentiert, verdrängen wir den Gedanken, dass wir uns im Grunde täglich bzw. nächtlich, d. h. bei jedem Schlafengehen virtuell dem eigenen »Tod« anvertrauen. Denn so stellen wir uns doch letztlich den wissenschaftlich anerkannten Tod vor: als ein ewiges Nichts. Als mithin genau das, was wir im Tiefschlaf erleben. Unser Unbehagen dem Tod gegenüber beruht somit weniger auf der Angst vor jenem Nichts, vielmehr vor jener Ewigkeit. Wenn da nicht die Träume wären, denen wir bei aller Liebe dennoch keine befriedigende Bedeutung beizumessen wissen. Zwar versuchen uns die Schlafforscher verschiedene Theorien anzubieten, zum Beispiel die, wonach wir im Traum belastende Erlebnisse aufarbeiten, aber was hätte es dann mit den Träumen auf sich, von denen wir das Adjektiv »traumhaft« (umgangssprachlich für »überaus schön«) oder den Ausspruch »davon kann man nur träumen« abgeleitet haben? Und wozu gäbe es dann noch Psychologen, wenn sich alles Belastende im Traum verlöre? Weitere Theorien:

---

[264] Popper, Karl: *Alles Leben ist Problemlösen*, S. 151 f.

- „Wir träumen, um gefährliche oder risikoreiche Situationen zu si-
  mulieren."
- „Im Traum können wir Verhaltensweisen ausprobieren und erlernen, die uns in der Zukunft helfen."
- „Heute helfen uns Träume dabei, mit Ängsten besser umzugehen, uns auf Klausuren oder Herausforderungen im Job vorzube-
  reiten. Träume sind Gefühle in bewegten Bildern dargestellt. Wer
  diese Gefühle erkennt, kann etwas über sich lernen."
- „Zum Beispiel über Stärken und Schwächen, über die eigene Persönlichkeit und Dinge, die gerade Sorgen oder Ängste verursa-
  chen. Träume spiegeln Erfahrungen aus dem Alltag wider, in dem
  wir zu sehr mit Eindrücken von außen beschäftigt sind. Im Traum
  aber erleben wir, was uns wirklich bewegt. Wiederkehrende
  Grundmuster verraten, was den Träumenden beschäftigt."[265]

Trotz ihrer Theorien bleibt das Träumen den Schlafforschern ein Rätsel: „Warum träumen wir überhaupt? Eine konkrete Antwort darauf
fehlt bislang. Ob das Hirn im Traum die Erlebnisse des Tages abspei-
chert, Gefühle verarbeitet oder der Traum einfach nur ein Zufallsprodukt des Schlafs ist, können Wissenschaftler noch nicht sagen.
‚Höchstwahrscheinlich ist es eine Mischung aus den verschiedenen
Theorien', sagt [Neurowissenschaftler] Martin Dresler."[266] Ihm zufolge träumt jeder von uns die ganze Nacht durch. Tja, wenn Wissenschaftler Hintergründe geistiger Phänomene herausfinden wollen,
die sich mithilfe von Beobachtung und Messmethoden nicht erfassen
lassen, werden sie ebenso spekulativ wie diejenigen, die sie der »Unwissenschaftlichkeit« zeihen. Allerdings schließen sie metaphysische
Annahmen aus, wodurch sie Erklärungsansätze außer Acht lassen
oder ausblenden, die nicht minder wahrscheinlich sind, wie ihre wissenschaftlichen.

In Träumen ist nichts unmöglich und aus Träumen wachen wir immer unversehrt auf. Und obwohl wir mit dem Präfix »Traum-« in Ver-

---

[265] Ewert, Katrin: *Traumforschung* in: www.planet-wissen.de/gesell-
schaft/schlaf/traeume/traeume-traumforschung-100.html Stand: 11/2019
[266] Ebenda

bindung mit Substantiven unsere begehrtesten Ideale, z. B. Traum-
villa, Traumhochzeit, Traumreise, … ausdrücken, widmen wir dem
Sinn des Phänomens »Traum« im Grunde keine Aufmerksamkeit. Wir
nehmen Träume einfach so hin und messen ihnen im Grunde keinerlei Bedeutung bei, halten sie vielleicht sogar für eine Kapriole der Natur. Dabei sollte uns eigentlich klar sein, dass sich hinter allem, und
besonders was unseren Körper und Geist anbelangt, ein höchst geni-
aler Sinn verbirgt: nichts an unserer Beschaffenheit ist bedeutungs-
los.

Interessanterweise kommt es vor, dass man sich im Schlaf des
Träumens bewusst ist und dies lässt sich sogar erlernen. Solche luzi-
den oder Klarträume können frei gestaltet werden und ermöglichen
es sogar, Entscheidungen zu treffen. Das Phänomen »luzider Traum«
tritt auch nicht selten auf: Eine Traumforschungsstudie fand heraus,
dass fast jede(r) Zweite (mich eingeschlossen) bereits mindestens
einmal ein solches Erlebnis hatte.

> „Menschen mit Alpträumen können luzides Träumen erlernen, um
> die bedrohlichen Szenen in harmlose umzuwandeln. Auch Leistungs-
> sportler sind auf den Klartraum aufmerksam geworden. Sie nutzen
> diesen, um im Schlaf riskante Sprünge und neue Techniken einzustu-
> dieren. Der Sportpsychologe Daniel Erlacher hat in Versuchen an der
> Universität Heidelberg gezeigt, wie die nächtlichen Turnübungen so-
> wohl Koordination als auch Kondition verbessern. Übten seine Pro-
> banden einen Münzwurf im Schlaf, hatten sie im Wachzustand eine
> bessere Trefferquote. Forderte er die luziden Träumer auf, Kniebeu-
> gen auszuführen, beschleunigten sich Herzschlag und Atem wie bei
> der tatsächlichen Anstrengung.“[267]

Somit könnte der tiefere Sinn der Träume mangels einer fundierten
wissenschaftlichen Theorie ohne Weiteres einerseits darin liegen,
uns tagnächtlich auf unser jenseitiges Sein einzustimmen, um uns
weitgehend vor unseren Ängsten, Sorgen und Ungewissheiten was
den Tod anbelangt zu bewahren. Schließlich kommen wir selbst in
unseren schlimmsten Albträumen nie wirklich zu Schaden. Und andererseits könnte er darin liegen, uns zu vergegenwärtigen, die Dinge,

---

[267] Ebenda

die uns im Alltag umtreiben, bewusst nach unseren Vorstellungen zu gestalten, wollen wir uns nicht, wie im unbewussten Traum, einem beliebigen Geschehen ausliefern. Wer weiß, vielleicht erleben wir in jedem Schlaf unseren »Tod« – und gehen gerade deshalb so unbeschwert zu Bett. Käme diese Option auch nur näherungsweise in Betracht, dürften wir uns auf ein traumhaftes Leben nach dem Tod und womöglich darüber hinaus auf Wiedergeburten einstellen oder – je nach dem – auch freuen. Wir könnten unser Leben erträumen und unsere Wunschträume erleben. Welch schöne, eines allliebenden göttlichen Prinzips würdige Vorstellung.

Die vorstehend mit dem Vorbehalt »je nach dem« versehene Wiedergeburtsfreude bezieht sich auf das Vorzeichen des Karmas, das die Lebensumstände der kommenden Wiederverkörperung (mit)bestimmen soll. Alles in diesem Universum hat Sinn. Wer demnach mit seiner Lebenssituation hadert, darf gegebenenfalls davon ausgehen, hierfür die Grundlage selbst geschaffen zu haben. „Was der Mensch sät, das wird er ernten" ist mithin eine echte Weisheit. Wer sich auf seine Reinkarnation(en) freuen möchte, wäre daher möglicherweise gut beraten, sich so zu verhalten, dass es auch Grund zu jener Freude gibt. Dies sollten diejenigen bedenken, die der Devise »nach mir die Sintflut« huldigen, d. h. auf Umweltschutz, Menschenrechte, Ökologie, ausgewogene Einkommensverteilung, Humanität, friedliches Miteinander, Redlichkeit, freiheitsgeleitetes Gemeinwohl, Gewaltfreiheit, Weltfrieden und Nächstenliebe, kurzum auf »Weltschätzung« pfeifen.

Zu Beginn dieses Abschnitts schrieb ich, gespannt zu sein, was bei der Interpretation dieses Traumimpulses vom 12.07.2019 herauskommt und schon einen Tag später, am 02.11.2019 kurz vor 5 Uhr, also erneut in der Obhut der hochwertigen Dunkelheit, erinnerte ich mich dieses Blogbeitrags, der sich nun perfekt in den Inspirationstext einfügt. Als im Februar 2021 die Veröffentlichung dieses Buches nahte und ich gegen 3 Uhr aufwachte, wurde mir Innerhalb einer kurzen Zeitspanne gleichsam ein Feuerwerk an Erkenntnissen und Inspirationen dessen zuteil, dem ich mein nächstes Buch zu widmen gedenke. In jenen Minuten wurde mir glasklar, was es mit unserer Welt auf sich hat und ich erkannte, was sich hinter der qualitativen Dunkelheit essenziell verbirgt: hochwertige Eingebungen.

195

*»Die Menschen dieser Tage suchen nicht die Weisheit, son-
dern das Wissen. Das Wissen gehört der Vergangenheit an,
die Weisheit der Zukunft.«*

Indianische Weisheit

III.   Wissenheit

Führen wir uns ungetrübten Blickes bewusst, unvoreingenommen
und mutig, sich unseres eigenen Verstandes bedienend vor Augen,
wo wir heute mit unserer Welt dank unserer Wissenschaftsverehrung
und -gläubigkeit tatsächlich stehen, gibt es keine andere Antwort als:
am Abgrund. Wir hangeln uns von Krise zu Krise (neuerdings von
Welle zu Welle), wobei die sogenannte Corona-Krise deren bisherigen Kulminationspunkt markiert.

1   Wissensform der Weisheit

Weisheit wird so gut wie immer mit einer besonderen Form des Wissens in Verbindung gebracht. Doch um welche Wissensform mag es
sich beim Weisheitswissen handeln? Soziologieprofessor Alois Hahn
klassifiziert sie als Wichtigkeitswissen, als eine Wissensform, die aus
vorhandenem Wissen das sozial konsensfähige Wissen nach Rele-
vanzkriterien auswählt. Weisheit sei ein Wissen, das mehr sei als blo-
ßes Wissen. Sie sei die Antwort auf die Frage, welches Wissen in einem gegebenen Fall triftig ist. Für Hahn heißt weise zu sein nicht einfach gelehrt, unterrichtet, belesen oder wissenschaftlich zugange zu
sein, sondern wenn, dann jeweils mit einer weisheitsgeleiteten Haltung. In diesem Zusammenhang sei Weisheit ein Wissen, das sozial
und individuell plausible Antworten auf Sinnfragen zu geben vermag.
Weisheit könne mithin aus der traditionellen Gelehrsamkeit oder
dem etablierten Wissen schöpfen, aber nicht aus der Perspektive
dessen, der darüber verfügt, sondern dessen, der darüber hinaus ist.
Der Weise vermag somit sehr wohl »ich weiß, dass ich nicht(s) weiß«
zu sagen, aber nicht aufgrund eines mangelnden Wissens, sondern
aufgrund seines »Sonderwissens«. Es gebe mehrere Gründe, die

197

diese Form des Wissens unabdingbar machen. Einer dieser Gründe bestehe darin, dass die reale Wirklichkeit von jedweder Theorie und Gelehrsamkeit abweicht. Die Realität oder wirksam-wirkende „Wirklichkeit entzieht sich insofern immer den szientifischen Netzen, mit denen wir sie einzufangen hoffen."[268] Die Weisheit überbrückt demnach die fehlende Kongruenz von Wissen und Situation. Ein weiterer wesentlicher Grund für die Erfordernis eines Weisheitswissens liegt in dem Umstand, dass wir uns nicht nur kognitiv orientieren, sondern unserem Dasein zudem einen Sinn zu entnehmen bestrebt sind. Doch das Unvermögen, dies hinzubekommen, empfinden wir nicht nur als ein kognitives, vielmehr als ein existenzielles Defizit. Es geht demnach nicht darum, eine Situation nicht in den Griff zu bekommen, sondern, dass uns unser Leben sinnlos erscheint. Weisheit ist in diesem Kontext ein Wissen, das plausible Antworten auf Sinnfragen zu geben vermag. So gesehen, hat Weisheit stets eine Affinität zur »heilsamen Wissenheit«. Ihr Unterschied zur Klugheit resultiert aus ihrer Funktion, die Korrelation von Leben, Handeln, Wissen und Sinn sinnfällig zu machen.

Weisheit weist auf eine eigentümliche Form von Wissen hin, die nicht mit dem Wissen von Sachverhalten gleichzusetzen ist. Weise wissen gleichsam mit Wissen umzugehen. Weisheit bedeutet, die Grenzen des Wissens zu (er)kennen. In unserer modernen Gesellschaft nimmt Wissen so enorm zu, dass es schneller altert als wir Menschen. Hierdurch kann es keine Universalgelehrten mehr geben. Alle gesellschaftlich verbindliche Realität wird von den Wissenschaften generiert, die sie per Spezialistenwissen einzufangen versuchen.

Reduktionistische Wissenschaft und die Rationalisierung der Lebenswelt trugen dazu bei, den über Jahrhunderte angehäuften Erfahrungsschatz der Weisheit für entbehrlich zu erklären. Rechtzeitig erkennen, worauf etwas hinausläuft, Weitsicht an den Tag legen, anerkennen, was man nicht zu ändern vermag, hinnehmen, was einem beschieden ist, dies sind Attribute, die für eine »weise« Haltung stehen. „Weisheitsboom und Wissenskrise scheinen zwei Dinge zu sein, die offensichtlich zusammengehören. Die Weisheit wurde von der

---

[268] Hahn, Alois: Zur Soziologie der Weisheit, S. 49

Wissenschaft zurückgestutzt, kritisiert und schließlich ignoriert. Aber auch das umgekehrte gilt. Die Weisheit ist zur Herausforderung der Wissenschaft geworden, zu einer separaten Instanz der Bewertung und Kritik des Wissens."[269] Die neuen Wissenschaften brachen mit der traditionsreichen Allianz von Wissen und Heil. Unter diesen Vorzeichen verlor die Weisheit nach und nach ihren Nimbus eines Ideals und wurde systematisch ins Exil verdrängt. Während Kant noch ein harmonisches Miteinander von Weisheit und Wissenschaft im Sinn hatte (‚Wissenschaft [...] ist die enge Pforte, die zur *Weisheitslehre* führt‘[270]), setzte sie bereits Nietzsche in disparate Opposition zueinander. Doch Nietzsches Befund braucht niemand zu verunsichern. Denn eine zentrale Erkenntnis der Weisheit besteht darin, „dass nichts einer Sache so nahesteht wie ihr genaues Gegenteil."[271] Was es hierzu zu fragen gilt, könnte etwa so lauten: Welcher Stellenwert sollte der Weisheit nach ihrer Disqualifizierung durch die Wissenschaft aus heutiger Sicht beigemessen werden? Kann Weisheit den Wissenschaftsdiskurs bereichern und wenn ja, wodurch? Man übe sich noch etwas in Geduld, im Folgenden werden diese Fragen an geeigneter Stelle beantwortet.

2 Weisheit und Wissenschaft

Da inzwischen längst klar geworden sein dürfte, worum es (in) diesem Buch geht, mag es nicht verwundern, dass in Indien, wo Weisheit von alters her höchste Achtung erfährt, Sanskrit-Texte zwischen Weisheit und Wissenschaft nicht unterscheiden: „Die *vidya* bezeichnet etwas, das genauso gut unserer Wissenschaft wie unserer Weisheit entsprechen könnte."[272] Dergleichen gilt auch für andere Kulturen. Deren Differenzierung scheint demnach eine europäische Besonderheit zu sein, die man der Philosophie zuschreiben darf. Allerdings ist auch noch bei Heraklit (≈ 520-460 v.Chr.) die Weisheit ein Wissen, das sich von Wissenschaft nicht unterscheidet. Indem Philosophie auf Deutsch »Liebe zur Weisheit« heißt, flaute diese Liebe spätestens

---

[269] Assmann, Aleida: *Was ist Weisheit? Wegmarken in einem weiten Feld*, S. 26
[270] Borsche, Tilman: a.a.O., S. 25
[271] Ebenda, S. 19
[272] Agud, Ana: *Wissen und Weisheit in der Philosophie der Upanischaden*, S. 39

dann ab, als die Philosophie von Descartes bis Hegel zur Wissenschaft, oder gar zur Wissenschaft der Wissenschaften (*regina omnium scientiarum*) erhoben wurde und die Weisheit zur Ehrenvorsitzenden herabwürdigte.[273] Wenn Sokrates (469-399 v. Chr.) vom Orakel von Delphi zum weisesten Menschen erkoren wurde, stimmt dies nur mittelbar. Denn Sokrates exponiert sich im Grunde als Kritiker des Wissens, d. h. der Weisheit, wodurch er letztlich die Philosophie begründet. Sokrates irritiert seine Zeitgenossen und bringt sie dadurch gegen sich auf, indem er weder lehrt noch Belehrung wünscht, sondern von seinen Gesprächspartnern plausible Antworten fordert. Diese Art zu fragen, also das jeweils Anerkannte in Zweifel zu ziehen, wird als so unerhört wie ungehörig angesehen und schließlich mit seinem Tod bestraft. Vor der sokratischen Frage, was etwas sei, ist keine Entität sicher. Ein wahrhaft Wissender müsse imstande sein, weder das, was verschieden ist, für dasselbe noch, was dasselbe ist, für verschieden auszugeben. Für Platon ist ein solches Wissen aber nur erreichbar, wenn im Diskurs auf der Grundlage von Rede und Widerrede die unwiderlegbare Antwort, was dies oder jenes sei, die Beteiligten gegenseitig überzeugt.

Liebe ist für Sokrates ein Zustand des Mangels und der Sehnsucht nach dem, was einem fehlt. Ergo wird die Weisheit von denjenigen geliebt, die sie nicht besitzen. Somit entspricht die Philosophie als Liebe zur Weisheit dem Eingeständnis, nicht weise zu sein und initiiert mit ihrem Fragen und Suchen nach weisheitlichem Wissen das abendländische Projekt »Wissenschaft«: „Philosophie als Wissenschaft ist aus einer Kritik [= wissenschaftliche Beurteilung, Begutachtung, Bewertung, Anm. d. Verf.] an der Weisheit entstanden. *Philosophia* ist eben nicht *sophia* selbst, sie strebt nach dem, was sie nicht besitzt, und bleibt auf dieses Ziel ausgerichtet.“[274] Deren Beziehung offenbart sich seitens der Weisheit darin, einerseits die Vollendung und andererseits das Gegenstück des philosophischen Wissens zu bilden. Für Aristoteles (384-322 v. Chr.) liegen Weisheit, Wissen und Philosophie eng beieinander. Weisheit deutet er als die Meisterschaft im Wissen, einem Wissen des Ersten und Ursprünglichen von allem,

---

[273] Vgl. ebenda, S. 15 ff.
[274] Ebenda, S. 23

das um seiner selbst willen gesucht wird. Die Philosophie ist ihm weniger eine vergebliche Liebe und unerfüllte Sehnsucht, vielmehr das (natürliche) Streben des Menschen nach Weisheit, ein Streben, das, sofern nicht zur Vollendung, dann immerhin zur Meisterschaft zu führen verspricht. „Der stoische Weise ist vollkommen glücklich, weil er das vollkommene Wissen davon hat, was glücklich und was unglücklich macht. Er begehrt nichts, das nicht in seiner Macht steht; folglich erreicht er alles, was er begehrt. Seine Weisheit besteht darin, zu begehren, was ihm beschieden ist. Da Aristoteles für des Menschen höchstes natürliches Ziel die Glückseligkeit (*eudaimonia*) erachtet, strebt der Mensch von Natur aus nach Weisheit als der höchsten Form des Wissens, Denn um Eudämonie zu erreichen, bedarf es des vollkommenen Wissens. Aristoteles' Formel lautet: Der Glückliche ist weise und nur der Weise ist glücklich.

Nikolaus von Kues (1401-1464) erblickt die Weisheit in dem Zusammenfall der Gegensätze (*coincidentia oppositorum*) zu einer Einheit. Er geht davon aus, dass sich die geistige Anstrengung darauf richten müsse, die allumfassende ‚einfache' Einheit zu erreichen, in der alles Entgegengesetzte zusammenfalle, somit auch die (vermeintlich) kontradiktorischen Gegensätze, die einander nach dem aristotelischen Satz vom Widerspruch ausschließen. Da die Menschen in ihrem vom Widerspruchsprinzip beherrschten Denken gefangen sind, erkennen sie diese Einheit, diese zwei Seiten einer Medaille nicht als den Urgrund des Seins, sondern nähern sich der Welt auf stets einseitige Weise. Sofern ihnen das Unbefriedigende dieser Einseitigkeit aufgeht, gelangen sie zur Auffassung, die Wahrheit sei unerreichbar. Das Problem liege darin, sich als Wahrheitssucher als außerhalb der Wahrheit stehendes Subjekt zu betrachten, statt sie in sich selbst zu suchen. Denn jedes Einzelne enthält in sich die gesamte Wirklichkeit, mit der es ungeachtet seines individuellen, sinnlich wahrnehmbaren Getrenntseins verbunden ist. Weisheitliche Wahrheit sei die Erkenntnis und Erfahrung eines wissenden Nichtwissens (*docta ignorantia*). Die Schulwissenschaft sei umständlich und mühselig, Weisheit hingegen leicht, direkt auffindbar und voller Freuden. Sie sei dem menschlichen Intellekt von Natur aus verfügbar. In der Weisheit sei der Intellekt aus sich heraus glückselig. Voraussetzung sei das Üben des Koinzidenzdenkens, das zur Fassbarkeit des Unfassbaren führe.[275] Die belehrte Unwissenheit, die Cusanus proklamiert, verweist auf das sokratische Eingeständnis der Unwissenheit. Sokrates stellt unter anderem die Forderung auf, der Staatsmann soll weise sein, indem er sich seiner eklatanten Unwissenheit voll bewusst sei. Er wirbt für intellektuelle Bescheidenheit, die den Appell ‚Erkenne dich selbst!' als ‚Sei dir bewusst, wie wenig du weißt!' interpretiert.[276]

Die moderne Wissenschaft basiert auf dem Gedanken, dass nur das wahr ist, was sich als mach- und überprüfbar erweist, wodurch sie angesichts des rasanten wissenschaftlichen Fortschritts[277] letztlich zur Cusanus' „Kunst der Vermutung (*ars coniecturalis*)"[278] arriviert. Seitdem ist Wissen Macht bzw. das, was Macht verschafft. Unter diesem Wahrheitsbegriff hat die Wissenschaft viel erreicht und viel Macht gewonnen, aber auch viel zerstört. Die Philosophie nahm ihren Anfang als Kritik der Weisheit, wodurch sie der Wissenschaft den Weg ebnete. Heute sieht sie ihre Aufgabe eher in der Kritik der Wissenschaften. Dies führt interessanterweise zur Rehabilitierung des weisheitlichen Denkens, das man im Hinblick auf den krisengeschüttelten Weltlauf dringender denn je aus seinem Exil befreien sollte.[279] Es kann, soll und darf die Wissenschaft nicht ablösen, sondern upgraden, bereichern, zukunfts-weise-nd ausrichten, letztlich retten.

3   Von der Weisheit zur Wissenschaft

Philosophieprofessorin Karen Gloy beschreibt in ihrer im Jahr 2007 erschienenen Abhandlung, wie die altehrwürdige Weisheit im Übergang zum mechanistischen Zeitalter von den Begriffen Wissen bzw.

---

[275] Vgl. https://de.wikipedia.org/wiki/Nikolaus_von_Kues Stand: 08/2020
[276] Vgl. Zell, Tobias: *Der Wissensbegriff in De docta ignorantia (Die belehrte Unwissenheit) von Nikolaus von Kues* in: www.grin.com/document/7708 Stand: 08/2020
[277] „Auf die eskalierende Veralterung des wissenschaftlichen Wissens hinzuweisen, ist keine pauschale Rede, sondern verweist auf eine – mehrfach belegte – verunsichernde Zukunftsperspektive." Arnold, Rolf: *Die Hochschulentwicklungsstrategie der Zukunft* in: Weiterbildung 1/2016 , S. 37 (S. 36-39)
[278] Borsche, Tilman: a.a.O., S. 27
[279] Vgl. ebenda, S. 29 f.

Wissenschaft zurückgedrängt und schließlich ihrer Bedeutung enthoben worden ist: „Das Riesengebilde der Wissenschaften mit der Trennung von Theorie und Praxis und der Aufhebung der Verwurzelung im persönlichen Leben des Menschen [...] marginalisierte die tiefer verankerten Begriffe ‚Weisheit‘, ‚Kunst‘ und ‚Bildung‘ mehr und mehr und setzte an ihre Stelle das entpersönlichte, versachlichte Wissen. Die Ausdrücke ‚Wissen‘ und ‚Wissenschaft‘ beziehen sich seither nur noch auf das unpersönliche Sachwissen, das der rein intellektuellen, kognitiven Sphäre angehört.“[280] Der Ersatz des Weisheitsbegriffs durch den Wissenschaftsbegriff habe die theoretische Sphäre von der ethischen getrennt. Obwohl das wissenschaftliche Wissen dominiert, blieb der Weisheitsbegriff dem Sprach- und Vorstellungsbereich erhalten. Während sich heutzutage eine wissenschaftliche Aussage auf fragmentarisch-spezifische Detailkenntnisse stützt, basiert ein weitsichtiger, weiser Rat auf einer umfassenden Einsicht in komplexe Zusammenhänge. Analog dazu wird unter weisem Handeln kein primär zweckrationales, strategisches, möglichst effizientes, sondern ein wertrationales, ethisch fundiertes Tun verstanden.

> „Während das tagespolitische Handeln des Normalpolitikers meist opportunistisch ist, nur dem Eigennutz und Machterhalt dient und lediglich die nächste Legislaturperiode berücksichtigt, gewitzt und gewieft die eigenen Interessen oder die der Partei durchzusetzen versucht und daher klug genannt wird, ist das staatspolitische Handeln des Staatsmannes , der das Wohl des Ganzen im Blick hat, die unterschiedlichen Interessen auf das Gemeinwohl bezieht und die Konsequenzen einer Entscheidung für einen längeren Zeitraum bedenkt, mit dem Prädikat ‚weise‘ zu versehen.“[281]

Dieses Beispiel dokumentiert eindrucksvoll, dass Weisheit nicht mit Klugheit und Intelligenz gleichzusetzen ist und verdeutlicht die Kriterien des Weisheitsverständnisses. Weisheit ist einerseits eine ganzheitliche bzw. holistische Denk- und Herangehensweise und zum anderen keine bloße Theoretisierung, sondern eine praxisorientierte

---

[280] Gloy, Karen: *Von der Weisheit zur Wissenschaft*, S. 37
[281] Ebenda, S. 38 f.

ethische Vernunft. Sie zieht gemeinnütziges Globalwissen dem ego-
basierten Detailwissen vor. Weisheit entspricht einem höchstmöglich
reifen und abgeklärten holistischen Wissen, das als Persönlichkeitskern einer intrinsischen Motivation folgt, die von einer ungetrennten
Ganzheit allen intellektuellen, emotionalen, ethischen und moralischen Seins ausgeht.[282] Man könne sie zurecht als ethisch orientierte
Lebensführung bezeichnen. Mittlerweile blieb die Weisheitslehre
fast dreitausend Jahre lang unverändert ihrem Ziel und Zweck, folglich Sinn treu, das respektvolle, freiheitlich-selbstbestimmte Wohlergehen der Menschheit und deren Mitwelt zu fördern.

Die griechischen Weisheitsbegriffe »Weisheit« (*sophía* – σοφία)
und »weise« (*sophós* – σοφός) weise~n auf ein mittels entsprechender Lebenseinstellung und darauf basierender Lebenserfahrung ge-
wonnenes Wissen hin, auf das eine höhere Bildung und Gesittung
aufbaut, die anhand einer überschauenden Sicht~weise den rechten
Weg zu einem gelungenen Leben ebnet:

> „Der griechische *sophía*-Begriff enthält damit alle Facetten des klas-
> sischen Weisheitsbegriffes. Seine Grundbedeutung ist die noch unge-
> brochene Einheit von theoretischem und praktischem Wissen, die
> noch nicht in ihre Einzelkomponenten auseinandergetreten ist. Die
> praktische Seite umfaßt dabei die gesamte Spannweite von prak-
> tisch-hand[elndem] bis hin zu praktisch-ethischem Wissen. Sie […]
> reicht hinauf bis zur Integration der Detailerkenntnisse in einem um-
> fassenden Ganzen, einer Ordnung, die […] bei den Griechen der Kos-
> mos ist. ‚Kosmos‘ meint ‚Wohlordnung‘, wie man sie am Planetarium
> studieren kann, und damit auch ‚Schönheit‘.“[283]

Sophía als methodisches Wissen des Know-how könne auch mit
„Wegekunde“, als Wissen um den richtigen Weg zum entsprechenden ethischen Handeln übersetzt werden. Allerdings wird der heutige Weisheitsbegriff nicht mehr als Fundament des Wissens begriffen, sondern zumeist marginalisiert oder paradoxerweise verwissen-
schaftlicht, d. h. objektiviert, formalisiert sowie statistisch überprüft

---

282 Vgl. ebenda, S. 39
283 Ebenda, S. 80 f.

und hierdurch nicht nur verengt, sondern von seiner Besonderheit
suspendiert.

> „Abgesehen davon, dass man aus Befragungen und Experimenten ge-
> nau nur das herausholt, was man zuvor hineingesteckt und still-
> schweigend an Beurteilungskriterien zugrunde gelegt hat [… und wel-
> chen Standpunkt man vertritt], hat sich dieses kognitive Weisheits-
> modell dem Vorwurf auszusetzen, ein kaltes, ein rationales Weis-
> heitskonzept zu sein, eine lebensfremde, aseptische Laborweisheit,
> die mit der Realität nichts oder nur wenig zu tun hat. Es ist zu eng und
> einseitig, zu denk- und wissenslastig, es läßt den realen Lebensvoll-
> zug und die Ethik draußen."[284]

Hingegen sei Weisheit ein Wissen der Wege, wie relevante Werte, die
vor allem Gemeinschaftswerte sind, erreicht werden können. Die
neuerdings weltweiten tiefgreifenden Krisen und Umwälzungen be-
dürften jedoch eines Weisheitsbegriffs, der die Relativität der Werte
und die Multikausalität mitberücksichtige. Sei das Ziel der Wissenschaft und der von ihr beanspruchten Intelligenz quantitativ orientiert, dann das der Weisheit qualitativ. Während die intellektuelle
Seite auf die Bewältigung der außenweltlichen Probleme abzielt, liegt
der weisheitlichen an der Meisterung der Innenwelt. Das wissenschaftliche Wissen ist zeitabhängig und fragmentarisch ausgerichtet,
das weisheitliche integrativ und holistisch. Intellektuelles Wissen för-
dert Egozentrik, weisheitliches universalistisches Gemeinwohl. Weisheit ist ein vielschichtiges und ein umfassenderes sowie facettenrei-
cheres Phänomen als intellektuelles Wissen und aufgrund ihrer le-
bensechten Paradoxie aus Einheit und Vielgestaltigkeit, Pluralität und
Integration, Theorie und Praxis auf die einseitig theoretisierende
Weise der Wissenschaft nicht zu erfassen. An die Stelle des ursprünglichen, konkreten Wissens sei heute das abgeleitete wissenschaftliche getreten. Und darauf beruhend erscheine unsere „emanzi-
pierte", verwissenschaftlichte Gesellschaft wie der Zauberlehrling,
der erstaunt und erschrocken die Geister, die er rief, nicht mehr zu
bändigen wisse.[285]

---

[284] Ebenda, S. 92
[285] Vgl. ebenda, S. 98 f. und 114

Zusammenfassend antwortet die Autorin auf ihre selbstgestellte Frage, ob das intellektuelle, kognitive Wissen in irgendeiner Weise verlässlicher als andere Wissensarten sei: „Diese Frage muß eindeutig negiert werden. Im Gegenteil, wegen seiner Abstraktheit und Abgelöstheit von der individuellen Erfahrungsdimension des Subjekts und nicht zuletzt wegen seiner formalen, objektiven Darstellbarkeit ist das wissenschaftliche Wissen weniger sicher als jedes subjektfundierte Wissen."[286]

4 Von der Wissenschaft zur Wissenheit

Hiermit ist die Abhandlung an ihrem Kernpunkt angelangt. Wie ihrem Untertitel, den die Überschrift dieses Abschnitts wiedergibt, zu entnehmen ist, geht es mir darum, eine nächsthöhere Dimension des menschlichen denkend-handelnden Seins herzuleiten und aufzuzeigen. Meine erste, wissenschaftlich orientierte Publikation dieser dimensionalen Upgrade-Reihe widmete ich dem kommunikativen Aspekt, der »Aufdimensionierung« unserer herkömmlichen Rhetorik bzw. Sprache. Mein zweites Buch fokussiert sich immer noch auf die holistische Rhetorik, allerdings lesefreundlicher formuliert, bezieht jedoch bereits das höherdimensionierte Denken und Handeln mit ein. In diesem dritten Band rege ich an, wissenschaftliche und weisheitliche Denk- und Handlungsweise miteinander auch morphologisch unter der Bezeichnung »Wissenheit« zu verknüpfen. Googelt man nach diesem ungebräuchlichen Begriff, finden sich folgende Aussagen:

> „Wissenheit, der Zustand, da man etwas weiß, wie Wissenschaft 1. Ein für sich allein veraltetes, und nur noch in Allwissenheit und Unwissenheit übliches Wort."[287]

> „Welch eine heilsame Wissenheit aber ist es/dieses alles wissen und erkennen. Weltliche Wissenheit dauret doch nicht wenn allerhand

---

[286] Ebenda, S. 320 f.

[287] Adelung, Johann Christoph: *Grammatisch-kritisches Wörterbuch der hochdeutschen Mundart*, S. 1582 in: http://woerterbuchnetz.de/Adelung/call_wbgui_py_from_form?sigle=Adelung&lemid=DW02548&hitlist=&patternlist=&mode=Vernetzung Stand: 07/2020

leiblich Ungemach sich aufrühret/ach! was solte sie denn leisten wider die Sünde und den bittern Tod. O wie heulete/wie erbärmlich
schrie der sonst weise und biß ans Ende der Welt ruhmwürdige Red-
ner Cicero, als allerhand leibliches Ungemach ihn umbschrencktete /
und alle seine Weiß- und Wissenheit ihn nicht trösten noch retten
kunde! O me nunquam sapientem, wie bin ich nimmer weiß und klug
gewesen/ließ er sich hören/und wolte sagen: Ob ich mir wohl von
grosser Weißheit traumen lassen/so ists nur alles Schatten und Eitel-
keit gewesen. Wenn aber alle politische Wissenheit nicht den wenigsten Trost reichet/so fliessen von ihm beregter Heilsamen Wissenheit
der Liebe/damit uns Jesus entgegen gegangen beständige Herzens-
Tröstungen."[288]

„Ich habe die deutsche Sprache stets um ihre schöne Vokabel ‚Wissenschaft‘ beneidet. In meinen Migrantenohren mutet das Wort ausgesprochen urwüchsig an. Haben Sie gewusst, dass dieser Begriff bereits im 14. Jahrhundert im Gebrauch war? Man benutzte es damals
im Sinne von ‚Wissenheit‘. Das war irgendwie eine Steigerungsform
des ‚Wissens‘ – ja, als handelte es sich um die allererste Sahne auf
dem Gebiet des Wissens. ‚Wissenschaft umb ein Ding haben‘, sagte
man um das Jahr 1600. Man meinte damit, man könnte fundiert über
etwas reden."[289]

Alle drei Zitate fundieren die Inspiration, für die Bezeichnung der evolutiven vierten Dimension des Wissensgebrauchs das Kompositum
aus <u>Wissen</u>(schaft) und (Weis)<u>heit</u> zu verwenden. Das erste Zitat verweist auf die Allwissenheit und Unwissenheit. Beim Wort »Allwissenheit« ist der unmittelbare Bezug zu objektiviertem göttlichen Wissen
gepaart mit subjektivierter göttlicher Weisheit gleichsam eklatant.
Das zweite unterscheidet zwischen einer weltlichen (politischen – im
Sinne von auf ein Ziel gerichteten, klugen und berechnenden[290]) Wissenheit (Wissenschaft) und einer heilsamen Wissenheit (Weisheit).
Am deutlichsten drückt es das dritte Zitat aus: Wissenschaft im Sinne
von Wissenheit, der Steigerungsform, der allerhöchsten Güte auf

---

[288] Müllern, Valentino: *Heilsame Wissenheit*, S. 9 – gedruckt 1672
[289] Blumenthal, P. J.: *Eifer sucht, was Wissen schafft (oder so)* in: http://sprachblog-
geur.de/node/309 Stand: 07/2020
[290] *Duden – Das große Fremdwörterbuch* [CD-ROM]

dem Gebiet des Wissens. Wissenheit ist zudem zu-fällig eng mit den verwandten Begriffen Gewissheit (weisheitsbasiertes Wissen) und Gewissen (gewissensbasiertes Wissen) korreliert. Der Buddhismus versteht unter höchstem Wissen die Fähigkeit, über das Wissen hinauszugehen. Deshalb heißt es auch Über-Wissen oder Nicht-Wissen. Dieses höchste Wissen als Über-Wissen und Nicht-Wissen wird *prajñā* (Weisheit), d. h. Wissen der Leerheit bzw. kosmisches intuitives Wissen genannt.[291] Die paradoxale Logik der Wissenheit basiert auf der Überwindung der Gegensätzlichkeit, auf der Logik der Un-Zweiheit.

Mithin rege ich hier die Wissenschafts-Community an, den evolutiven Schritt in die vierte Wissens-Dimension zu wagen, konkret: Die höchste menschliche Wissenskompetenz der dritten Dimension, Wissenschaft, mit dem höchsten menschlichen geistigen Vermögen der fünften Dimension, der über- oder transwissensbasierten Weisheit, zur vierten Dimension, von mir Wissenheit getauft, miteinander zu verknüpfen. Hinsichtlich des höchsten Geistigen wähle ich bewusst Vermögen und nicht die ebenso zutreffende Fähigkeit. Denn Vermögen besitzt eine doppelte Bedeutung: als Fähigkeit und als Wertfaktor. Und wer nicht erst in diesem Kapitel mit dem Lesen begann, dürfte erkannt haben, dass der Weisheit nur das Superlativ gerecht wird, des Menschen wertvollste geistige Fähigkeit zu sein.

Nun stellt sich die Frage, wie man sich so eine Verkopplung von Wissenschaft und Weisheit vorzustellen hätte. Theoretisch mutet dies an, schwieriger zu sein, als es die Praxis verheißt. Denn es gibt Wissensgebiete, die seit jeher dem Wissenheitsansatz, der Kombination aus Wissenschaft und Weisheit genügen. Eines davon ist die Sternkunde, ein weisheitlicher Wissenschaftsszweig. Während die Astronomie die Beschaffenheit, Bewegungen und Beziehungen von Himmelskörpern untersucht, deutet die Astrologie die Zusammenhänge zwischen den astronomischen Konstellationen und irdischen Vorgängen. Astronomie und Astrologie bildeten einst eine Einheit. Beide aus dem Griechischen stammenden *astronomía* sowie *astrología* bedeuten »Sternkunde«. Wer bereits an dieser Stelle die Nase

---

[291] Vgl. Kogaku, Arifuku: a.a.O., S. 79 u. 85 f.

rümpft, möge weiterhin in der dritten Dimension des Wissens verweilen. Ich kann nur sagen: Wer seriöse, d. h. fundierte Astrologie für Humbug, Hokuspokus und Scharlatanerie hält, hat noch nie einen Blick in (s)ein professionelles Kosmogramm geworfen. In Wikipedia findet sich dazu: „Im Gegensatz zu früheren Zeiten wird die Astronomie als Naturwissenschaft heute streng abgegrenzt von der Astrologie, die aus Stellung und Lauf der Gestirne auf irdische Geschehnisse schließen will. Die Abgrenzung erfolgt auch, da die Astrologie eine Pseudowissenschaft ist – während die Astronomie auf empirischer Basis die Beschaffenheit, Bewegungen und Beziehungen von Himmelskörpern untersucht. Dennoch werden, wohl wegen der Ähnlichkeit beider Bezeichnungen, Astrologie und Astronomie von Laien nicht selten verwechselt.[292] Seit den 1960er Jahren wurden Aussagen von Astrologen im westlichen Kulturraum vermehrt empirisch-wissenschaftlich untersucht. Die Ergebnisse aller methodisch korrekten Nachprüfungen zeigen, dass die überprüften Aussagen nicht statistisch signifikant besser zutreffen als willkürliche Behauptungen."[293] Doch genau dies ist eine willkürliche unwissenschaftliche Behauptung. Beispiel:

Einer dieser professionellen Astrologen, Michael Allgeier, sagt in seiner Astrologischen Jahresprognose für das Jahr 2020 vom 12.12.2019[294] vorher (Auszug):

- „Wir haben ein in jeder Hinsicht extremes Jahr vor uns, in einer Zeit, in der viel passiert und in der es viele Umbrüche gibt. Für diese Umbrüche steht noch zusätzlich diese Krisenkonstellation, die Konjunktion zwischen Saturn und Pluto. Bei allem, was da passiert, ist es auch so, dass immer wieder der Neuanfang, der Umbruch dahintersteht. Und ab 22. März geht Saturn dann in den Wassermann, in dem er für die dringend notwendigen Reformen in dieser Welt, aber auch bei uns selbst steht. Der Saturn ist immer der, der den Finger in die Wunde legt und im Wassermann sagt er, da muss Neues kom-

---

[292] https://de.wikipedia.org/wiki/Astronomie Stand: 12/2020
[293] https://de.wikipedia.org/wiki/Astrologie Stand: 09/2020
[294] www.youtube.com/watch?v=j0JduMrtzbA Stand: 09/2020

men, da müssen wir in jeder Hinsicht Neues entwickeln. Dieser Umwälzungs- und Transformationsaspekt in dieser Zeit, in der man von einer riesigen Zeitenwende und Krisenzeit sprechen kann, bleibt bestehen. Die Erde, die Menschheit, alles reinigt sich."

In seinem Astrologischen Jahresbuch 2020 (Erschienen im Oktober 2019) ist unter anderem nachzulesen:

- „Das Jahr 2020 hat sehr dunkle Seiten. Zuerst müssen wir hier die Saturn-Pluto-Konjunktion im Steinbock nennen. Es ist ein Aspekt, der immer im Zusammenhang mit großen Menschheitskrisen und Gefahren auftaucht. Schon viele Jahre hatten wir keine so brisanten Aspekte mehr am Himmel, Aber, wir dürfen nicht wie das Kaninchen vor der Schlange in Angst vor diesen Aspekten erstarren. Wichtig ist, dass wir selbst versuchen, positiv zu bleiben und uns in nichts hineinsteigern. Darin liegt die größte Gefahr. Eine Charakterprobe für uns alle. Die Saturn-Pluto-Konjunktion deutet auf heftige Krisen, Umbrüche und Machtverschiebungen in der Welt hin. Beruf, Gesundheit und Familie sind bei uns ein großes Thema. Saturn und Pluto spalten auch bei uns die Menschen in unterschiedliche Lager. Es rumort an allen Ecken und Enden. Kein gutes Zeichen ist die Saturn-Pluto-Konjunktion für die Wirtschaft. Deutschland läuft Gefahr, in eine große Rezession und Finanzkrise hineinzuschlittern. Mit dem Abschwung der Wirtschaft gehen unter anderem Stilllegung von Produktionsanlagen, stagnierende und sinkende Preise, Löhne und Zinsen sowie fallende Börsenkurse einher. Deutschland muss von seinem Sparkurs abweichen. Neben der Jupiter-Pluto-Konjunktion ist der dritte große Aspekt 2020 die Jupiter-Saturn-Konjunktion im Steinbock. Sie taucht im Dezember auf und ist im positiven Sinne ein Weisheitsaspekt, der uns in diesen letzten Wochen des Jahres auffordert, in wichtigen Arbeiten Durchhaltevermögen zu zeigen und beruflich langfristige Pläne zu schmieden. Wir sollten uns genau überlegen, wohin wir in den kommenden

Jahren wollen und welche Ziele wir haben. Dafür ist dieser Aspekt ideal, bei dem sich Optimismus und Zuversicht (Jupiter) mit großer Ernsthaftigkeit paaren.“

Und in seinem „Astroletter“ vom 18.03.2020 heißt es:

- „Im Astrogipfel der Astrowoche für das Jahr 2020 schrieb ich: ‘2020 ist ein sehr wichtiges, wenn nicht sogar entscheidendes Jahr für die Menschheit. Ja, man könnte es sogar als eine Art Weltschicksalsjahr bezeichnen. Denn wir haben auch 2020 den größtmöglichen Krisenaspekt. Saturn und Pluto deuten zu Jahresbeginn diese große Krise an, die auch unsere Wirtschaft erfassen und den Frieden in der Welt bedrohen kann‘. Vielen Menschen waren diese Aussagen damals, die wir auch in ‚Allgeiers Astrologisches Jahresbuch 2020‘, in ‚Sternbild Januar 2020‘ sowie im Video für das Jahr 2020 und im Januar-Video wiederholt haben, einfach zu negativ, zu krass. Ich hatte einige Zweifel, ob ich durch die Astrologie nicht unnötig Angst verbreite. Auf der anderen Seite müssen wir Astrologen doch auch ehrlich sein. Ich habe solch schwierige Sternenkonstellationen, wie sie 2020 am Himmel sind, in dieser Dichte noch nie gesehen, seit ich professionell Astrologie betreibe. Doch für mich sind diese schwierigen Aspekte nicht negativ zu sehen. Im Gegenteil, sie sind doch nur ein Fingerzeig des Kosmos, dass bei uns auf der Erde einiges schiefläuft. Sicher haben wir speziell diese Pandemie nicht angesprochen. Allerdings entspricht sie durchaus den möglichen Analogien einer Saturn-Pluto- und der folgenden Jupiter-Pluto-Konjunktion, die 2020 vorherrschen. Für mich ist diese Pandemie der Auslöser für eine weitere Krise, die wir eben bereits vor Jahresbeginn angesprochen haben. Die Rezession, der Abschwung der Wirtschaft, der schon längst im Gange ist, wird nun deutlich sichtbar. Persönlich empfinde ich die momentane Situation wie einen lauten Weckruf. Was geschah und geschieht, ist ein Schock, der uns die Welt mit anderen Augen anschauen lässt. Nichts wird mehr so sein wie vorher. Wir haben nun die Zeit nachzudenken. Die Gedanken scheinen plötzlich befreit, eröffnen uns neue Horizonte. Viele unter uns erkennen jetzt, was wichtig im Leben ist, um was es eigentlich geht. Eine wirklich wichtige Zeit der Transformation, in der wir die Chance haben, dem Himmel wieder ein Stück näher zu kommen.

Wer daher Astrologie trotz dieser realitätskonformen Vorhersagen weiterhin für Scharlatanerie zu halten gedenkt, möge sich weiterhin mit krisenaffinem wissenschaftlichen Wissen begnügen. Man denke diesbezüglich allein an all die naturwissenschaftlich basierten klimawandelwirksamen Technologien. Wissenheit ist demgegenüber krisenresistent: Zum einen werden Krisen durch weisheitliche Geisteshaltung verhindert, zum anderen begreift sie Situationen, die Krisen genannt und behandelt werden, als Chancen oder Lektionen.

Doch wissenheitlich orientiert ist nicht bloß die Astrologie. Hierzu zählen auch viele andere Wissensgebiete, die von weisheitsfernen Akademikern aus wissenheitlicher Sicht zurecht als unwissenschaftlich und pseudowissenschaftlich bezeichnet oder gar unter dem Oberbegriff »Esoterik« subsumiert werden. Denn Wissenschaftsübergreifendes mit wissenschaftlichen Methoden untersuchen zu wollen entspricht dem Versuch, ferne Galaxien mit dem Opernglas zu entdecken, herauszufinden, welche Strecke ein Elektrofahrzeug mit einer Tankfüllung Benzin zurücklegt oder zu erheben, innerhalb welchen Zeitraums eine digital versandte eMail vom Postboten zugestellt wird. Zur typischen Aufzählung von Pseudowissenschaften/Esoterik zählen: Anthroposophie, Astrologie, Bachblüten, Bioresonanztherapie, Feng Shui, Geistheilung, Homöopathie, Kinesiologie, Naturheilkunde, Quantenmedizin, Radiästhesie, Reiki, Schüßler-Salze, Spagyrik, …[295] Das meiste davon steht nicht von ungefähr im Zusammenhang mit ganzheitlichen, grundsätzlich risiko- und nebenwirkungsfreien Alternativen zur Schulmedizin, dem mit Abstand gewinnträchtigsten industriellen Sektor. In meinem Teil des Buches „Lebensmeisterei – Herausforderungen unserer Zeit meisterhaft begegnen" schreibe ich dazu: Aus gutem Grund wird das aus unseren Leben (derzeit) nicht mehr wegzudenkende Utensil »Smartphone« genannt. Doch obwohl uns gerade das Smartphone unsere weltweite Vernetzung vor Augen führt und symbolisiert, die ganze Welt in einer Hand

---

[295] Vgl. www.virtual-maxim.de/der-unterschied-zwischen-wissenschaft-und-pseudowissenschaft/ Stand: 09/2020

zu halten, wird die quantenphysikalische Erkenntnis, dass es sich bei der Welt um ein lebendiges Netz handelt, in dem alles miteinander verbunden und verflochten ist, immer noch von den meisten skeptisch beäugt und selbst von Wissenschaftlern mitunter zum »esoterischen« Unfug erklärt. Esoterisch rührt übrigens vom griechischen *esōterikós* her, was »innerlich« bedeutet. Der Fremdwörterduden weist jenem Adjektiv die Bedeutungen „a) nur für Eingeweihte, Fachleute bestimmt und verständlich" sowie „b) geheim" zu. Wer demnach offenbar missliebige Aussagen als esoterisch abtut, disqualifiziert sich selbst. Denn wäre er des jeweiligen »geheimen« Fachwissens kundig, wäre er imstande, den betreffenden Sachverhalt qualifiziert zu kommentieren, anstatt mangels diesbezüglicher Sachkompetenz einen Begriff zu verunglimpfen. So führt sich selbst ad absurdum, wer damit letztlich bekennt: Von der Materie verstehe ich nichts, also bezichtige ich sie der Scharlatanerie.

Sich dem Zauber des Lebens-, Welt- und kosmischen Labyrinths mit Wissenheit widmen zu können, unterliegt einer einzigen Voraussetzung: der Scheuklappenfreiheit. Was lediglich betrachtet, gemessen, gezählt, quantifiziert wird oder werden kann, entzieht sich dieser wissenschaftsübergreifenden qualitätsbezogenen Methode. Wir Menschen sind enorm anpassungsfähig, insbesondere hinsichtlich des technischen Fortschritts, aber gnadenlos starr, wenn geistige Fortschritte anstehen bzw. gefragt sind. Während wir uns leicht und locker den Mysterien der digitalen Datenübertragung und der sogenannten künstlichen Intelligenz öffnen, geht nach wie vor bei (zu) vielen gleichsam die Klappe runter, sobald die Sprache auf Dinge kommt, die als Grenzwissenschaften im Sinne einer „wissenschaftlichen Beschäftigung mit Phänomenen, die dem rationalen Denken nicht zugänglich sind"[296] gelten. Wer jedoch rational wie der Duden mit vernünftig, überlegt und sinnvoll übersetzt und grenzwissenschaftlich »beleckt« ist, weiß, wie grenz- bzw. tellerrandüberschreitend rational ein solches Denken ist. Indem die Duden-Definition von »Vernunft« „geistiges Vermögen des Menschen, Einsichten zu gewinnen, Zusammenhänge zu erkennen, etwas zu überschauen, sich ein

---

[296] www.duden.de/rechtschreibung/Grenzwissenschaft#Bedeutung-2 Stand: 09/2020

Urteil zu bilden und sich in seinem Handeln danach zu richten" lautet und die von »vernünftig« „von Vernunft zeugend, sinnvoll, einleuchtend, überlegt", versteht es sich quasi von selbst, dass sich diejenigen unvernünftig verhalten, die Einsichten zu gewinnen limitieren. Da der menschliche Geist jedoch grenzenlos erkenntnisfähig ist, erweckt dessen Begrenzung nicht gerade den Eindruck, „sinnvoll, einleuchtend und überlegt" zu sein.

Hierzu mein bevorzugtes Beispiel: Tinnitus lässt sich seitens eines Dritten weder hören, sehen oder auf sonstige subjektive und objektive Art erfassen und dennoch würde kein Wissenschaftler behaupten, ein Phänomen zu sein, das rationalem Denken nicht zugänglich ist. Das gleiche gilt beispielsweise für Schmerzen, Juckreiz, Funktionstüchtigkeit der Sinnesorgane etc. und viele emotionalen Phänomene wie Liebe, Freude, Traurigkeit. Lässt sich wissenschaftlich nachweisen, dass und wie jemand verliebt ist? Kann wissenschaftlich eindeutig belegt werden, ob und in welchem Grad jemand gefühlsmäßig schauspielert? Kann wissenschaftlich nachgewiesen werden, wie es um eines einzelnen Menschen Geruchs-, Geschmacks- und Tastsinn steht? Kann wissenschaftlich ausgeschlossen werden, dass Gedankenübertragung funktioniert? Können Charakter, Krankheitsanfälligkeit, Immunsystemstatus, Körpergefühl, Kondition, Innovationsgeist, berufliche Disposition etc. auf wissenschaftliche Weise ergründet und reliabel bestimmt werden? Ist es der Wissenschaft gelungen, plausible Erklärungen für das Ergebnis des Doppelspaltexperiments, die Quantenverschränkung (»spukhafte Fernwirkung«) und überhaupt die quantenphysikalischen Phänomene zu finden bzw. zu liefern? Nein! Die Beispiele ließen sich fortführen. Können diese Erscheinungen wissenheitlich nachvollzogen und qualitativ genutzt werden? Ja! Denn während dem Wissenheitlichen nichts unzugänglich ist, denkt die Wissenschaft ausschließlich in allgemeingültigen Kategorien. Was sich nicht verallgemeinern lässt, existiert nach deren Logik nicht. Was unbeweisbar ist, gibt es nicht. Diese Logik hinkt insbesondere angesichts der sich beschleunigenden technischen, aber der im Vergleich dazu trägen geistigen Weiterentwicklung. Letztere ist dem schwindenden, sich fortschreitend marginalisierenden *sapere aude* (wage es, weise zu sein) geschuldet. Angesichts einer immer komplexer erscheinenden Welt nimmt die Neigung der Menschen exponentiell zu, eigenes Denken und Eigenverantwortung auf Staat, Experten, Massenmedien, Influencer oder gar Social Media abzuwälzen. Motto: Die werden schon wissen, was für mich und den Rest der Welt richtig, falsch und daher meinerseits zu tun ist. Hierfür symptomatisch sind Ratgeber-Berichte à la „Stuhlgang: Welche Häufigkeit, Konsistenz und Farbe sind eigentlich normal?"[297] Allein solche »idiotensicheren« Tipps belegen die Unhaltbarkeit der wissenschaftlichen Inexistenzthese. Sie sind deren stichhaltige Widerlegung, die da lautet: Es gibt nichts, was es nicht gibt.

Zur Vermeidung von Missverständnissen sei klargestellt: Die Hervorhebung der Charakteristika der Weisheit in Bezug zu jenen der Wissenschaft darf nicht den Eindruck erwecken, dass die Wissenschaft entbehrlich oder gar kontraproduktiv wäre. Ganz im Gegenteil. Die Wissenschaft – ihre Einführung, ihr Aufstieg, ihre Etablierung und letztlich Dominanz – ist nicht nur eine Variable des evolutionären Geschehens, sondern wie alle naturgegebene Fortentwicklung überaus segensreich. Logischerweise kann keiner der aufeinanderfolgenden evolutiven Entwicklungsschritte übersprungen werden, da sie miteinander zusammenhängen, aufeinander aufbauen und die vorhergehenden integrieren. Der schrittweise oder dimensionale Evolutionsprozess des Wissens vollzog sich analog dessen der Sprache.[298] Ursprünglich gab es das archaische Wissen (Nulldimension), sodann das magische (erste Dimension), das mythische (zweite Dimension) und nun seit rund zweitausendfünfhundert Jahren das philosophisch-mechanistisch-technokratische, wissenschaftliche (dritte Dimension). Mit dem noch vereinzelten, aber immerhin einsetzenden Übergang der Sprache in die vierte Dimension oder ganzheitliche Rhetorik, scheint mithin die Zeit nun auch für die nächste Stufe des Wissens gekommen zu sein.

---

[297] www.t-online.de/gesundheit/krankheiten-symptome/id_80983940/stuhlgang-wie-oft-ist-eigentlich-normal-.html Stand: 09/2020
[298] Vgl. Bermeiser, Martin: *Lebensmeisterei,* Kapitel II: Rhetorik als evolutionärer Prozess

Auch wenn ich die Wissenschaft wie jede andere »Errungenschaft« der Evolution als segensreich bezeichne, und gerade die Wissenschaft erwies und erweist der Menschheit unschätzbare Dienste, führt jedes evolutive Upgrade im Sinne der aristotelischen Weisheit »das Ganze ist mehr als die Summe seiner Teile« zu einem qualitativen Mehr des dann neuen Ganzen. Die Wissenschaft/wissenschaftliche Forschung soll ehrlich, neutral, objektiv, redlich und unabhängig sein und ist es auch grundsätzlich, aber eingedenk von »Wissen ist Macht« und »Geld regiert die Welt« zugleich in hohem Maße macht- und geldanfällig und daher latent interessenpolitisch.[299] Hingegen zeichnet sich Weisheit in dieser Hinsicht gerade dadurch aus, gemeinwohlbezogen sowie machtresilient und korruptionsresistent zu sein. Während die Wissenschaft danach strebt, alles Denk- und Machbare zu entdecken, zu erforschen und verfügbar zu machen, wodurch sie nicht zuletzt auch die Effizienz des Massenvernichtungspotenzials immer weiter vorantreibt und die Unbewohnbarkeit unseres Planeten in Kauf nimmt, steht die Weisheit im Dienst des höchsten aristotelischen Menschenziels, der *eudaimonia*, sprich kollektiven Glückseligkeit.

Die zur Wissenheit upgegradete Wissenschaft beruht mithin auf den gleichen Intentionen und Werten, verfolgt die gleichen Ziele wie die moderne Wissenschaft, allerdings unter strikter Beachtung des abgewandelten kategorischen Imperativs der Goldenen Regel im Sinne von: »Sorge dafür, dass was du willst, das dir geschieht, auch allen anderen passiert!« und deren Zwei-Seiten-einer-Medaille-Umkehrung: »Sorge dafür, dass was du nicht willst, das dir geschieht, auch niemand anderem passiert!« Auf dieser ethischen Grundlage besteht ihre Bestimmung darin, die in dieser Abhandlung ausführlich dargelegten Segnungen weisheitlicher Mentalität zu verbreiten, gleichsam in die Welt zu tragen und die Aktivierung des Weisheitstalents sowie Etablierung der Wissenheit innerhalb der Weltgemeinschaft zu fördern. Die Wissenheit sollte zu einer ebenso mächtigen

---

[299] www.deutschlandfunkkultur.de/forschung-in-gefahr-abhaengige-wissenschaftler-neigen-zur.1005.de.html?dram:article_id=469832 Stand: 09/2020

geistesbezogenen Institution wie die Wissenschaft werden, allerdings anders als Letztere zu einem ausschließlich paneudämonischen Machtfaktor.

Zur Klarstellung (gelegentliche Wiederholungen sind beabsichtigt): Die Wissenheit ersetzt die Wissenschaft nicht, sondern integriert und hebt sie in Verbindung mit der Weisheit auf die viertdimensionale Evolutionsstufe des Wissens. Die wissenheitliche Wissenschaft stellt keine neue Disziplin, keinen neuen Wissenschaftszweig, kein wissenschaftliches Spezialgebiet dar, sondern einen völlig neuen Wissensansatz. Jedweder wissenheitliche Wissensgebrauch ist in jeder Hinsicht rein gemeinwohlorientiert und – gemäß meiner Wortschöpfung – »weltschätzend«. Anders als die primär analytische Herangehensweise der Wissenschaft bevorzugt die Wissenheit die synthetische, besser gesagt – ein weiterer meiner Neologismen[300] – »sinnthetische« Methodik. Im Mittelpunkt aller wissenheitlichen Betätigung steht das Sinnige des Seins, in alphabetischer Reihenfolge flankiert von Begriffen wie Sinnapse (der Übertragung von sinnreichen Reizen dienende [sinnaptische] Verbindung), Sinnchronie (Sinnzustand einer Sprache in einem bestimmten Zeitraum), Sinnchronizität (Gleichzeitigkeit von sinnigen Vorgängen, die kausal nicht erklärbar ist [z. B. Telepathie]), Sinndrom (Sinnbild, das sich aus dem Zusammentreffen verschiedener charakteristischer Symptome ergibt), Sinnergie („Energie, die aus dem Sinn hervorgeht, den man vom Kosmos bis zum eigenen Innenleben den Dingen zuweist"[301]), Sinnektik (dem Brainstorming ähnliche sinnzentrierte Methode zur Lösung von Problemen), Sinnonym (sinnverwandtes Wort), Sinnthese (Vereinigung sinniger Elemente zu einem sinnergetischen Ganzen) ... Solche Neubedeutungen zeugen davon, wie beeindruckend die deutsche Sprache begrifflich auf die größeren Zusammenhänge zu ver~weise ~n vermag.

---

[300] Näheres zu diesen Neuwörtern findet sich in meinen beiden vorherigen Büchern.
[301] Müller, Alexander/Blumenthal, Erik: *Sinnergie.*, S. 128

5   Von der Menschheit zur Wissenheit

Während ich im vorigen Abschnitt das Upgrade des Forschergeistes der vierten Dimension aus der Wissensperspektive aufzeige, lässt es sich auch über den sprachlichen Aspekt herleiten. Das für die Erkenntnis der größeren Zusammenhänge prädestinierte deutsche Vokabular bietet hierfür die Suffixe „-schaft" und „-heit" an. Und anhand dieser beiden Nach- bzw. Ableitungssilben lassen sich die maßgeblichen Assoziationsketten ableiten. Indem die herkömmliche Wissenskultur der dritten Dimension, die Wissenschaft, auf -schaft endet, gründet sie auf entsprechenden -schaft-Denotaten. Mit deren viertdimensionalen Upgrade verhält es sich analog. Zeichnet man nun mit vier -schaft-Begriffen den Weg zur Wissenschaft nach, liegt ihr Ursprung in der (universalen) Gemeinschaft. Die beiden darauffolgenden, die Wissenschaft herleitenden Schritte waren die Gegnerschaft bzw. Feindschaft und hernach die Herrschaft. Ursprünglich, als sich die Welt im Modus einer Gemeinschaft von belebter und anorganischer Natur befand, bestand ein allseits friedliches Miteinander. Dies wurde nicht durch das naturgegebene trophische Prinzip der gegenseitigen Nahrungsgrundlage widerlegt, denn Feindschaft, d. h. die Haltung anderen gegenüber, die von dem Wunsch bestimmt ist, diesen zu schaden, sie zu bekämpfen oder sogar zu vernichten[302] kennt nur der Mensch. Dessen Neigung zur Gegnerschaft, Konkurrenz und Rivalität führte geradewegs zur Idee einer (patriarchalischen) Herrschaft, dem Streben, Macht auszuüben. Und als eine besonders raffinierte Art, sich der Macht zu bemächtigen, erwies sich, die Wissenschaft zu einem einflussreichen Machtfaktor zu erheben. So brachte Francis Bacon anno 1597 in seinen *Meditationes sacrae* „denn auch die Wissenschaft selbst ist Macht" (*nam et ipsa scientia potestas est*) zum Ausdruck, das zum geflügelten Wort »Wissen ist Macht« verkürzt wurde.

Während somit die dritte Dimension des Wissens weitgehend auf Trennung, Gegnerschaft bzw. Reduktionismus abstellt, beruht seine viertdimensionale Version auf dem sinnthetischen ganz<u>heit</u>lichen Prinzip: Wer sich seiner Weisheit öffnet und hierdurch der Wahrheit

---

302 Vgl. www.duden.de/rechtschreibung/Feindschaft Stand: 09/2020

des (großen) Ganzen verpflichtet, wird nicht umhinkönnen, auf die Wissenheit zu setzen. Erinnern wir uns hierzu der Aussage von Platon, wonach die Wissenschaften lediglich Hypothesen hervorbrächten, die nur unter angenommenen Bedingungen wahr seien, während die Weisheit auf bedingungsloser Wahrheit gründe. Oder der von Heraklit, dass in Wahrheit das Ganze nur ganz aus Verschiedenem sei: aus allem Eines und aus einem Alles. Und was nun menschliche Weisheit sei? Heraklit beschreibt es wie folgt: Wenn man auf das richtige Denken hört, sei es weise zu sagen, dass alles Eines ist. Weisheit sei, das Wahre zu sagen und zu tun, indem man auf die Natur, das heißt auf das naturgesetzliche Wesen der Welt hört.

Wissenheit ist eine Forschung und Lehre, die sich nicht auf individuelle Gewinnmaximierung, sondern auf (freiheitlich-weltschätzende) Gemeinwohlmaximierung fokussiert. Sie ist eine Forschung und Lehre, die keinerlei zerstörerischen, sondern ausschließlich konstruktive Ziele verfolgt. Die Natur, deren integraler Bestandteil wir Menschen sind, ist als Ganzes und hinsichtlich jedes ihrer Teile so beschaffen, grundsätzlich allem und allen ein glückseliges Dasein zu bieten. Außer dem Menschen verhält sich alles, was zur Natur zählt, naturerhaltend. Nur der Mensch versucht, sich die Erde auch destruktiv untertan zu machen, wodurch er letztlich seine eigene Existenzgrundlage zerstört. Seine durchschnittliche Lebenserwartung mag sich zwar bislang kontinuierlich erhöht haben, jedoch zulasten seiner Gesundheit, Freiheit und Lebensfreude. Die Gesundheitsausgaben explodieren, die Realeinkommen der Durchschnittsbürger sinken und die Ängste, seit Corona sogar vor dem Nächsten, steigern sich ins Irrationale[303]. Der Amtseid regierender Politiker lautet bekanntlich: „Ich schwöre, dass ich meine Kraft dem Wohle des deutschen Volkes widmen, seinen Nutzen mehren, Schaden von ihm wenden, das Grundgesetz und die Gesetze des Bundes wahren und verteidigen, meine Pflichten gewissenhaft erfüllen und Gerechtigkeit gegen jedermann üben werde." Die Gewinnmaximierung einiger privatwirtschaftlicher Unternehmen zulasten des Volkes dürfte nicht unter dessen Nutzenmehrung fallen – und das Klassen-Krankheitswesen auch

---

[303] www.t-online.de/nachrichten/id_84853340/prekaere-corona-lage-jeder-kontakt-ist-ein-risiko.html Stand: 01/2021

nicht unter Gerechtigkeit gegen jedermann zu subsumieren sein. In diesem Zusammenhang schrieb mir ein Arzt im September 2020:

> „Für die Fehlentwicklungen gibt es vermutlich nicht nur einen Grund, das Geschehen ist multifaktoriell und komplex. Das liegt zum einen an den unterschiedlichen Interessenlagen der Beteiligten (Politik, Leistungserbringer, Kostenträger und Industrie) und zum anderen auch daran, dass das System im Lauf der Jahre durch viele Reformen überreguliert (z.B. Regressandrohungen) und kaum noch durchschaubar ist. Die Ärzteschaft gibt es in diesem Kontext leider nicht. Nach dem Prinzip *divide et impera* wurden über viele Jahre – bewusst oder unbewusst mag ich nicht zu beurteilen – Interessenskonflikte unter den Ärzten geschürt. Statt einem Miteinander gibt es leider viele Konflikte, z.B. Kliniken gegen Niedergelassene, Hausärzte gegen Fachärzte usw. Von der Politik wurde in den letzten Jahren mit viel Fleiß und der Verabschiedung einer Vielzahl von Gesetzen teilweise direkt in die Praxisorganisation eingegriffen (Terminservicegesetz oder auch die Implementation von IT-Komponenten, die zwar häufig nicht funktionieren, aber deren Verwendung gesetzlich vorgeschrieben ist), was i.d.R. zu immer mehr bürokratischem Aufwand führte, ohne tatsächlich vorhandene Probleme anzugehen. Im Ergebnis sind viele Kollegen frustriert, andere haben gelernt, die Vorgaben so umzusetzen, dass diese für die Praxen zu wirtschaftlichem Erfolg führen, das Ziel einer optimierten Patientenversorgung bleibt bei diesen Vorgängen leider häufig auf der Strecke. Man könnte sicher lange über diese und noch viele weitere Gesichtspunkte diskutieren, ich persönlich glaube aber, dass unser Gesundheitssystem nicht mehr reformierbar ist, sondern radikal umgebaut werden müsste. Ich bezweifle, dass das in absehbarer Zeit geschehen wird.“

Dieses Statement stellt eine perfekte Überleitung zum nächsten Abschnitt dar.

6 Corona-Pansophie

Normalerweise wäre jenes Ereignis, das die Welt unter dem Schlagwort »Corona« ereilte, in dieser Abhandlung *off topics*. Da es jedoch das brisanteste Geschehen der jüngeren Weltgeschichte darstellt, es bislang beispiellos ist, den Globus weltumspannend über Monate hinweg in Atem bzw. Alarmbereitschaft zu halten erschiene es unentschuldbar inadäquat, eine derart weltbewegende Angelegenheit ausgerechnet in einer Abhandlung über die Zukunft der Wissenschaft zu übergehen. Ein Geschehen von solcher Tragweite sucht seinesgleichen und bringt einen gravierenden Wandel mit sich. Ab jetzt wird in wesentlichen Dingen nichts mehr sein, wie man es gewohnt war: in puncto »Weltordnung« ein Quantensprung par excellence. Am 16.04.2020 notierte ich: Somit kann bereits heute mit an Sicherheit grenzender Wahrscheinlichkeit vorhergesagt werden, wie das Wort des Jahres 2020 lauten wird. Am 30.11.2020 vermeldete t-online.de "'Corona-Pandemie' ist Wort des Jahres 2020." In Anbetracht des Schindluders, das mit diesem Wort auch noch die nächsten Jahre getrieben werden wird, dürfte es nicht wenige geben, die es, mich eingeschlossen, zutreffender zum Unwort küren würden: Am 27.05.2020 wies meine Google-Eingabe des Stichworts »Corona« rund 14 Millionen Ergebnisse auf. Und als ich es rund vier Monate später wiederholte, waren es sage und schreibe mehr als eine Milliarde (!), genauer 1.110.000.000. Und das zu einem mit dem bloßen Auge unsichtbaren Phänomen. Mit einem solchen Faustpfand lässt sich demnach trefflich manövrieren oder auch Missbrauch treiben, zumal dann, wenn es, wie in diesem Fall, auf Sterbensangst abstellt. Über Corona wurde insbesondere in Funk und Fernsehen zu viel gesprochen und, wie man der Zahl der Suchmaschinen-Einträge entnehmen kann, geschrieben, um sich auch hier noch näher über pro und contra auszulassen. Doch allein der Umstand, dass alle etablierten, bislang alles kritisch hinterfragenden Medien in diesem Fall einmütig in das offizielle Horn blasen und plausible alternative Meinungen namhafter Experten ausschließen, wenn nicht diskreditieren, macht hellhörig. Wenn Bürger geängstigt, statt beruhigt werden[304], man sich einer hinterfragenden Diskussion verweigert und die Augen vor nachahmungswürdigen Alternativen verschließt, kommt zwangsläufig Skepsis auf. Schweden, das weitgehend auf Mündigkeit und

---

[304] „In einer echten Pandemie würde man die Bevölkerung beruhigen und ihr Gelegenheit geben, Ängste zu bearbeiten und zu neutralisieren. Es würde alles vermieden, was Ängste produzieren kann." https://2020news.de/anselm-kohn-et-al-in-einer-echten-pandemie-liefe-vieles-anders/ Stand: 12/2020

Verantwortungsbewusstsein seiner Bürger setzt, steht letztlich deutlich besser da, als diejenigen, die drastische Schutzmaßnahmen erlassen haben, weiterhin aufrechterhalten oder wegen angeblich steigender Infektionszahlen weiter verschärfen. Aber statt sich ein Beispiel an dessen erfolgreichem Sonderweg zu nehmen, wird Schweden „scharf beobachtet" und „heftig kritisiert." Darüber, welches Motiv dazu veranlasst, jemanden zu kritisieren, der es besser macht, mag sich jeder seine eigenen Gedanken machen.

t-online.de berichtete am 04.10.2020: „Mit dem Buch ‚Corona Fehlalarm?' haben die Wissenschaftler Sucharit Bhakdi und Karina Reiß viel Aufmerksamkeit erregt. Corona-Experten widersprechen einigen Thesen vehement. Beide Autoren sind renommierte Wissenschaftler. Prof. Dr. Sucharit Bhakdi ist Mikrobiologe, Infektionsepidemiologe und mittlerweile emeritierter Universitätsprofessor. Er leitete mehr als 20 Jahre lang das Institut für Medizinische Mikrobiologie und Hygiene der Johannes Gutenberg-Universität Mainz. Seine Ehefrau Prof. Dr. Karina Reiß forscht und lehrt aktuell an der Christian-Albrechts-Universität in Kiel auf dem Gebiet der Biochemie, Zellbiologie und Infektiologie. Die Universität hat sich mittlerweile von den Behauptungen des Ehepaars distanziert. Die Universität Kiel hat im August eine Stellungnahme zu dem Buch abgegeben. Die ‚überwältigende Mehrheit' der Hochschullehrer der Universität widersprächen den ‚unbelegten und im Gegensatz zu seriösen internationalen wissenschaftlichen Erkenntnissen stehenden Behauptungen' von Reiß und Bhakdi zur Corona-Pandemie. Das Buch sei wissenschaftlich nicht haltbar. Das Buch ist Ende Juni 2020 erschienen und folgt somit einem mittlerweile veralteten wissenschaftlichen Stand vom Mai. Täglich entwickelt sich die Wissenschaft weiter, besonders schnell in der Corona-Pandemie. t-online hat verschiedene Corona-Experten zu den wichtigsten Thesen des umstrittenen Bestsellers befragt. Hier setzen sich der Epidemiologe Prof. Dr. Markus Scholz, der Hygieniker Dr. Peter Walger sowie der Immunologe Prof. Dr. Andreas Radbruch mit Aussagen zu den Corona-Maßnahmen, der Impfstoffforschung sowie der Maskenpflicht auseinander. Dr. Peter Walger: ‚Mathematische Modellierungen ergaben, dass ...'. ‚Das unterstütze eine starke Vermutung ...'. Dem widerspricht Scholz vehement: ‚Nach unserer

Schätzung …', ‚dies lässt sich plausibel auf die eingeleiteten Maßnahmen zurückführen'. Es gebe inzwischen mehr als ausreichende Hinweise, dass die Maßnahmen wirken. ‚Hierzu sollte man nicht nur auf die Situation in Deutschland schauen.' Auch diese Aussage sieht Dr. Walger skeptisch … nach aktuellem Wissenstand … ‚ist nicht bekannt', so Walger. Der Immunologe Radbruch hält diese Aussagen nur zum Teil für wahr. ‚Und welchen Einfluss das auf die Immunreaktion dieser Menschen gegen SARS-CoV-2 hätte, ob der Krankheitsverlauf milder wäre, bleibt unklar, betont Radbruch. Ebenso unklar sei, ob …'."

Gesundheitsminister Spahn räumte Anfang September ein, dass einige der von der Bundesregierung getroffenen Corona-Schutz-Maßnahmen im Rückblick unverhältnismäßig waren: „Man würde mit dem Wissen von heute, das kann ich ihnen sagen, keine … mehr schließen und Besuchsverbote erlassen. Das wird nicht noch einmal passieren." Auf der Website des Bundesgesundheitsministeriums findet sich unter dem 11.09.2020 ein Interview mit Focus online und der Überschrift „Spahn: ‚In dieser Pandemie gibt es keine absoluten Wahrheiten." Frage des Interviewenden: „Sie haben im Frühjahr formuliert: ‚Wir werden in ein paar Monaten einander wahrscheinlich viel verzeihen müssen.' Was war Ihr größter Fehler? Spahn: Es geht dabei nicht um mich. Sondern darum, dass wir uns untereinander zugestehen, sich mal geirrt zu haben, dass wir nicht so unerbittlich werden. Mir ist wichtig, dass wir in dieser Pandemie im Umgang miteinander Maß halten. Wir sollten vielmehr aus Fehlern lernen. Das gilt übrigens nicht nur für Politiker. Es gibt sicher auch Journalisten, die im März Kommentare geschrieben haben, die sie heute nicht mehr schreiben würden. Und auch Virologen haben Empfehlungen abgegeben, die sie so nicht mehr formulieren würden." Die wahrscheinlich brisanteste Erklärung zur deutschen Corona-Politik verlautbarte die Bundekanzlerin in ihrer Regierungserklärung vom 23.04.2020: „Diese Pandemie ist eine demokratische Zumutung; denn sie schränkt genau das ein, was unsere existenziellen Rechte und Bedürfnisse sind – die der Erwachsenen genauso wie die der Kinder. Eine solche Situation ist nur akzeptabel und erträglich, wenn die Gründe für die Einschränkungen transparent und nachvollziehbar sind, wenn

Kritik und Widerspruch nicht nur erlaubt, sondern eingefordert und angehört werden – wechselseitig." Wenn man sich vergegenwärtigt, dass – bleiben wir noch kurz beim „renommierten Wissenschaftler", dem Mikrobiologen und Infektionsepidemiologen Bhakdi – der von Bhakdi verfasste „Offene Brief an die Bundeskanzlerin" vom 29.03.2020 auf dem Index landete und bis dato keinerlei Erwähnung in den etablierten Medien, geschweige denn seitens der Bundeskanzlerin fand. Von wegen „eine solche Situation ist nur akzeptabel und erträglich, wenn Kritik und Widerspruch nicht nur erlaubt, sondern eingefordert und angehört werden": Jedwede kritischen oder widersprechenden Meinungen von ebenso renommierten Experten wie Bolz, Glaeske, Hockertz, Homburg, Kämmerer, Mölling, Püschel, Schreeck, Sönnichsen, Wodarg und vielen anderen wurden rigoros ignoriert, abgetan oder als „Verschwörungstheorien" verunglimpft.

Ein besonders umstrittener Aspekt der staatlich verordneten Schutzmaßnahmen betrifft die sogenannte Maskenpflicht. Hierzu sei exemplarisch ein Beitrag von horizonworld.de vom 06.10.2020 herausgegriffen: „Das Tragen des Mund-Nasenschutzes wird mittlerweile ‚neue Normalität' genannt. Viele wollen sich jedoch mit dieser ‚neuen Normalität' nicht abfinden und protestieren gegen das Stück Stoff in ihrem Gesicht, das ihre Freiheit wieder ein Stückchen mehr einschränkt. Dabei geht es aber nicht nur um die Symbolik, die dahintersteckt, sondern darüber hinaus auch um gesundheitliche Aspekte, welche die Maske eigentlich zu schützen vorgibt. So haben Wissenschaftler in einer groß angelegten Studie nun herausgefunden, dass das Tragen von Masken erhebliche psychische Schäden anzurichten vermag. Auch das gesellschaftliche Zusammenleben sei enorm gefährdet. Sie decke auf, was viele schon vermutet hätten. Wenn wir uns zurückerinnern, war das mit dem Tragen des Mund-Nasenschutzes ein hin und her. Erst habe es geheißen, das Tragen des Mundschutzes brächte gar nichts, von anderen Seiten dann, dies wäre (neben dem Händewaschen) der vorerst einzige Schutz vor dem Virus. Plötzlich veröffentliche man nur noch von Studien, welche belegen wollen, dass der Mund-Nasenschutz der Schutzschild im Kampf gegen das Virus sei. Insbesondere die WHO sei ganz vorne mit dabei, wenn es jetzt darum gehe, den Menschen zu vermitteln, wie wichtig der Mund-Nasenschutz sei, um unsere Gesellschaft vor einer ‚zweiten Welle' zu schützen. In diesem Sinne, wenn es darum gehe, ein Virus nicht weiterzuverbreiten, möge das unter bestimmten Umständen auch stimmen. Doch wer denke an die psychischen Folgen und die Folgen bezüglich unseres gesellschaftlichen Zusammenlebens? Infolgedessen gebe es eine neue Studie der Diplom-Psychologin Daniela Prousa vom 20.07.2020 zum Thema psychologische und psychovegetative Beschwerden durch die aktuellen Mund-Nasenschutz-Verordnungen in Deutschland. Im Zuge dieser Studie wurde den Probanden ein spezifisch konstruierter, reliabler Fragebogen „FPPBM" mit 35 Items vorgelegt, der, um die nötige Validität zu gewährleisten, auch mehrere Fragen mit freien Antwortmöglichkeiten enthielt.

Auch die Kassler Psychologin Antje Ottmers stelle aus ihrer jüngsten Praxiserfahrung heraus fest, dass der Zwang zum Maskentragen zur Zunahme psychischer Belastungserscheinungen führe. ‚Der Mensch wird nicht mehr als Mensch, sondern als Gefahr wahrgenommen – und eine Gefahr gilt es oftmals zu bekämpfen. Mit den Masken wird ein sozialer Zündstoff geschaffen,' so Ottmers. Diverse Studien würden belegen, dass das längere Tragen einer Maske eine Abnahme psychomotorischer Fähigkeiten, eine Steigerung der Reaktionszeit und eine insgesamt eingeschränkte kognitive Leistungsfähigkeit zu Folge haben kann. Darüber hinaus stellten Psychologen bereits jetzt eine Veränderung im subjektiven Selbsterleben und in der eigenen Identitätswahrnehmung von Menschen fest, die eine Masken tragen müssen.

Angesichts der einschlägigen Studien dürfe man sich also zu Recht fragen, warum Politiker die wissenschaftlichen Fakten und öffentlichen Hinweise zu den schweren Negativerscheinungen des Maskenzwangs ignorieren. So enthält ein Bericht des NDR vom 10.07.2020 Aussagen des Pneumologen Johann Christian Virchow wie: ‚Es ist natürlich nicht so, dass ein gesundheitlicher Schaden daraus resultiert, sondern allenfalls eine psychische Belastung.' Oder: ‚… und es beeinflusst die Atmung und es sorgt natürlich je nachdem, welcher Maskentyp verwendet wird, auch für eine erhöhte Atemarbeit.' Dies führe aber nicht dazu, dass man mit seiner Atempumpe nicht mehr nachkomme. Virchow meint, dass es zwar durchaus denkbar sei, dass das Kohlendioxid in der eigenen Atemluft durch die Maske nicht ausreichend ausgeatmet werden könne. Allerdings sei der Anteil von CO2, der rückgeatmet wird, so gering, dass dies für die Physiologie und für den Gasaustausch – insbesondere für die Sauerstoffaufnahme – völlig unbedenklich sei. Krank mache die Maske laut Virchow also nicht, das sei Quatsch. Offen bleibe die Frage, ab wann man in den Augen dieser Leute krank sei. Seien Menschen, die unter psychischen ‚Krankheiten' leiden also gar nicht krank?

Zur Thematik Corona-Verwerfungen lasse ich es dabei. Da ich mich mit dem Corona-Komplex hinsichtlich der politischen, medialen und gesellschaftlichen Ansichten von Beginn an intensiv befasst habe, hätte ich darüber ein eigenes Buch schreiben können, überließ es jedoch anderen. Denn mein Ansatz ist ein weisheitsgeleiteter, sophialogischer. In Anbetracht dessen, dass Corona das bislang bedeutsamste Weltereignis nach dem zweiten Weltkrieg darstellt, kann ich es hier dennoch weder an sich noch dessen strittigen Charakteristika aussparen. Diesbezüglich konnte ich aber naturgemäß nur auf den Stand bis zur Bucherscheinung eingehen. Die wahren Beweggründe der „demokratischen Zumutung" in Coronas Namen werden erst später bzw. nach und nach sichtbar werden.

Somit wende ich mich dem wissenheitlichen Aspekt des Corona-Komplexes zu. Ein Virus ist mit bloßem Auge und damit für die Masse der Weltbevölkerung unsichtbar und daher für wissenschaftliche, politische und mediale Zwecke ideal als Auslöser einer Krise geeignet. Das Kompositum »Corona-Komplex« gewählt zu haben, besitzt eine begründete Bewandtnis. Denn in seinem in 2008 erschienenen Weisheitsbuch widmet Gert Scobel, ein 50seitiges Kapitel dem Thema Weisheit und Komplexität, das eine probate Grundlage für die hier relevanten Erwägungen bildet. Seiner journalistischen Arbeit verdanke er die Gelegenheit, die verschiedensten Wissenschaftler gefragt gekonnt zu haben, was deren Meinung nach die größte wissenschaftliche Herausforderung der kommenden Jahrzehnte sein werde. Worauf die weitaus meisten spontan geantwortet hätten: Ob und wie es gelingen werde, Komplexität und komplexe Prozesse wirklich zu verstehen und zu steuern. Hierzu erklärt Scobel, dass zwischen

Komplexität und Weisheit ein fundamentaler Zusammenhang besteht, indem Weisheit die Fähigkeit sei, mit Komplexität umzugehen. Zunächst gelte es, Komplexität von Kompliziertheit zu unterscheiden. Das wesentliche Merkmal der Komplexität sei die Nichtlinearität. Nichtlinearen Systemen fehlt es an direkter Kausalität, der linearen Verbindung zwischen Ursache und Wirkung. Vielmehr bestehen zwischen den Elementen nichtlinearer Gefüge Wechselwirkungen und Rückkopplungen: „Diese Wechselwirkungen, zu denen es in nichtlinearen Systemen kommt, können zuweilen völlig überraschende, chaotische und nicht vorhersehbare Effekte zur Folge haben."[305] Solche Wirkungen wurden mit dem Schlagwort »Schmetterlingseffekt« symbolisiert. Ein Merkmal komplexer Systeme sei ihre Fähigkeit zur Selbstorganisation. Niemand merke es, dass sich unsere ständig neu bildenden Zellen zu dem organisieren, was uns als unser Körper bekannt ist. Obwohl in unserem Körper spätestens nach jeweils 7 Jahren ein zellulärer Komplettaustausch stattfinde, empfinden wir uns zeitlebens als ein und dasselbe »Ich«. Selbstorganisation basiert auf der Wechselwirkung nichtlinearer Prozesse und „[nimmt] ihren Ausgang im Reich des Unsichtbaren."[306] Ein strategisch nachhaltiges Vorgehen in komplexen Systemen bedürfe daher eines an Komplexität orientierten Managements. Wenn Modelle realer Prozesse zu einfach seien, vernachlässigen sie entscheidende Aspekte und führen zu falschen Schlussfolgerungen in Bezug auf Handlungsanweisungen. Wer die in der Natur vorkommenden Muster komplexer Verbindungen und Wechselwirkungen verkennt, verhalte sich mithin inadäquat. Auf diese aus der Natur abgeleiteten Muster von Wirk- und Steuermechanismen komplexer Systeme berufen sich Weisheitstraditionen seit jeher: „Mit Weisheit wird häufig nichts anderes als ein angemessenes Verstehen und Umgehen mit dieser Komplexität bezeichnet, die für unser menschliches Leben so charakteristisch ist. Diese stellt uns immer wieder vor schier unlösbare Probleme."[307] Weisheit helfe uns, nicht wegen des Ansehens oder des Geldes auf Abwege zu gera-

---

[305] Scobel, Gert: a.a.O., S. 89 f.
[306] Ebenda, S. 126
[307] Ebenda, S. 97

ten. Phänomene seien mit einer wie auch immer gearteten reduktionistischen Herangehensweise nicht in den Griff zu bekommen. Es gebe nicht nur einen, sondern verschiedene richtige Wege, Beschaffenheit und Funktionsweise unserer Welt aufzufassen. Weisheit sei nach Scobels Auffassung der Zustand, Struktur und Mechanismus komplexer Systeme begriffen zu haben. Das Weisheit kennzeichnende geschmeidige Denken und situative Handeln setze eine unideologische Haltung gegenüber der Komplexität des Lebens voraus. Anders als Politiker, neige der Weise nicht zu Radikallösungen einer Alles-oder-nichts-Politik ideologiegebundener Entscheidungen, sondern zu einem Verhalten der kleinen Schritte. Denn Alles-oder-nichts-Entscheidungen, d. h. Festlegungen auf eine Seite der Medaille, seien nicht geeignet, sich in unserer komplexen Welt zurechtzufinden. Sie seien kein Leitfaden für rationales Verhalten – und erst recht nicht für weises Handeln. Weisheit sei eine höchst naheliegende Fähigkeit und Haltung, die es zu erwerben gelte, weil sie uns hilft, in einer realen und nicht in einer eingebildeten Welt zu leben. Und diese Welt sei nun einmal komplex.[308] Weisheit stelle zentrale Fragen der Wissenschaft in einem anderen Zusammenhang als die Forschung. Nämlich in Beziehung zum Sinn des Seins. Bei Weisheit handele sich also weder um eine wissenschaftliche noch eine wissenschaftsfeindliche Position. Sie dürfe daher nicht mit einer neuen Form von Wissenschaft oder gar einem neuartigen Wissen verwechselt werden. Weisheit unterhalte zwar zur Wissenschaft eine gewissermaßen verwandtschaftliche Beziehung, jedoch mit anderen Prioritäten. Weshalb Weisheit den Entscheidungsträgern in Politik, Wirtschaft oder dem „harten Management" völlig ungeeignet erscheint, läge an dem Vorurteil, sie sei esoterisch und daher unwissenschaftlich, doch „wenn Weisheit überhaupt den Anschein des Esoterischen hat, dann genau in dem Sinn, in dem auch Komplexität scheinbar esoterisch ist."[309] Mit der »Esoterik« der Weisheit verhalte es sich wie mit den Himmelskörpern unserer Galaxie. Sie mögen weit weg erscheinen, aber sie existieren und seien da. Auch am helllichten Tag, wenn wir keinen einzigen Stern sehen. Doch das, was nicht auf Anhieb sichtbar

---

[308] Vgl. ebenda, S. 111 ff.
[309] Ebenda, S. 115

ist, werde nur schwer verstanden und weitgehend ignoriert. Hinsichtlich der Weisheit gehe es im ersten Schritt darum, ob wir die Komplexität, die wir nicht unmittelbar sehen, aber die uns unmittelbar umgibt wahrnehmen und verstehen wollen. Und im zweiten um unser diesem komplexen Universum entsprechendes Handeln. Tatsächlich sei dieses Handeln der Komplexität der Welt nur wenig angemessen: „Statt einer ‚Politik der kleinen Schritte‘, d. h. statt eines Vorgehens, das zunächst kleine Veränderungen vornimmt, um genau zu beobachten und abzuwarten, welche Nebenwirkungen unser Eingriffe in die höchst komplexe, uns zu einem großen Teil wenig bekannte Welt haben, tun wir so, als seien die Folgen unseres Handelns leicht berechenbar, vorhersehbar und geradezu determiniert.“[310] Die Welt sei komplex und daher können unsere Abbildungen, Erklärungen und Theorien über ihre Funktionsweise nicht einfach sein. Darüber hinaus seien es stets die anfangs gering geschätzten Ideen gewesen, die zu den großen Umbrüchen und Revolutionen im Denken auch der Wissenschaften geführt hätten. Eine ähnliche Wende stehe bevor, weil sich die Wissenschaft inzwischen der Komplexität und damit der Vielfältigkeit der Strukturen zuwende, die für das Leben kennzeichnend sei. Und Weisheit sei dasjenige menschliche Verhalten, das am besten geeignet sei, mit der komplexen Vielfalt der Welt erfolgreich umzugehen, adaptive Lösungen zu finden und so letztlich zu überleben: „Weisheit ist die ideale Antwort auf komplexen Pluralismus. Komplexität ist auf dem Weg, zu einer der zentralen Kategorien der Wissenschaften der nächsten Jahrzehnte zu werden. Weisheit wird unverzichtbar bei der Umsetzung und Anwendung der so gewonnenen Erkenntnisse in unserem alltäglichen Leben sein – vorausgesetzt, wir wollen, dass auch kommende Generationen überleben.“[311]

Nach diesem komplexitätsbedingten Plädoyer für wissenheitliche Forschung sehen wir uns das Corona-Menetekel aus einer komplexitätsorientierten astrologischen Sicht[312] an: „Verantwortlich für die derzeit weltweite Coronakrise ist aus rein astrologischer Sicht zwei-

---

[310] Ebenda, S. 116
[311] Ebenda, S. 118 f.
[312] www.allgeier-astrologie.de/astroletter-april-2020.html#inhalt3 Stand: 09/2020

fellos die Saturn-Pluto-Konjunktion. Pluto ist astromedizinisch gesehen das Virus, Pluto ist auch der Vampir, die Fledermaus. Angeblich wurde das neuartige Coronavirus von Fledermäusen auf Tiere des Viehmarktes in der chinesischen Stadt Wuhan übertragen. Im Dezember 2019 wurde es von einem chinesischen Arzt in der Millionenstadt Wuhan erkannt. Als Vorzeichen der Pest sah man in früheren Zeiten übrigens das Erscheinen von Saturn im Skorpion, dem Zeichen der Unterwelt, des Todes. Pluto ist der Herrscher des Skorpions, und deshalb ist es nicht schwer zu verstehen, dass gerade die Saturn-Pluto-Konjunktion, die bei uns ausgerechnet in der Hochzeit des Winters, im Dezember 2019 und Januar 2020 exakt war, mit dieser Pandemie in Verbindung steht. In negativer Hinsicht bedeutend dürfte für die Pandemie vor allem auch die Mondfinsternis im Krebs am 10. Januar 2020 gewesen sein, die in Verbindung mit einer Sonne-Saturn-Pluto-Konjunktion auftauchte. Die Mondfinsternis und die Sonne aktivierten die Saturn-Pluto-Spannung. Sonne-Saturn-Spannungen im Winter sind übrigens häufig Auslöser für Grippewellen, da die Sonne für die Lebenskraft steht und Saturn die Kälte und die Schwächung anzeigt. Um diese Pandemie astrologisch noch besser verstehen zu können, hilft es uns, zurückzublicken. Die letzte verheerende Pandemie mit einer solch drastischen Auswirkung trat 1918/19 auf. Es war die berüchtigte Spanische Grippe. Weltweit starben angeblich 50 Millionen Menschen bei einer Weltbevölkerung von 1,65 Milliarden Menschen. Der Unterschied zu heute: Die Menschen waren damals geschwächt vom 1. Weltkrieg (1914 – 18), der übrigens mit einer Saturn-Pluto-Konjunktion einherging, die 1914 und 1915 exakt war. Die Spanische Grippe, die 1918 zur Pandemie wurde, wurde dann von einer Jupiter-Pluto-Konjunktion im Krebs begleitet. Diese Konjunktion kann als die Verbreitung (Jupiter) des Virus (Pluto) logisch interpretiert werden. Unter der Spanischen Grippe litten besonders Kleinkinder und jüngere Menschen. Das Tierkreiszeichen Krebs und sein Herrscher Mond unterstehen dem Kleinkind. Bei der heutigen Pandemie haben wir wieder eine Jupiter-Pluto-Konjunktion. Es ist der entscheidende Aspekt für eine Pandemie! Diesmal steht sie im Steinbock, dem Zeichen des Alters, das in Opposition zum Krebs steht. Und wir wissen ja, das jetzt vor allem alte Menschen unter ihr leiden. Die Jupiter-Pluto-Konjunktion im Steinbock ist 2020 im März und April, im Juni, Juli und November exakt. Wichtig ist es für uns zu verstehen, was uns diese Zeit sagen will. Saturn-Pluto-Spannungen beschreiben immer Sackgassen, in der Welt und auch beim Einzelnen, in die wir durch eigene Schuld und Verantwortung hineingeraten sind. Sie erfordern einen tiefgreifenden Wandel. Die Zeit ist gefährlich oberflächlich geworden, es geht nur um Macht und Geld. Die Gier nach mehr macht Menschen rücksichts- und verantwortungslos, was durch die Jupiter-Pluto-Konjunktion angezeigt ist. In früheren Zeiten wurden Seuchen, wie etwa die Pest, immer als eine Strafe Gottes empfunden und interpretiert. An einen strafenden Gott glauben die meisten unter uns inzwischen glücklicherweise nicht mehr. Wir sollten in dieser Krise heute aber vor allem die große Chance sehen, zu erkennen, was im Leben wirklich wichtig ist. Die Gefahr dieser Coronakrise ist, dass sie die noch größeren Brandherde in der Welt überdeckt und verdrängen lässt. Man denke in dieser Sicht nur an den Klimawandel, der bei uns im Winter zu verheerenden Stürmen geführt hat. Man denke auch an den USA-Iran-Konflikt, der übrigens auch seit diesen schicksalshaften Januar-Tagen seinen Lauf nimmt und der unter der Oberfläche gewiss weiter schwelt, ebenso wie der beispiellose Wirtschaftskrieg, der in der Welt tobt. Es ist keine leichte Zeit, so viel steht fest. Was die Coronakrise betrifft, bin ich der festen Überzeugung, dass wir auf die Maßnahmen unserer Politik und der Forschung unserer Medizin vertrauen dürfen. Ich bin überzeugt davon, dass wir die Coronapandemie in Deutschland bald in den Griff bekommen. Ein gutes Vorzeichen dürfte in Hinblick auf die Coronakrise der Wechsel des Saturn in den Wassermann sein, in den er bereits am 22. März gewechselt ist. Da Saturn am 11. Mai rückläufig wird, kehrt er jedoch am 29. September nochmals in den Steinbock zurück. Doch schon am 17. Dezember verabschiedet er sich endgültig in den Wassermann."

Aus einem anderen Blickwinkel, dem des Mayakalender-Kenners Johann Kössner, stellt sich der Corona-Warnruf als eine globale Entropie dar. Interessanter~weise legt er seine Abhandlung als ein Heft der Reihe „Weisheit zum Leben" auf. Entropie ist dem Altgriechischen entlehnt und bedeutete originär »Umkehr«. In diesem Sinn versteht Kössner Entropie als etwas, das auf seinen Kulminationspunkt zuläuft, kollabiert und daher seinen seitherigen Lauf nicht weiter beibehalten kann. Er begreift den COVID-19-Virus als Auslöser globaler Verwerfungen und schockartiger Veränderungen, dessen Folgen die Welt hilflos entgegensieht. Aus der dreidimensionalen, rein materiebezogenen Wissenschaft und deren materialistisch-intellektuell begrenzten Sichtweise sei ein ganzheitliches Verstehen nicht möglich. Ihm gehe es nicht um die Beurteilung dessen, was seitens der politisch Verantwortlichen und medizinischen Experten verlautbart und veranlasst worden ist, sondern um die metaphysischen Hintergründe der Pandemie. Dabei verweist er auch auf die mayanische Weisheit der vierdimensionalen Gesetze der ZEIT.[313] Den individuellen Geist bezeichnet er als eine fünftdimensionale Identitätskomponente des Menschseins. Mit dieser dimensionalen Strukturierung der menschlichen Bewusstseinsentwicklung richten sich sein und mein Ansatz nach in dieser Hinsicht ähnlichen Annahmen aus. Lauf Kössner dient die Inkarnation der Weiterentwicklung des Psyche-Intellekts bzw. der Geist-Seele. Demzufolge kann und soll sich die Persönlichkeit eines Menschen im Laufe des Lebens stetig qualitativ höherentwickeln. Die kollektive Geisteshaltung der Menschheit befinde sich derzeit noch mehrheitlich auf der dreidimensionalen Ebene des Teilwissens, die eine weise ganzheitliche Sicht (Sicht~weise) der Verflechtung allen Seins, d. h. die Erkenntnis der größeren Zusammenhänge ausschließt und mithin zu Recht als unwissenschaftlich deklariert. Die Wissenheit, in der das dreidimensionale Teilwissen eine Allianz mit dem ganzheitlichen weisen Wissen eingeht, rangiert auf der nächsthöheren vierdimensionalen Ebene.

Die Wissenschaft nimmt seit Mitte des 18. Jahrhunderts als selbsternannte Autorität die führende Rolle ein, indem sie entscheidet, was richtig und falsch ist. Die Spezies Mensch hat über Jahrtausende eine kontinuierliche Höherentwicklung durchlaufen, die allerdings primär deren biologische Intelligenz betraf. Ihre emotionale psychische bzw.

---

[313] http://maya.at/Allgemein/Allgemein-Index.htm Stand: 10/2020

seelische Komponente nahm an dieser Aufwärtsentwicklung nicht synchron teil, im Grunde sei sie sogar gewissermaßen verkümmert. Hierdurch entwickeln sich die meisten Menschen zu ausschließlich mental geleiteten Wesen. Dabei seien wir nur geistig-seelisch imstande, uns die Dimensionen oberhalb der dritten zu erschließen. Interessanterweise beruht das weltumspannende Thema »Krankheiten« größtenteils auf dieser Teilverkümmerung unserer Seelen – Stichwort: Psychosomatik. Ein hierzu passendes Zitat: „Lockdown, Kontaktbeschränkungen, Sperrstunde – die Corona-Regeln wirken sich auf die Psyche aus. Der Versicherer Axa hat untersucht, wie die Pandemie das Seelenleben der Deutschen verändert hat. Das Ergebnis lässt aufhorchen. Demnach haben die Belastungen erheblich zugenommen, und ein nicht geringer Teil der Bevölkerung wurde dadurch in akute psychische Probleme gestürzt."[314] Und psychische Unpässlichkeiten ziehen bekanntlich körperliche nach sich: „Die heutige Medizin bleibt zu einem Großteil auf Teilerfolge beschränkt. Bei Krankheiten auf individueller Ebene behandelt die Medizin vorrangig Symptome (Schmerzen, körperliche Einschränkungen etc.) – das Problem der Symptommedizin. Nur in einem sehr begrenzten Umfang bemüht man sich, auch die dahinterliegenden Ursachen von Krankheiten zu erkennen und nach Möglichkeit zu heilen. Warum das individuell so schwierig ist, hat damit zu tun, dass die Ursachen zum Großteil auf der seelischen Ebene liegen und ein Zugriff darauf mit technologischen Instrumentarien nicht möglich ist."[315] Die in der Wissenschaft zum Einsatz kommenden Fähigkeiten der Intelligenz lassen einerseits auf eine gewaltige Erfolgsgeschichte des materiellen Teils der Menschheitsentwicklung blicken, andererseits wurde hierdurch alles Spirituelle als Störfaktor zugunsten eines entfesselten Egos beseitigt. Dies sei durch gezielte Eindämmung der individuellen ethischen Bremsmechanismen gelungen, die sich im vorherrschenden Teil des kollektiven Bewusstseins widerspiegelt. Für eine qualitativ hochwertige ganzheitliche Erfolgsgeschichte fehle es jedoch am

---

[314] www.welt.de/finanzen/plus217453234/Die-dritte-unsichtbare-Welle-rollt-schon-ueber-Deutschland.html Stand: 10/2020
[315] Kössner, Johann: *2020 – Eine globale Entropie*, S. 29

ebenso hochentwickelten ethischen Einsichts- und Verantwortungsprinzip. Was viele Zeitgenossen vor allem in Europa beunruhige, sei das Ausmaß, in dem erreichte demokratische Grundprinzipien zunehmend Verfallssymptome zeigen. Gleichzeitig entstehe in der Wahrnehmung der Menschen ein verzerrtes Realitätsbild, weil über alle Medien überwiegend negative Informationen verbreitet werden. Doch im Gegensatz dazu ist Kössner zuversichtlich: Alles was im Althergebrachten der Korrektur bedarf, erledigt sich von selbst, auch wenn es dauert. Diejenigen von uns, die dem entgegensähen, müssten sich folglich in Geduld, Gelassenheit und Weisheit üben. Da das reduktionistisch-dreidimensionale wissenschaftliche Verständnis des Lebens nur auf einem Teilwissen basiert, kann es die komplexe, multidimensional miteinander verflochtene Vielfalt der Biosphäre nur vordergründig erfassen. In der Phase von Corona erleben wir angesichts »höherer Gewalten« deutlicher denn je die ohnmächtige Macht regierender politischer Autoritäten. Dies beruhe auf der fehlenden Erkenntnis, dass die Schöpfung für unsere Spezies nur in einer Hinsicht unbegrenztes Wachstum vorgesehen habe – der unseres Bewusstseins. Dieses geistige Wachstum offenbart sich anhand von Weisheit und Liebe. Solange die Menschheit unbeachtet lässt, dass innerhalb aller Daseinsformen eine Vernetzung (symbolische Entsprechung: WorldWideWeb) und informationeller Austausch besteht, werden alle wissenschaftlichen Erkenntnisse Stückwerk bleiben.

Im Ergebnis sei auf die Komplementarität realer und virtueller Viren verwiesen: Virtuelle Viren sind „sich selbst verbreitende Computerstörprogramme, die sich unkontrolliert in andere Programme einschleusen, sich reproduzieren, d.h. von sich selbst Kopien erzeugen, und diese dann in das bestehende Programm einpflanzen (infizieren) sobald sie einmal ausgeführt werden. Dadurch gelangen die Viren auf andere Datenträger, wie Netzwerklaufwerke und Wechselmedien wie USB-Sticks. Wie sein biologisches Vorbild benutzt ein Virus die Ressourcen seines Wirtes. Auch vermehrt es sich meist unkontrolliert. Durch vom Virenautor eingebaute Schadfunktionen oder durch Fehler im Virus kann das Virus das Wirtssystem oder dessen Programme auf verschiedene Weise bis zum Verlust von Daten beeinträchtigen. Durch die Aktion des Benutzers, der ein infiziertes Wechselmedium an ein anderes System anschließt oder eine infizierte Datei startet, gelangt der Virencode auch dort zur Ausführung, wodurch weitere Systeme infiziert werden. Computerviren können durch vom Erfinder gewünschte oder nicht gewünschte Funktionen die Sicherheit des Computers beeinträchtigen."[316] Mittlerweile blickt die Welt auf eine Computerviren-Pandemie. Ist es daher blinder Zufall, dass nach der Analogie des WorldWideWeb die reale Pandemie auf dem Fuße folgte? Obwohl wir auf diese weltbewegenden komplexitätsbedingten Zusammenhänge regelrecht mit der Nase gestoßen werden, werden sie dennoch von keiner maßgeblichen Seite aus wahrgenommen oder jedenfalls nicht öffentlich thematisiert. Wir entwickeln ein weltweites Kommunikationsnetz und »keinem« fällt auf, dass dies ein kosmischer Hinweis auf die globale Vernetzung ist. Wir setzen Computerviren in die Welt und »keiner« macht sich Gedanken darüber, dass diese Ransomware nicht nur begrifflich, sondern auch faktisch mit der Schadprogrammierung seitens der realen Virenwelt korrespondiert.

Wie komme ich nun darauf, Corona mit Pansophie in Verbindung zu bringen? Komplex einfach: 1. Corona ist als Pandemie in aller Munde. 2. Die Vorsilbe »pan-« weist auf »all, ganz, gesamt, völlig« hin. 3. Pandemie (von: *demos* = Volk) bedeutet ganze Völker erfassend, Pansophie (*Pansophia*) ist eine von Jan Ámos Komenský (1592-1670) begründete philosophische Bewegung, die eine Weisheitsbezogenheit aller Wissenschaften anstrebt. 4. In dieser Abhandlung geht es um die Initiierung der Sophialogie, einer Wissensdimension im Dienst einer weisheitsgeleiteten Wissenschaft. 5. Die Corona-Pandemie stellt ein Signal zur unumgänglichen Umkehr im Sinne eines allseits von Grund auf zu ändernden Verhaltens dar, das simultan mit der astrologisch begründeten Zeitenwende sowie der Fertigstellung dieser Sophialogie-Abhandlung koinzidiert. 6. Wer diese komplexitätsbasierten Zeichen zu deuten weiß, erfasst den Sinn bzw. die Allweisheit (Pansophie) des Seins.

---

[316] (Vgl.) https://wirtschaftslexikon.gabler.de/definition/virus-53415

7 Holistische Intelligenz

Wer weise ist, nimmt die Dinge so wie sie sind und nicht, wie sie seines Erachtens sein sollten. Für den Weisen sind die jeweiligen Gegebenheiten weder »gut« noch »schlecht«, sondern »in Ordnung«. Diese wertungsfreie Denk- und Verhaltensweise ist uns dreidimensional Wissenden derart fremd, dass wir sie für illusionär, illusorisch oder beides halten. Jedenfalls halten wir sie für weltfremd und daher für utopisch-irreal, sprich naiv. In unserer gegenwärtigen Welt lässt sich mit Weisheit, also vermeintlicher Naivität, kein Blumentopf gewinnen. Ich ziehe wieder einmal den Duden zurate. Unter Weisheit versteht er „auf Lebenserfahrung, Reife (Gelehrsamkeit) und Distanz gegenüber den Dingen beruhende, einsichtsvolle Klugheit" und unter Naivität „Arglosigkeit, Kindlichkeit, Natürlichkeit, Offenheit, Treuherzigkeit und Unbefangenheit." Wie unterscheiden sich die beiden Begriffe inhaltlich voneinander? Letztlich gar nicht. Die Essenz beider besteht aus einer auf einsichtsvoller Klugheit beruhenden Distanz gegenüber den Dingen. Nun stellt sich sogleich die Frage: Ist es für uns moderne Menschen erstrebenswerter, sich befangen, böse, bösgläubig, misstrauisch, todernst, unnatürlich und verschlossen zu geben?

Weshalb erhielt nur das weise Wissen die Nachsilbe »heit«, die eine Eigenschaft oder Handlung ausdrückt? Im Althochdeutschen bezeichnete »heit«, verwandt mit »heiter«, eine leuchtende (glänzende) Persönlichkeit bzw. Gestalt. Daraus ließe sich ableiten, dass Weisheit als leuchtend im Sinne von grandios, vortrefflich, vorzüglich, exzellent und Wissen als eigenschaftslos und weniger großartig betrachtet wurde. Wissen hielt man seinerzeit offensichtlich für eine selbstverständliche Gegebenheit und den Wissenserwerb für einen natürlichen Vorgang. Weisheit zu erlangen verbindet man dagegen bis heute mit einer außergewöhnlichen Begabung gepaart mit einer hochentwickelten Bewusstheit. Ein Weiser besitze sozusagen die spezielle Gabe, weise zu sein. Wissen war einst kein Machtfaktor, sondern jedermanns natürliche geistige Fähigkeit. Als dann Wissen seine Machtrolle auszuspielen begann, ließ man die »heilige« Inquisition Wissen reglementieren.

Aus meiner Sicht hängt Weisheit von keiner besonderen Begabung, Intelligenz oder Bewusstseinsstufe ab. Die Schöpfung stattete uns mit der notwendigen und hinreichenden Denkfähigkeit aus, um sich auf gewissermaßen gesunde Weise weise zu denken. Wenn Gesundheit als „ein Zustand des vollständigen körperlichen, geistigen und sozialen Wohlergehens und nicht nur das Fehlen von Krankheit oder Gebrechen" definiert wird, dann ist der gesunde Menschenverstand darin enthalten. Und wer es nicht glauben mag, kann sich selbst davon überzeugen: niemand fühlt sich meines Erachtens geistig wohler als Weise. Zur Gesundheit führt Wikipedia aus, dass dem „naturwissenschaftlich verstandenen engen Begriff von Gesundheit nach dem bio-medizinischen Modell [...] in der heutigen Zeit ein ganzheitlicher Begriff von Gesundheit gegenüber [steht]." Die Ganzheitlichkeit erobert langsam sämtliche Bereiche unserer Lebenswirklichkeit und beginnt die bislang herrschende (einseitige) reduktionistische Weltsicht abzulösen.

An diesem Punkt empfiehlt es sich zum Neologismus »Wissenheit« überzuleiten. Weise wären nicht weise, wenn sie sich für Weisheit und gegen das Wissen aussprächen, also die Weisheit über das Wissen stellen würden. Denn dann dächten und verhielten sie sich nicht ganzheitlich und mithin nicht weise. Selbstverständlich ist Ganzheitlichkeit nicht mit Weisheit identisch, aber deren Voraussetzung. Zu den Dingen auf Distanz gehen und zugleich bestimmten davon die Daseinsberechtigung abzusprechen, schließt sich mit Weisheit aus. Zwar basiert Weisheit darauf, grundsätzlich nichts auszuschließen, doch hinsichtlich ihrer Charakterisierung müssen mitunter auch paradoxale Merkmale berücksichtigt werden, anderenfalls die Verständlichkeit verloren ginge. Ein weiser Standpunkt ist allliebend: ganzheitlich, holistisch, integral, multiperspektivisch und weltschätzend. Daher besitzt für ihn Weisheit keinen höheren Stellenwert als Wissen. Ihm zufolge sind beide gleichwertig und ergänzen sich zur holistischen Intelligenz. Sie sind einander komplementär. Die »Holistische Intelligenz« umfasst die rationale, emotionale, soziale und ethische Kompetenz. In der ganzheitlichen Variante wäre sie die Summe dieser Kompetenzen. Im holistischen Modus sind diese Kompetenzen korrelativ miteinander verwoben, indem sie sich gegenseitig stimulieren und fördern und hierdurch sinnergetisch verhalten. Damit ist die »Holistische Intelligenz« mehr als die Summe der sie charakterisierenden Kompetenzen. In den Genuss der holistischen Intelligenz kämen diejenigen, die sich durch Kombination von Weisheit und Wissen der Wissenheit öffnen.

Interessanterweise bietet die deutsche Sprache bislang lediglich den Ausdruck »Unwissenheit« an. Eine seiner beiden Duden-Definitionen lautet „Mangel an [wissenschaftlicher] Bildung“. Folgerichtig könnte der Begriff »Wissenheit« für hinreichende (wissenschaftliche) Bildung stehen. Doch bislang existiert er im Deutschen nicht. Dieser Umstand prädestiniert ihn zur Bezeichnung einer weisheitsgeleiteten wissenschaftliche Bildung. »Wissenheit« könnte daher als Wissen der nächsten Entwicklungsstufe der Wissenschaft und damit deren adäquater Begriff werden. Das zum Suffix erstarrte Substantiv »schaft« – althochdeutsch scaf(t): Gestalt, Beschaffenheit, mittelhochdeutsch schaft: Gestalt, Eigenschaft – ist mit dem Verb »schaffen« verwandt. Die Wissenschaft besitzt damit die Eigen~schaft, Wissen zu (er)schaffen. Dessen ungeheure Menge, die sie erschafft, übersteigt bei weitem die kognitiven Kapazitäten selbst von Wissenschaftlern und zwingt somit die Wissenschaft, sich in immer filigranere Wissenschaftszweige (Wissensgebiete) zu disziplinieren. Dadurch geht der Überblick der Zusammenhänge verloren. Die Neigung zu unterschiedlichen fachspezifischen Terminologien (wissenschaftliche Funktionalstilistik) kommt erschwerend hinzu. Als Universalgelehrter oder Polyhistor zu gelten, dessen sich einst manch Wissenschaftler rühmte, ist unter diesen Vorzeichen nicht mehr denkbar. Zwar versucht man isolationistische oder gar elitäre Abschottung durch Interdisziplinarität etwas abzumildern. Ein nennenswerter Fortschritt ist hierbei jedoch nicht absehbar. Denn ein ganzheitlicheres Denken erreicht man nicht durch Nachbesserung des reduktionistischen Denkens, sondern nur anhand eines radikalen Bewusstseinswandels. Wissenheit wäre mithin der zukunfts~weise~nde Ansatz, mit Wissen auf weise Art umzugehen.

Wer weiß, ob es bis hierher einigermaßen – hinreichend wäre besser – verständlich wurde, welches Potenzial sich hinter der Neuschöpfung »Wissenheit« verbirgt. Daher fasse ich zusammen: Wir leben seit Jahrhunderten in einer Welt, die der Wissenschaft erste Pri-

orität und hierdurch höchstes Ansehen und horrende Geldmittel einräumt. Dadurch geriet sie zum weltweit einflussreichsten Machtfaktor, der im Grunde die Geschicke nicht nur aller Lebewesen unseres
Planeten bestimmt. Letztlich werden keine maßgeblichen Entscheidungen mehr ohne Anhörung von Experten bzw. Zugrundelegung
von Expertisen getroffen. Dieser attraktive Umstand lässt verständlicherweise nicht nur Wohltäter und »echte« Weltverbesserer auf den
Plan treten. Ansehen, Geld, Macht und Einfluss zu haben zählt in einer materialistisch-egozentrisch orientierten Gesellschaft zum obersten Ziel eines jeden ambitionierten Erdbewohners. Wenn einem Wissenschaft solch unwiderstehliche Aussichten bietet, dürfte deren
Leitmaxime »Objektivität« sicher auch schon mitunter etwas großzü-
giger ausgelegt werden – Stichwort: Gefälligkeitsgutachten. Oder
auch: Traue keiner Studie, die nicht zu dem Ergebnis gelangt, das du
dir wünschst. Wissenschaft ist demnach eine allen Beteuerungen
zum Trotz labile Kunst. Sie stützt sich rein auf intellektuelles Wissen
und blendet das Ge~Wissen, das intuitive, gewisse Wissen aus. Unter
Gewissen versteht der Duden das „Bewusstsein von Gut und Böse des
eigenen Tuns.“ Da Weisheit in ihren Überlegungen die Gut/Böse-Ka-
tegorie ausspart, würde die Duden-Definition des Gewissens weisheitlich ausgedrückt »Bewusstsein der Ethizität des eigenen Tuns«
lauten. Wissenschaft verzichtet auf gefühlsmäßige Argumentation.
Gefühlsmäßig und intuitiv sind laut Duden Synonyme und die Seele
die „Gesamtheit dessen, was das Fühlen, Empfinden, Denken eines
Menschen ausmacht“. Auf dieser Grundlage ist die Wissenschaft ge-
fühl- bzw. seelenlos, Wissenheit eine gleichsam beseelte Wissenschaft und Intuition das unmittelbare, nicht diskursive, nicht auf Reflexion beruhende Erkennen und Erfassen eines Sachverhalts oder
komplizierten Vorgangs. In der Wissenheit gehen quasi diskursives
Denken und Handeln mit intuitivem Erkennen und Agieren eine se-
gensreiche gemeinwohlorientierte Verbindung ein. Aus wissenheitlichen multiperspektivischen Blickwinkeln winken aus allen Ecken und
Enden pure Chancen. Mit dem ganzheitlichen Seherblick des Wissen-
heitlers für größere Zusammenhänge lässt man es zu menschenge-
machten Krisensituationen gar nicht erst kommen.

Da Weisheit dem Tod nicht panisch, sondern als mit dem Leben korrelierend entgegenblickt, würden wissenheitlich orientierte Virologen andere als die bisher erlassenen Vorsorge- und Schutzmaßnahmen empfehlen. Etwa im Sinne des Bundestagspräsidenten Wolfgang Schäuble als er am 26.04.2020 verlautbarte: „Aber wenn ich höre, alles andere habe vor dem Schutz von Leben zurückzutreten, dann muss ich sagen: Das ist in dieser Absolutheit nicht richtig. Grundrechte beschränken sich gegenseitig. Wenn es überhaupt einen absoluten Wert in unserem Grundgesetz gibt, dann ist das die Würde des Menschen. Die ist unantastbar. Aber sie schließt nicht aus, dass wir sterben müssen. [...] Der Staat muss für alle die bestmögliche gesundheitliche Versorgung gewährleisten. Aber Menschen werden weiter auch an Corona sterben. [...] Wir sterben alle. [...] Man muss vorsichtig Schritt für Schritt vorgehen und bereit sein, zu lernen.“[317] Ein Beispiel: „Seit Beginn der Pandemie hat sich in Schweden nicht viel verändert. Was im März und April galt, gilt jetzt immer noch. Es gibt aber auch keine Maskenpflicht und die Schulen bleiben offen. Der Grund dafür ist der ganzheitliche Ansatz der schwedischen Gesundheitspolitik. Der Schutz vor Krankheiten wird immer auch im Zusammenspiel mit anderen Risiken für die Gesundheit bedacht. So könne ein Lockdown hohen psychologischen Schaden anrichten und zu Alkoholmissbrauch führen. Auch hätten die Kinder ein Recht auf Bildung. Während das Coronavirus inzwischen wieder den gesamten europäischen Kontinent in die Zange nimmt, bleibt es in Schweden aktuell vergleichsweise ruhig. Seit August sind die Todeszahlen pro Tag einstellig, an manchen Tagen vermeldete das Land sogar keinen einzigen Toten. Die nationalen Nachrichten beginnen nicht mit Meldungen über Infektionen. Das Vertrauen der Bevölkerung in die nationale Gesundheitsversorgung ist laut einer aktuellen Umfrage der Universität Göteborg von 68 auf 88 Prozent gestiegen. Das Parlament

---

[317] www.tagesspiegel.de/politik/bundestagspraesident-zur-corona-krise-schaeuble-will-dem-schutz-des-lebens-nicht-alles-unterordnen/25770466.html Stand: 10/2020

konnte als Institution den höchsten Vertrauensanstieg verzeichnen und liegt nun bei 59 Prozent Zustimmung."[318]

René Egli schreibt in der Dezember2020-Ausgabe seiner LOL²A-Impulse: „Kürzlich hat ein Professor der Medizin in einem Interview folgende Aussage gemacht: ‚Es ist wichtig, dass ein Wissenschaftler weiß, was er nicht weiß.' Ich finde diese Aussage genial. Bestimmt wäre es nicht schlecht, wenn uns immer bewusst wäre, was wir wissen und was wir nicht wissen. Vor mehr als 25 Jahren machte ich beim Start in die Selbständigkeit ähnliche Überlegungen: Ich wollte Seminare für Unternehmen anbieten. Nun wusste ich, dass es für Unternehmen bereits Seminare wie Sand am Meer gab. Wozu also noch ein weiteres Seminar? Ich sagte mir, dass die Manager in den Unternehmen mehr als genügend Informationen haben, was die Themen Unternehmensführung betrifft. Aber es gab – und gibt – etwas, das in keinem Unternehmen bekannt ist: Die Manager wissen nicht, wie das LEBEN funktioniert. Folglich – so meine Überlegung vor 25 Jahren – würde es auch den Managern helfen, wenn sie wüssten, wie das LEBEN funktioniert. Der Rest ist LOL²A-Geschichte. Jetzt, mehr als 25 Jahre später, ‚zwingt' mich das Leben zu ähnlichen Überlegungen: Was weiß ein Virologe? Was weiß ein Virologe nicht? Was weiß ein Epidemiologe? Was weiß ein Epidemiologe nicht? Die Virologen und Epidemiologen interessieren sich offenbar ausschließlich dafür, wie ein Virus oder eine Epidemie funktionieren. Das ist verständlich und logisch. Und mit diesem Wissen versuchen sie das Virus zu bekämpfen (!). Aber sie haben die Rechnung ohne das, was wir LEBEN nennen, gemacht. Sie wissen nicht, wie das LEBEN funktioniert. (Das gehört schließlich nicht zu ihrem Job ... Es geht immer nur darum, einen bösen Feind zu besiegen. Doch das demonstriert, dass diese Fachleute und Politiker, die auf die Fachleute hören, nicht wissen, wie das LEBEN funktioniert. Indem ‚wir' (die Virologen und Politiker) erklärt haben, dass ‚wir' ein großes Problem haben (das Virus), haben ‚wir' neue Probleme kreiert, die für zahlreiche Menschen gravierender sind als das Virus. Es ist schlicht und einfach faszinierend, wie wir uns im Kreis drehen und immer neue ‚Probleme' kreieren, wenn wir den

---

[318] www.rbb24.de/panorama/beitrag/2020/10/schweden-corona-strategie-masken-bildung-pflege.html Stand: 10/2020

Kampf als Problemlösung einsetzen. Wir leben in einer endlosen Abfolge von Problem und Lösung. Und je stärker man sich auf die Probleme konzentriert, desto größer werden sie."[319]

Im Mittelpunkt der Wissenheit steht nicht mehr das Credo der Wissenschaft, das Machbare und daraufhin zu lösende (= zu bekämpfende) Problematische, sondern das problemverhindernd gemeinnützig zu Machende. Die beiden Kernfragen der Wissenheit lauten daher: Was ist zu erforschen und zu tun, um (Um)Welt in das ihr angestammte Lot zu bringen und darin zu halten? Was ist zu erforschen und zu tun, um des Menschen Weisheit anzuregen, zu fördern und weiterzuentwickeln?

---

319 Egli, René: *LOL²A-Impulse* Nr. 156, S. 1

IV.   Sophialogie

Im globalen Zeitalter einer weltumspannenden informationellen und kommunikativen Vernetzung fühle ich mich als an Ganzheitlichkeit interessierter Weltbürger inspiriert, mich an der Erkundung der Weisheit und deren Integration in das Wissenssystem zu beteiligen. Diesem Anliegen, mich mit dem Weisheitswesen zu beschäftigen, widme ich die Bezeichnung »Sophialogie«. Diese möge nicht verwechselt werden mit der Sophiologie, der Weisheitslehre der russischen Religionsphilosophie, die Wissenschaft, Kunst und Religion zu verknüpfen trachtet.

Seit mittlerweile rund zweieinhalb Jahrtausenden fasziniert vor allem uns abendländische Menschen das Zauberwort »Wissen«, denn Wissen sei Macht und um Macht zu erlangen, zu behalten und auszuüben macht der Macher Mensch keine Zugeständnisse. Daher stieg die Wissenschaft zur höchsten Machtinstanz im Staate auf, ohne sogenannte Sachverständigen-Gutachten wird politisch und juristisch so gut wie nichts mehr entschieden, was von Bedeutung ist. Nun sind Experten auch nur Menschen, sie liegen richtig und irren, sind unparteiisch und befangen, redlich und auf ihren Vorteil bedacht. Andererseits behauptete einer der Begründer der Wissenschaft, ein gewisser Sokrates, der zuweilen als "weisester Mensch" und „Meister aller Meister" bezeichnet wird, zu wissen, nicht(s) zu wissen, was einflussreiche Denker wie Karl R. Popper bewog, von „sokratischer Weisheit" zu sprechen. Daher zählt es zu den Charakteristika der Weisheit, zu wissen, wie wenig man weiß, selbst wenn man ein Wissenschaftler ist oder sich Experte nennt.

Das bereits erwähnte Buch „Von der Weisheit zur Wissenschaft" lässt darauf schließen, dass sich eine einst weise Menschheit zu einer wissenden entwickelt hat. Und in der Tat sind uns zwar unzählige

243

Denker und Gelehrte bekannt, aber bestenfalls eine Handvoll Weiser, doch wegen ihrer Altertümlichkeit auch nur noch schemenhaft: Laotse, Konfuzius, Siddhartha Gautama, Meister Eckhart, Thomas von Aquin, Pierre Teilhard de Chardin und die Sieben Weisen von Griechenland, damit hat es sich aber im Grunde auch schon. Es gelang mir noch nicht einmal, zur Google-Suche, wer weltgeschichtlich als Weiser gilt, auch nur einen Treffer zu landen. Dies mag daran liegen, dass wir auf Detail- und Fachwissen und abstrakte Verstandeserkenntnis eingestimmten Verstandesmenschen ganzheitliche Vernunft, holistisches Wissen sowie pragmatisches Gemeinwohl für irrelevant halten und aus den Augen verloren haben. Weisheit wird hingegen stets mit ganzheitlichem Denken und Handeln in Verbindung gebracht. Doch in unserer heutigen global vernetzten Welt bedarf der Weisheitsbegriff, um die gebotenen programmatischen Perspektiven zu öffnen, des Upgrades einer holistischen Konfiguration. Die Sophialogie, die mir am Herzen liegt, stellt die Konzeption eines solchen zukunftsweisenden Daseinsmodells dar. Denn meiner Auffassung nach ist der Zeitpunkt gekommen, nach den nun rund zweitausendfünfhundert Jahren, die vornehmlich der Wissenschaft gehörten, die Weisheit mit ins Boot zu holen, auf dass uns die sinnkretistische Sinnthese dieser beiden geistesbezogenen Dominanten die enormen Herausforderungen unserer Zeit erfolgversprechender als seither bewältigen lässt.

Weisheit ist in aller Munde bzw. sobald man darauf achtet, in wahrlich vielen Texten. Seit ich mich mit dieser Lebensqualität befasse, begegnet mir das Wort in Artikeln, Beiträgen, Büchern und Schriften nahezu auf Schritt und Tritt. In den meisten davon wird der Begriff jedoch so polysem, floskelhaft, fundament- und zusammenhanglos verwendet, dass deutlich hervortritt, wie wenig über seine wahre Bedeutung bekannt ist und wie wenige Gedanken man sich macht, was sich hinter dem Faszinosum »Weisheit« verbirgt. Überwiegend wird sie mit einem qualifizierten Wissensgrad gleichgesetzt. Die Grundüberlegungen der Weisheitsforscher tendieren dahin, dass »Weise« über ein umfangreiches Wissen gepaart mit entsprechender Erfahrung verfügen (müssen). Doch eine solche Annahme übersieht, wer nach wie vor zu den »weisesten« Menschen gezählt wird. Nämlich wie gesagt derjenige, der zu dem Schluss kam, zu wissen, nicht(s)

zu wissen: Sokrates gilt als einer der weisesten Menschen aller Zeiten[320], da er als erster erkannte, dass unser Wissen ob der Ungewissheiten des Lebens ein Scheinwissen ist. So fürchten beispielsweise
die meisten Menschen den Tod, ohne auch nur die leiseste Ahnung
zu haben, was jener überhaupt sei. Analog verhält es sich mit der
Schöpfung. Wir wissen nichts über die wahren Hintergründe und Be-
stimmungsfaktoren der Entstehung, Entwicklung, Regulation und Sin-
nigkeit des Universums sowie der Welt und ihres »Zubehörs«, denn
selbst dem sogenannten Urknall liegt lediglich eine unbeweisbare Annahme zugrunde, während ganze Heerscharen von Wissenschaftlern
seit Jahrhunderten zum jeweils aktuellen Zeitpunkt so tun, als wäre
man im Bilde.

Wissen ist vergänglich, Weisheit hingegen beständig. Seit dem sie
als Begriff existiert, gilt sie „als das Höchste, was ein Mensch erreichen kann."[321] Sind deshalb Weise so rar, dass jedem von uns vom
Namen her (neben Buddha, Jesus, Konfuzius, Laotse, Sokrates, …)
vielleicht gerade noch eine Handvoll bekannt ist und zwar auch nur
längst verblichener? Als prominenter zeitgenössischer Weiser steht
im Grunde lediglich der 14. Dalai Lama zur Diskussion[322]. Weisheit sei
Ganzheitserfahrung, das Verständnis um die Zusammenhänge. Weisheit bedeute zu wissen, was man nicht weiß oder schlichtweg niemals
wissen kann. Die Welt sei nicht nur nicht mit absoluter Sicherheit bestimmbar, die Ungewissheit ist quasi ihre Natur.[323] Weisheit ist zum
einen eine grundsätzlich jedermann verfügbare Lebensqualität, zum
anderen die Modalität, weitestmöglich an den natürlichen Gegebenheiten und Vorgängen orientiert und dadurch optimiert zu denken,
zu handeln, sich zu äußern und zu verhalten. Indem aller Natur eine
optimale, mithin weise gestalterische, kompositorische und operatio-
nale Systematik zugrunde liegt, besitzt auch der menschliche Orga-
nismus eine überaus weise vegetativ-regulatorische Funktionalität:
Sämtliche physiologischen Prozesse verlaufen autonom. Über die ei-

---

320 Raabe, Kristin: a.a.O., S. 72
321 Ebenda, S. 9
322 Ebenda, S. 22
323 Ebenda, S. 19, 148, 230

genen psychisch basierten Präferenzen zu entscheiden, obliegt dagegen dem menschlichen Willen. Ob sich der Mensch daher auf den Weg der Weisheit und damit zum höchsten Gipfel menschlicher Lebenskunst begeben mag, bleibt grundsätzlich allein seinem Entschluss vorbehalten.

Da uns bislang so wenige verbürgte Weise bekannt sind, deutet darauf hin, dass der Weisheitsweg zu beschwerlich zu sein scheint, um sich auf ihn einzulassen. Und tatsächlich halten es bislang die meisten Weisheitsforscher und Weisheitssuchenden sinngemäß mit Seneca, wonach derjenige, der Weisheit suche, weise, doch wer glaube, sie gefunden zu haben, ein Narr sei. Vollkommene Weisheit stellt für jene Weisheitspilger ein Idealkonstrukt dar, das bestenfalls einem Schöpferwesen zuzubilligen sei. Doch insoweit stellt sich sogleich die Frage nach dem Referenzobjekt. Wer davon ausgeht, Weisheit nicht erlangen zu können, da sie einer Utopie gleicht, sollte sich weisheitsbezogener Annahmen enthalten. Demnach basiert die überschaubare Anzahl prominenter Weiser weniger darauf, dass es an substanziellen definitorischen Kriterien von Weisheit mangelt. Vielmehr scheint dies in der Scheu der Weiseaspiranten begründet zu sein, zu identifizieren, was sie für unerreichbar halten. Anders ausgedrückt, wie sollten Weisheitsskeptiker Weisheit erkennen, geschweige denn qualifizieren können? Zumal sich Weise niemals selbst als weise bezeichnen (sollen). Hierdurch verharrt die Weisheitsthematik seit jeher in folgendem Dilemma: Diejenigen, die ihr Weisheitstalent nicht bzw. noch nicht aktiviert haben, wollen darüber befinden, was Weisheit und wer weise ist. Kein Wunder also, dass es bislang weder belastbare Merkmale der Weisheit noch eine adäquate Anzahl anerkannter Weiser gibt und das notwendige (Not [ab]wendende) Weisheitswesen nach wie vor ein marginales Dasein fristet.

Demgegenüber bin ich der Überzeugung, dass der Weisheitsweg nicht nur nicht beschwerlicher als alternative Lebenswege ist, sondern ihn zudem grundsätzlich jede(r) beschreiten kann. Überdies lässt sich weisheitsorientiertes Vorgehen relativ genau bestimmen. Nachstehend gehe ich näher darauf ein. Doch zuvor ist eine grundlegende Fehldeutung auszuräumen. Weise gibt es nicht, da es keine geben kann. Nur die Weisheit ist weise. Unter dem Adjektiv »weise«

führt der Duden die Bedeutungen „Weisheit besitzend", „auf Weisheit beruhend" und „von Weisheit zeugend" an. Doch besitzen kann man Weisheit nicht und dadurch ebenso wenig weise sein. Wie sollte so ein Besitz von Weisheit oder eine weise Art beschaffen sein? Hinter Weisheit und weiser Manier verbergen sich keine objektiven Kriterien, sondern subjektive Werturteile. Was hingegen Menschen von Geburt an besitzen, ist die Begabung und damit Fähigkeit, eine weise Geisteshaltung einzunehmen und sich sodann weise (auf Weisheit beruhend, von Weisheit zeugend) zu äußern, zu verhalten und weise zu handeln. Man ist nicht weise, sondern begabt, sich so zu verhalten (denken, sprechen, tun und unterlassen), dass es manche für weise halten. Man besitzt, d. h. hat beispielsweise vorübergehend Hunger, Schnupfen, Geld, längerfristig eine Ehe, ein Haus oder dauerhaft eine helle Hautfarbe und ist somit hungrig, erkältet, zahlungsfähig, verheiratet, Hauseigentümer oder Weißer. Der Hungrige wird gegebenenfalls satt, der Verschnupfte gesund, der Geldbesitzer insolvent, die Ehe geschieden, der Hauseigentümer Opfer einer Zwangsversteigerung und der Weißhäutige Sonnenanbeter. Man besitzt nicht Weisheit und ist nicht weise, weil diese Zuschreibungen Prädikate sind, die Alternation bzw. Bipolarität ausschließen. Wer als weise gälte, könnte nur weise Taten an den Tag legen, weil Weisheit als absolute Größe gehandelt wird. Ein(e) Weise(r) kann definitionsbedingt nicht unweise agieren. Von temporären Weisen ist analog zeitweiliger Menschen bislang nichts überliefert. Weisheit ist kein Status, keine objektive Gegebenheit, Weisheiten werden von sich gegeben und subjektiv als solche beurteilt. Weil sich die Begriffe so eingebürgert haben, bezeichne ich unter dieser relativierenden Prämisse dennoch als Weise(n) bzw. weise, wessen »In-Erscheinung-Treten« im Allgemeinen als weise empfunden wird, unabhängig davon, ob es andere gibt, die dieses Votum nicht teilen. Aus meiner Sicht erscheint es dennoch aufschlussreich, im Hinterkopf zu behalten, dass das Denken, Sprechen, Beraten, Handeln und Verhalten einer Person weise sein können, jedoch nicht die Person selbst.

An dem grammatisch femininen Genus der Weisheit im Deutschen, Griechischen (σοφία – *sophia*), Lateinischen (*sapientia*), aber auch Französischen (*sagesse*), Italienischen (*saggezza*), Spanischen

(*sabiduría*), Russischen (*мудрость*), Tschechischen (*moudrost*) etc.
ist erkennbar, dass sie häufiger dem weiblichen Prinzip zugeordnet
wird. Bevor Göttin Sophia durch deren männliches Pendant ersetzt
und mit deren Sohn Logos unifiziert wird, erscheint Gott laut der urchristlichen Weisheitstheologie in der weiblichen Gestalt der Weisheit. Auf der nächsten Reflexionsstufe erfolgt die Verknüpfung des
Logos mit der himmlischen Weisheit: Der Logos (das Wort) arriviert
zum Sohn Gottes und der Sophia. Die neutestamentarische Wissenschaft schließt sich dieser urchristlichen, sophialogisch determinier-
ten (zweistufigen) Theologie an. In der ersten Reflexionsstufe der Je-
sustradition wird Jesus als Gesandter der göttlichen Sophia verstanden. Demnach ist auch die erste christliche Theologie eine Sophialogie. In der späteren Weisheitschristologie der Evangelien wird die
göttliche Weiblichkeit verdrängt, indem Sophia mit Jesus als personi-
fizierter Weisheit in eins gesetzt wird[324]. Wenn Weisheit weibliche
Züge trägt, ist es umso verwunderlicher, dass alle bekannten Weisen
männlichen Geschlechts sind. Dem Weisheitspfad blieb der andro-
zentrische Geschlechterdualismus bislang offensichtlich fern.

Die Verbindung oder gar Einheit von Weisheit und Logos interessierte auch einen der bedeutendsten russischen Philosophen des 19.
Jahrhunderts, Wladimir Sergejewitsch Solowjow (*Владимир
Сергеевич Соловьёв* [1853-1900]). In seiner Sophiologie, einer Weis-
heitsphilosophie, die für eine organische Synthese von Wissenschaften, Kunst und Religion wirbt, spiegelt sich die Vision der Weisheit
wider, „in der sich Herz und Vernunft, Wissenschaft und Religion miteinander versöhnen. Die Sophiologie überwindet die Trennung zwischen verschiedenen Erkenntnisformen; sie bildet eine Brücke zwischen der offenbarten mystischen Erfahrung, der rationellen Philosophie sowie den positiven empirischen Wissenschaften. Die wahre Erkenntnis ist universal-einheitlich – ganzheitlich."[325] Die Weisheit in
Gestalt der göttlichen Sophia sei ihm dreimal erschienen, zuletzt in
der ägyptischen Wüste, wohin er sich anlässlich seiner zweiten Vision
begab: „Die ‚heilige' Sophia begriff er als einen besonders intimen

---

[324] Vgl. Schüssler Fiorenza, Elisabeth: *Auf den Spuren der Weisheit*, S. 27 ff.
[325] www.sophia.sk

Ausdruck bestimmter intuitiver mystischer Prinzipien, die ihm in seinen Visionen erschienen waren. Da er die Intimität, Persönlichkeit und Subtilität seiner Erscheinungen hierdurch zutreffender ausdrücken konnte, thematisierte er Sophia vor allem in seinem poetischen Werk. Darin bezeichnet er sie als ‚personifizierte Verkörperung der Idee der All-Einheit‘, (möglicherweise in Anlehnung an die Bifröst-Mythologie) ‚Frau der Regenbogentore‘, ‚die sonnenbekleidete Frau‘, ‚ewige und geheimnisvolle Freundin‘, ‚Göttin‘, ‚Herrscherin‘, ‚Sophia, eine mit der Weltseele identische ideale Menschheit‘ oder als die Ankunft der ‚ewigen Weiblichkeit‘ auf einer Welt, die dem Sieg des Wahren, Guten und Schönen gleicht.“[326] Zur (weisen) Menschheit – in Gestalt der Sophia – erklärt er: „Es ist die ‚wahrste, reinste und vollste Menschheit, die höchste und allumfassende Form und lebendige Seele der Natur und des Alls, ewig vereinigt mit der Gottheit und im zeitlichen Prozeß sich mit ihr vereinigend und alles mit ihr vereinigend, was ist.‘“[327] In der Übersetzung von Solowjows Erstlingswerk »Philosophische Grundlagen des ganzheitlichen Wissens« resümiert Michael Altrichter auf S. 12: „Nur die Intuition, die in alternativlosen Polaritäten entstanden ist und dem Ganzen dient, lässt sich in eine Synthese einbeziehen, die (in uns) eine integrale Sophia (personales ganzheitliches Wissen) entfaltet. Unitotalität – als Liebesweg zur Sophia.“ War Solowjow weise? Wer schreibt was er schrieb, legt meines Erachtens zumindest eine weise Denkweise (wie schon das Wort besagt) an den Tag.

Kommen wir zu dem Punkt, an dem die Weisheit dem Wissen, d. h. dem wissenschaftlichen Wissen zu weichen hatte. Dies geschah im Übergang zur Neuzeit, also zum mechanistischen Zeitalter. Zu jenem Zeitpunkt wird der Begriff »Weisheit« zunehmend durch »Wissen«

---

[326] Schuster, Peter Rainhard: *K filosofii Vladimíra Solovjova*, Fußnote 3, S. 59 in: https://digilib.phil.muni.cz/bitstream/handle/11222.digilib/107104/B_Philosophica_52-2005-1_6.pdf?sequence=1 Stand: 12/2020 unter Bezugnahme auf Лахтина, Ж. И.: *Философская лирика Владимира Соловьёва*, in *Вопросы художественного метода, жанры и характера в русской литературе 18–19 веков*, Moskau 1975, S. 261

[327] Ehlen, Peter: *Solowjows Spätphilosophie*, S. 15 in: www.hfph.de/hochschule/lehrende/prof-dr-peter-ehlen-sj/solowjow/ehlen_solowjow_impersonalismus.pdf Stand: 12/2020

und mehr noch »Wissenschaft« zurückgedrängt. Infolge ihrer Verobjektivierung und Konzentration darauf, was formalisiert, analysiert und gemessen werden kann, führte die Priorisierung der Wissenschaft zur Abkehr vom subjektbezogenen, holistisch orientierten »Gespür« (Sensorium) der Weisheit zugunsten eines versachlicht-entpersönlichten Wissens der rein intellektuell-kognitiven Sphäre. Anders als das auf abstrakter Verstandeserkenntnis, Experimenten und intersubjektiv erhebbaren Gesetzmäßigkeiten beruhende wissenschaftliche Detail- und Spezialwissen, basiert Weisheit auf einer den Persönlichkeitskern repräsentierenden Geisteshaltung, welche die individuellen und gesellschaftlichen intellektuellen, emotionalen und spirituellen Aspekte der Lebenswirklichkeit ganzheitlich-holistisch begreift. Zwei wesentliche Punkte: Während sich die Wissenschaft aus moralischen Gesichtspunkten heraushält, fußt Weisheit auf einem ethisch dominierten, gemeinwohlfokussierten Fundament. Während die Wissenschaft ihren Schwerpunkt auf die Theorie legt, bilden Theorie und Praxis aus weiser Sicht die beiden komplementären Teile einer Einheit. Von Heraklit, dem man die Formel *panta rhei* (alles fließt) nachsagt und der von manchen als ein Weiser gehandelt wird, soll der Satz stammen: „Gesund denken ist größte Tugend, und die Weisheit besteht darin, die Wahrheit zu sagen und zu handeln gemäß der Natur – auf sie hinhörend." Unabhängig davon, für wie weise Heraklit gehalten werden kann, ist diese Aussage meiner Meinung nach nicht nur weise, sondern zugleich eine, die eine treffende Definition von Weisheit enthält.

Unter diesem Aspekt erhalten die Werturteile »unwissenschaftlich«, »pseudowissenschaftlich« oder gar »esoterisch«, sofern sie despektierlich gemeint sind, ein glanzvolles Synonym: »weise«. Begründung: Der höchsten von Menschen anerkannten Instanz, dem göttlichen Prinzip, eilt unter anderem seit jeher der Ruf voraus, vollkommen weise zu sein. So ist auch für die »Päpste« der klassischen griechischen Philosophie und Mitbegründer unserer Wissenschaften, Platon und Aristoteles, Gott weise (*sophós*), der Mensch hingegen ein nach Weisheit Strebender (*philósophos*). Wer ein göttliches Prinzip priorisiert, was nicht gerade auf wenige zutrifft, hält es für weise und allwissend, doch keiner für wissenschaftlich. Schlussfolgerung: Spirituell betrachtet genießt Weisheit einen höheren Rang als Wissenschaft, aus ganzheitlicher Sicht jedenfalls keinen geringeren. Aus weiser Perspektive stellt Wissenschaft einen integralen Bestandteil des (kosmischen) Weisheitsprinzips dar, deren Optimum in einer weisheitsorientierten Forschung und Lehre (von mir »Wissenheit« genannt) besteht bzw. mündet. Ob religiös, spirituell, wissenschaftlich oder neutral aufgefasst: das System »Universum« basiert zweifelsohne auf unermesslicher Weisheit. Die Wissenschaft ist »lediglich« ein Instrument, diese Weisheit schritt~weise zu erkennen und zu ergründen. Die Schöpferinstanz des Universums muss weise sein, doch mitnichten ein(e) Wissenschaftler(in) – was sollte Allwissenheit erforschen? Wenn mithin Ansichten forschender Geister als unwissenschaftlich, pseudowissenschaftlich oder esoterisch bezeichnet werden, kann es sich durchaus um weise Anschauungen handeln. Denn eine zukunfts-weise-nde Wissenschaft (»Wissenheit«) schließt intellektuelle Meinungen und Erkenntnisse nicht deshalb aus, weil sie (noch) nicht dem aktuellen wissenschaftlichen Stand(ard) entsprechen. Und vor allem: In ihrer Ganzheitlichkeit und daher Offenheit gegenüber neuen Erfahrungen, einem ihrer Hauptmerkmale, erachtet Weisheit jedwede (»wohlwollende«) Meinung und Impulse für instruktiv, wissens- und überlegenswert. Wer angesichts der Genialität und schöpferischen Unerschöpflichkeit des Universums was auch immer für absurd, sinnlos oder unmöglich hält, hat dessen Grundprinzip nicht verstanden. Heraklits Gnome, das Verhalten an der Natur auszurichten, trifft daher den Nagel auf den weisen Kopf. „Wenn wir in die Natur blicken, dann sehen wir eine höhere Ordnung der Harmonie. Mit dem Menschen ist in der Evolution erstmals ein selbstreflektierendes Bewusstsein aufgetaucht, doch es identifiziert sich heute immer noch weitgehend mit der Form. Wir sind nun in einem Übergang, in dem wir begreifen werden, dass wir nicht nur Form sind, sondern auch Formloses."[328]

---

[328] Kaiser, Annette: *Der Weg führt durch das Feuer der Liebe,* S. 82 f.

Die Erforschung aber auch bereits die Definition des Phänomens
»Weisheit« stößt an ihre Grenzen, sobald sie wissenschaftlich angegangen wird. Denn einem holistischen Faktor wie der Weisheit lässt
sich nicht analytisch auf die Spur kommen. Anders als die Wissenschaft basiert Weisheit nicht auf dem quantitativ-fragmentierbaren,
reduktionistischen, sondern auf dem integrativ-qualitativen, universalistischen Prinzip. Sie forschend zu erfassen kann daher nur auf synthetisierende Weise der Berücksichtigung der Zusammenhänge gelingen. Weisheit lässt sich nicht beobachten, formalisieren, kategorisieren, messen, sondern ahnend erkennen, intuitiv erfassen, subjektiv erspüren. „Man muss nicht selbst weise sein, um Weisheit bei anderen erkennen zu können“[329], zur Definition und Erforschung der
Weisheit bedarf es jedoch einer synthetischen Herangehensweise
und mithin einer integralen Lebensauffassung.

Zur Abrundung seien nachfolgend einige signifikante Auszüge aus
Kristin Raabes Buch wiedergegeben: „Weise Menschen verfügen
über eine besondere Denkfähigkeit, die es ihnen ermöglicht, zu
Schlüssen zu kommen, die andere nicht ziehen [...]. Sie blicken hinter
das Offensichtliche.“ Sie „nutzen ihre vielfältigen Talente nicht zu ihrem eigenen Vorteil, sondern setzen sie zum Wohl der Allgemeinheit
ein. Die Fähigkeit, Konflikte zu lösen, darf bei einem Weisen niemals
fehlen. Obwohl sie eigentlich dringend erforderlich wäre, hat es die
Weisheit heute schwer. Heraklit hätte das Problem sofort erkannt:
Vielwisserei ist das Gegenteil von Weisheit und wir leben in einer Gesellschaft von Vielwisserei. Alle Probleme, die sich uns stellen, versuchen wir mit dem Heranziehen neuen Wissens zu lösen.“ Aber „mehr
Wissen schafft neue Wahlmöglichkeiten, die Unsicherheit nach sich
ziehen. Das sind genau die Situationen, in denen sich Weisheit bewähren würde. Aber kaum jemand sucht heute noch danach. Stattdessen versuchen wir, die Unsicherheitslöcher durch immer neues
Fachwissen zu stopfen. Nicht selten entstehen dadurch aber wieder
neue Fragen und Unsicherheiten, die das Problem auch nicht lösen.“
Heutzutage verlassen wir uns auf unser Wissen stärker als je zuvor.
„Dass auch dieses Wissen oft nur Scheinwissen ist, weil es einem

---

[329] Raabe, Kristin: a.a.O., S. 10

nicht wirklich dabei hilft, mit der Ungewissheit des Lebens umzugehen, ignorieren wir. Wir brauchen also Weisheit, um mit den Entscheidungen und Unsicherheiten, die uns die Vielwisserei beschert
hat, umgehen zu können."

Erinnern wir an diesem Zusammenhang des „Jahrtausendweisen"
Sokrates, dessen Weisheit darauf gründete, erkannt zu haben, hinsichtlich der maßgeblichen Dinge des Lebens ein Nichtwissender zu
sein (= in Ungewissheit zu leben) und seine Zeitgenossen ihres
Scheinwissens überführte. Daran hat sich letztlich bis heute, also seit
rund 2500 Jahren, nichts geändert. Trotz unserer Vielwisserei sto-
chern wir nicht nur im Hinblick auf die Verwirklichung eines allseits
glückseligen (eudämonischen) Lebens und damit einer friedvollen
Welt weiterhin im Nebel. Nicht Gemeinwohl, sondern Angst und Pro-
fitgier regieren die Welt. Hierdurch sind die meisten Menschen mit
den gegebenen Um- und Zuständen – im Mindesten latent – unzufrieden, selbst diejenigen, die materiell hinreichend gut situiert sind.
Allenthalben herrscht offenkundig oder unterschwellig die Stimmung
vor, man komme oder könnte zu kurz kommen. Wem dies unbewusst
sein sollte, möge sich vergegenwärtigen, wie er allein die seitherigen
oder jeweiligen politischen Entscheidungen, Programme und Wahl-
ergebnisse nicht zuletzt im Hinblick auf die Vermögensverteilung beurteilt.

Kristin Raabe zitiert die Psychologin Vivian Clayton, der zufolge wir
darauf programmiert seien, Weisheit zu erkennen: „Aber was Weisheit ist und wie jemand lernt, weise zu sein, ist immer noch ein Mysterium." Ich meine, dass unsere Weisheitsprogrammierung so zu verstehen ist, dass wir darauf gepolt sind, uns jederzeit weise zu gerieren
und dies weit weniger mysteriös ist, als es uns deshalb erscheint, weil
diese phänomenale Eigenschaft aus leicht nachvollziehbaren Motiven seit jeher von institutioneller Seite wohlweislich nicht stimuliert,
sondern supprimiert wird. Umso erstrebenswerter sollte es für
jede(n) von uns sein, unser Bestes, das eigene Weisheitspotenzial, zu
aktivieren, optimal auszuschöpfen und dem eigenen Denken, Handeln und Wissen zugrunde zu legen.

Der Unterschied zwischen anzueignendem Wissen und angebore-
ner Weisheit sei an vier beliebig ergänzbaren Beispielen skizziert:

- Stichwort: Rauchen. Setzen wir uns atmend einer beliebigen Rauchquelle aus, ereilt uns reflexbedingt ein Hustenreiz. Dank unseres weisen Menschenverstandes erahnen wir daraufhin, dass sich der weise Körper per Hustenreiz gegen Rauch wehrt, da dieser ihm offensichtlich schadet. Unser Weisheitsprogramm wurde aktiviert und fortan meiden wir das Einatmen von Rauch. Nun geraten die meisten irgendwann in ein Umfeld, in dem ihre Freunde und/oder die Werbung sie wissen lassen, wie cool es doch sei, nikotinhaltigen Rauch zu inhalieren und der anfängliche Hustenreiz einfach nur mannhaft unterdrückt werden müsse. Danach seien Vergnügen und Freiheit grenzenlos. Wissend, dass auf Freunde und Werbung (weshalb sollte man sonst so viel Geld dafür ausgeben) Verlass und »einmal keinmal« ist, fällt dann der Griff zur Zigarette nicht allzu schwer. Unser Weisheitssensor signalisiert: Niemand setzt sich freiwillig dem Einatmen von Rauch aus, sobald es also »Vergnügen« bereitet, stimmt etwas nicht. Doch unser Wissensmodus beschwichtigt: Halb so schlimm. Kettenraucher Helmut Schmidt wurde bei einem täglichen Konsum von 40 Zigaretten trotz schwerem Herzinfarkt, Bypass, Herzschrittmachern und Thrombose knapp 97 Jahre alt.

- Stichwort: Mobilität. Dank unserer nicht erst im Zusammenhang mit dem Rauchen aktivierten Weisheits-App ahnen wir, dass der massive Ausstoß von Stickoxyden durch Verbrennungsmotoren, wie schon der Name sagt, der Gesundheit nicht gerade förderlich sein dürfte. Zugleich wissen wir, dass unsere Verbrennungsmotoren-Technologie seit jeher Umwelt- und Gesundheitsschäden verursacht, längst durch umwelt- und gesundheitsschonendere Technologien ersetzbar ist und dass es daher im eigenen Interesse weise wäre, auf jene überzuwechseln. Zwar wird der Durchbruch von alternativen Technologien aus Gründen der Gewinnmaximierung verzögert, doch könnte sich jeder, der es sich leisten kann und das sind sehr viele, ein eMobil zumindest als Zweitfahrzeug anschaffen und damit seine Kurzstrecken zurücklegen, die bei vielen den Löwenanteil ihrer Fahrten ausmachen. Die Weisheit mahnt: Tue es, zumindest deinen Kindern zuliebe! Doch der Thinktank wiegelt ab: Noch sind Infrastruktur und Akkutechnologie nicht ausgereift. Meine Nachbarn und Arbeitskollegen warten auch noch ab, bis sich die Reichweite verlängert und die Ladezeit verkürzt. Wenn ich zu früh dabei bin, stehe ich zum Zeitpunkt der breitflächigen Umstellung zuletzt noch als Dumme(r) da und werde meinen eGebrauchten nicht mehr los.[330]

- Stichwort: Knappheit. Seit es die Wirtschaftswissenschaften gibt, lassen sie uns wissen, dass wir Menschen mit Knappheit bzw. Mangel leben müssen: „Knappheit folgt aus der Tatsache, dass die Menge der Güter, die zur vollständigen Befriedigung der menschlichen Bedürfnisse (Sättigung) notwendig ist, deren Verfügbarkeit bzw. die Möglichkeiten der Produktion übersteigt. Knappheit bzw. knappe Güter sind der Grund des wirtschaftenden Handelns von Menschen. Die auf Märkten jeweils auftretenden Preise sind Ausdruck dieser Knappheitsrelation (Knappheitspreise). Güter, die überall und mit der gewünschten Qualität in hinreichendem Umfang vorhanden sind, um die Bedürfnisse aller Individuen einer Volkswirtschaft zu einem gegebenen Zeitpunkt zu befriedigen, [nennt man freie Güter, Anm.]. In einer Marktwirtschaft hat ein freies Gut einen Preis von Null, z.B. Luft."[331] „Das durch Kapitalakkumulation und technischen Fortschritt ermöglichte Wachstum der Produktion hat bislang die Knappheit nicht durchgreifend reduzieren können, weil sich durch das Hinzutreten neuer Güter und Dienstleistungen auch die Bedürfnisse entsprechend vermehrt haben."[332] Der weise Geist be-

---

[330] www.msn.com/de-de/finanzen/top-stories/mobilität-zahl-der-e-autos-weltweit-steigt-sprunghaft-–-deutschland-hinkt-hinterher/ar-BBJ9TOf?MSCC=1518761941&ocid=spartanntp Stand: 2017

[331] www.wirtschaftslexikon.gabler.de

[332] www.wirtschaftslexikon24.com

denkt: Angesichts des Güterüberangebots, das uns die omnipräsente Werbung aufzudrängen versucht, scheint es einzig und allein an Realitätssinn und/oder Redlichkeit der Wirtschaftswissenschaftler zu mangeln, denn an Urteilsfähigkeit sollte es bei Professoren eigentlich nicht hapern. Das Universum und damit auch unser blauer Planet kennen weder Knappheit noch Mangel, sondern ausschließlich Fülle und Überfluss, die uns tagtäglich allein unsere Supermärkte spiegeln, deren Anzahl bezeichnenderweise ständig zunimmt. Und wer auch nur eine Spur von Marketing versteht, weiß: Bedürfnisse führen kein Eigenleben, (kommerzielle) Bedürfnisse werden von den Güteranbietern mit großem Werbeaufwand (der auf die Konsumenten überwälzt wird) geweckt.

- Stichwort: Metaphysik. Darunter fällt das Gedankengut, welches „das hinter der sinnlich erfahrbaren, natürlichen Welt Liegende, die letzten Gründe und Zusammenhänge des Seins behandelt." (Duden). Mit anderen Worten geht es dabei um all die Dinge, die unser Leben und Sterben tangieren und derer Erforschung sich die klassischen Wissenschaften wegen »Unwissenschaftlichkeit« enthalten. Wie der Verweis auf die »Zusammenhänge des Seins« erkennen lässt, handelt es sich dabei nicht zuletzt um Fragen, die mit einer weisen Geisteshaltung in Verbindung stehen. Im aktivierten Weisheitsmodus spüren daher viele Menschen, dass zum Beispiel Entstehung, geniale Beschaffenheit und Funktionsweise der Natur, deren Teil sie sind, keine Laune des Himmels sein kann, sondern auf einer Kombination von höchster Intelligenz und vollkommener Weisheit beruht, die aus imaginativen Gründen »Gott« genannt wird. Andererseits lässt uns die etablierte Wissenschaft wissen, dass dies alles aus purem Zufall geschah. Wer sodann nicht zum realitätsfremden »Esoteriker« abgestempelt werden will, schließt sich wider besseres Ahnen der Wissenschaftsthese an. Auf diese unweise Weise lassen wir uns von Ungewissheit ängstigen und fürchten uns vor Dingen, von denen wir nichts wissen. So fürchten mehr oder weniger wir alle den Tod, zumindest den sogenannten frühen, ohne auch nur die leiseste Ahnung zu haben, was jener Zustand bedeutet. Ungewissheit macht jedoch nur denen Angst, die Wissen der Weisheit vorziehen. K. Raabe formuliert es wie folgt: „Die Ungewissheit des Lebens auszuhalten gehört zum Schwierigsten, was auf dem Weisheitsweg errungen werden muss. Es ist Bestandteil der Natur des Menschen, dass wir uns nach Stabilität und Sicherheit sehnen. Ungewissheit aber birgt Gefahr, Zweifel, Risiko. Nichts davon wollen wir wirklich in unserem Leben haben. Also verdrängen die meisten Menschen diese Ungewissheit. Es sind Weise, die ihr mutig ins Auge blicken und es immer wieder schaffen, in ihrem Angesicht richtige Entscheidungen zu treffen."

Wem die als weise apostrophierten Optionen auf den ersten Blick lediglich vernünftig erscheinen sollten, der beachte deren uneigennützig-ethischen Charakter. Weise Gedankenführung und Entscheidungen behalten stets das Gemeinwohl im Auge, während Vernunft durchaus egoistisch motiviert sein kann. Wem es schiene, als bezöge sich das erste Beispiel nur auf die jeweilige Person, mache sich die größeren Zusammenhänge des Rauchens, wovon einer das Passivrauchen ist, bewusst.

Während sich Wissen ausgesprochen fluid und volatil verhält, indem es meistens schnell überholt ist, zeichnet sich Weisheit durch Beständigkeit aus. Denn anders als Wissen, das primär einer quantitativen Ansammlung gleicht, ist Weisheit eine qualitative Begabung, zudem die – unweise wertend ausgedrückt – wertvollste, über die Menschen verfügen. Wissen müssen wir uns zeitlebens aneignen (Motto: Lebenslanges Lernen), Weisheit wird uns in die Wiege gelegt. Dieser Auffassung, wonach Weisheit in jedem Menschen von Geburt an angelegt ist und somit zu unseren essenziellen nativen Qualitäten zählt, bin natürlich nicht nur ich.[333] Diese uns innewohnende Weisheit ist letztlich damit identisch, was wir (nicht immer zutreffend) »gesunder Menschenverstand« nennen und daher präziser »weiser

---

[333] Vgl. Hay, Jeanne: *Unser volles Potenzial als Mensch entfalten*, S. 57 und Kaiser, Annette: a.a.O., S. 86

Menschenverstand« zu nennen wäre. So wie das vollkommene (kosmische) Weisheitsprinzip nicht nur weise ist, sondern vor allem weise wirkt, beruht ein Wesensmerkmal der menschlichen Weisheit darauf, nicht nur Weises von sich zu geben, sondern auch weise zu handeln – mit anderen Worten, zu sagen, was man (Weises) denkt und zu tun, was man (Weises) sagt: „Wissen kann man auch etwas, ohne sich danach zu richten, aber nicht weise sein."[334]

Ich denke, dass Rezipienten dieser Abhandlung erkennen können, dass »Sophia« für den griechischen Ausdruck »Weisheit« und »Logie« für das Wortbildungselement mit der Bedeutung »Lehre, Kunde, Forschung« steht, das wiederum vom griechischen *logos* abstammt. Logos, das ursprünglich Wort, später auch Rede und Sprache bezeichnete, erhielt im philosophischen Kontext ein breites „Bedeutungsspektrum, das von Gedanken, Beweis, System bis hin zur Weisheit reicht."[335] Die begriffliche Assoziation mit der Weisheit als dem männlichen Pendant zur göttlichen Sophia legte ich oben dar. Aus diesem Blickwinkel könnte der von mir gewählte Begriff »Sophialogie« als weise Weisheitsforschung interpretiert werden und entspräche damit meiner Intention, das Weisheitswesen auf möglichst weise Weise zu erkunden.

Was genau soll nun unter Sophialogie verstanden sein? Eine Weisheitsforschung und Weisheitslehre, die nach den Maßgaben der Wissenheit erfolgt. Die wissenschaftlichen Methoden unterstelle ich als hinlänglich bekannt. Wem nicht, dem gelte folgender kleiner Überblick[336]: „Wissenschaftliches Arbeiten beschreibt ein methodisch-systematisches Vorgehen, bei dem die Ergebnisse der Arbeit für jeden objektiv nachvollziehbar oder wiederholbar sind. Das bedeutet, Quellen werden offengelegt (zitiert) und Experimente so beschrieben, dass sie reproduziert werden können. Wissenschaftliches Arbeiten ist systematisches Arbeiten. Um eine nachvollziehbare Argumentation zu gewährleisten, muss die Arbeit einen klaren Aufbau besitzen, aus

---

[334] Hahn, Alois: a.a.O., S. 52
[335] Kaufmann, Eva-Maria: a.a.O., S. 58
[336] Wer es detaillierter wünscht, siehe beispielsweise https://gedankenwelt.de/wissenschaftliche-methoden-die-verschiedenen-arten/ Stand: 10/2020

dem der Gang der Untersuchung hervorgeht. Wissenschaftliches Arbeiten heißt objektiv begründen. Verzichten Sie auf gefühlsmäßige Argumentation. Als wissenschaftlich werden solche Aussagen bezeichnet, bei denen man den Wahrheitswert feststellen kann. Also solche, die als ‚wahr‘ oder ‚falsch‘ bezeichnet werden können. An den Hochschulen versuchen Wissenschaftler etwas Neues über die Natur und den Menschen herauszufinden. Ein Forscher oder eine Forscherin ist so etwas wie ein Detektiv. Das Ziel beim Forschen ist: Man will Antworten auf bestimmte Fragen finden. Forschung bedeutet Fragen beantworten. Beobachten, Erfragen und Messen sind Forschungs-Methoden. Wissenschaftliche Texte werden in einer wissenschaftlichen Sprache abgefasst. Von der Forschung ausgeschlossen sind Methoden, die auf Glauben beruhen oder die unwissenschaftlich durchgeführt werden. Verwendet werden dürfen alle Methoden, die nachvollziehbar sind und den aktuellen wissenschaftlichen Maßstäben entsprechen. Eine Methode wissenschaftlich durchzuführen ist allerdings nicht so einfach. Es müssen die Maßstäbe Objektivität, Reliabilität und Validität eingehalten werden. Selbst die beste Methode ist wertlos, wenn sie unwissenschaftlich durchgeführt wird.

1. Objektivität

Die Objektivität ist das Ausmaß, in dem ein Untersuchungsergebnis in Durchführung, Auswertung und Interpretation vom Untersucher unabhängig ist bzw. das Ausmaß, in dem unterschiedliche Untersucher zu übereinstimmenden Ergebnissen kommen. Ein Testverfahren wird dann als standardisiert oder normiert bezeichnet, wenn das Testergebnis hinsichtlich der Durchführung, der Auswertung und der Interpretation von der Testsituation und vom Untersucher unabhängig ist. Das Testverfahren muss also so präzise beschrieben sein (z. B. der Messgegenstand und seine Vorbereitung, die verwendeten Geräte oder Chemikalien, die Klimabedingungen, ...), dass es bei korrekter Ausführung mit ausreichend genauen Messgeräten überall auf der Welt zu den gleichen Messergebnissen kommt.

2. Reliabilität (Zuverlässigkeit)

Die Reliabilität gibt die Zuverlässigkeit einer Messmethode an. Eine Untersuchung ist zuverlässig, wenn bei einer oder bessere mehreren Wiederholungen der Messung unter den gleichen Bedingungen die gleichen Ergebnisse erzielt werden.

3. Validität (Gültigkeit)

Die Validität gibt den Grad der Genauigkeit an, mit dem eine Untersuchung das erfasst, was sie erfassen soll. Messinstrumente können sehr zuverlässig immer das Falsche messen. Dann sind sie zuverlässig (reliabel), aber nicht valide.

Dies stand uns Menschen nun seit mittlerweile mehreren Jahrhunderten beiseite und bescherte uns auf allen materiellen Gebieten, insbesondere dem technologischen, einen sagenhaften Fortschritt. Ohne den phänomenalen Siegeszug der Wissenschaft säßen wir heute gewissermaßen noch auf den Bäumen.

1 Wissenschaft meets Weisheit

Doch die Wissenschaft bescherte der Welt bekanntlich nicht nur Segensreiches. Wenn wir uns den gegenwärtigen Zustand der Erde unvoreingenommen vor Augen führen, sehen wir uns unaufhörlich mit Unheil konfrontiert. Eine Krise jagt die andere. Um und gegen alles wird gekämpft. Eine seinerzeit aktuelle Schlagzeile vom 17.10.2020: „Kanzlerin Merkel schwört Bevölkerung eindringlich auf Kampf gegen Virus ein."

Aber wer entscheidet über die Wahrheit der Wahrheit? Auch wissenschaftlich lässt sich der Wahrheitsgehalt nicht feststellen. Denn wahr und falsch sind keine objektiven Gegebenheiten, sondern subjektive Urteile. Allein deshalb, weil Wissenschaftler als Subjekte keine objektiven Begründungen liefern können. Aber vor allem deshalb, weil sie als fühlende Wesen die gefühlsmäßige (ganzheitliche) Argumentation ausblenden. Die nachstehenden Zitate berühmter Personen mögen dies plausibilisieren. Oskar Wilde: „Was ist Wahrheit? In Fragen der Religion jene Anschauung, welche den Sieg errang. In der

Wissenschaft bedeutet Wahrheit die jüngste Erfahrung, die eben Aufsehen macht. In der Kunst nennen wir unsere Stimmungen so", „Eine Wahrheit hört auf wahr zu sein, wenn mehr als einer an sie glaubt." Joseph Joubert: „Was wahr ist beim Licht der Lampe, ist nicht immer wahr beim Licht der Sonne." Friedrich Nietzsche: „Wahrheit ist die Art von Irrtum, ohne welche eine bestimmte Art von lebendigen Wesen nicht leben könnte." Friedrich Hebbel: „Es gibt keine reine Wahrheit, aber ebenso wenig einen reinen Irrtum." Gustave Flaubert: „Das Wahre gibt es nicht! Es gibt nur verschiedene Arten des Sehens." Blaise Pascal: „Jeder Wahrheit sollte man hinzufügen, dass man sich auch der entgegengesetzten Wahrheit entsinne." Jean Paul: „Um zur Wahrheit zu gelangen, sollte jeder die Meinung seines Gegners zu verteidigen versuchen."

Gewissheit und Ungewissheit dokumentieren ihre Kohärenz mit der Wissenheit bereits durch den gemeinsamen Wortstamm »wiss« und das gemeinsame Suffix »heit«. Auch hierzu finden sich Aphorismen. Honoré de Balzac: „Gewissheit ist die Grundlage, nach der die menschlichen Gefühle verlangen." Johannes Keppler: „Die Mathematik allein befriedigt den Geist durch ihre außerordentliche Gewissheit." Norman Mailer: „Du hast die Wahl. Du kannst dir Sorgen machen, bis du davon tot umfällst. Oder du kannst es vorziehen, das bisschen Ungewissheit zu genießen." Im Hinblick auf die Duden-Definition der Gewissheit als »sicheres Gefühl und Wissen«, sei an die auf Seite 239 getroffene Aussage erinnert, wonach sich die Wissenschaft rein auf intellektuelles Wissen stützt und auf gefühlsmäßige Argumentation verzichtet, mithin das intuitive, gewisse Wissen ausblendet. Kein Wunder, dass es in einem aktuellen Beitrag heißt: „Die Wissenschaft steht derzeit unter Beschuss, wie lange nicht."[337] Zumal, da dessen Überschrift eine Aussage des darin interviewten Professors wiedergibt: „Homöopathie ist völliger Blödsinn". Psychiater, Psychotherapeut, römisch-katholischer Theologe, Vatikan-Berater und Buchautor Dr. Manfred Lütz spricht von der Wissenschaft als einer

---

[337] www.t-online.de/unterhaltung/stars/id_88759072/tv-professor-harald-lesch-in-der-verschwoererszene-herrscht-grosse-verlogenheit-.html Stand: 10/2020

Ersatz-Religion. Seiner Meinung nach sei die Wissenschaft "dramatisch gescheitert"[338]. In der Wissenheit bilden hingegen das mentale und emotionale Wissen ein Team, das ganzheitlich weise mit Gewissheit und Ungewissheit hantiert. Wahrheit ist somit gegenüber der Gewissheit eine halbherzige, proteische Kategorie.

Hierzu ein sinniger Kommentar: „'Ich will eine Medizin finden, die alle Krankheiten der Welt heilt!' Ein Gedanke, wie er nur dem Herzen eines Kindes entspringen kann … keinesfalls dem Gehirn eines Erwachsenen, das es doch so viel besser weiß! Kinder sind Neulinge im Leben und sie wissen noch nicht, wie es geht. Sie kennen nicht die Begrenzungen, mit denen wir uns herumschlagen und kümmern sich deshalb auch nicht um sie. Wie die Hummel, die nach wissenschaftlichen Modellen eigentlich nicht in der Lage wäre, zu fliegen … Da sie selbst aber keine Ahnung von Wissenschaft hat und mit Modellen wenig anfangen kann, kümmert sie sich nicht darum – und fliegt munter und fröhlich umher! Wissen ist hilfreich, keine Frage. Was aber hinterfragt werden darf, ist, ob Wissen wirklich die oberste Instanz sein muss. Heute leben wir in einer Welt, in der Wissen, Wissenschaft, Intelligenz und Logik als die wichtigsten Schätze der Menschheit behandelt werden. Diese Art, die Welt zu betrachten, ist so zentral geworden, dass es heute selbstverständlich ist, dass wir Lebensherausforderungen lösen wollen, indem wir über sie nachdenken. Wir ziehen logische Schlüsse darüber, was alles Schreckliches passieren könnte und es absehbar ist, dass unter diesen und jenen Voraussetzungen nie eintreffen wird, wovon du träumst. Das logische Denken und die wissensbasierte Art unsere Welt zu betrachten ist so selbstverständlich geworden, dass wir nicht mehr in der Lage sind, die Welt wie ein Kind oder gar wie die Hummel zu sehen … und dabei die Möglichkeit verpassen, loszufliegen. Denn jenseits unseres Wissens liegt ein Land voller Möglichkeiten, voller Glück und Frieden. Ein Land, durch das uns der Kompass in unserem Herzen führt und uns leitet. Um in dieses Land zu gelangen, musst du nichts neues lernen, nichts dazugewinnen, nichts hinzufügen. Du musst nur loslassen, was

---

[338] www.t-online.de/nachrichten/deutschland/id_89145288/-markus-lanz-baum-uns-wird-nicht-die-wahrheit-ueber-corona-gesagt.html **datiert vom 18.12.2020, Stand: 12/2020**

dich daran hindert, dein Leben in diesem Land zu verbringen. Du musst dich leeren von dem Wissen, das dich abhält.“[339]

Es ist immer wieder interessant *Connectedness* zu erleben. Für Gerald Hüther bedeutet sie „die Welt nicht als eine Ansammlung voneinander isolierter Teile zu sehen, sondern als ein lebendiges Netz, in dem alles miteinander verbunden und wechselseitig voneinander abhängig ist.“[340] Wer die Welt aus diesem retikulären Verbundenheits-Blickwinkel betrachtet, dem wird, was er zu wissen begehrt, auf mysteriöse, weise Weise zugespielt. So ergeht es mir, seit ich mich mit der Ganzheitlichkeit beschäftige laufend. Ich brauche nur irgendeine Thematik ins Auge zu fassen und kann gelassen darauf warten, innerhalb einer angemessenen Zeitspanne die hierzu relevanten Informationen vor die Nase gesetzt zu bekommen.

Daher muss man weder Professor noch Vordenker und schon gar nicht Historiker sein, um in Sachen Corona zu erahnen, worauf die Welt in deren Fahrwasser eiligst zusteuert. Und dennoch sollte man den Spruch »der Mensch denkt und Gott lenkt« nie aus den Augen verlieren. Es geschieht nur, was im Drehbuch der Schöpfung, des großen Ganzen steht: „Im kosmischen Maßstab spielt der Mensch nur eine unbedeutende Nebenrolle.“[341] Auch wenn aus gegenwärtiger Sicht die Wahrscheinlichkeit, dass Corona den Impuls liefert, die Welt besser zu machen, gegen Null tendiert, sollte man niemals die Zuversicht, das Vertrauen auf eine positive Zukunftsentwicklung verlieren. Am einfachsten gelingt es im Vertrauen darauf, dass die Schöpfung allein angesichts ihres Wunderwerks Erde genau weiß, was sie tut. Nicht zu vergessen, dass der Mensch selten weiß bzw. meist auch nicht wissen will, wozu Dinge, die er aus seiner Sicht als schlimm empfindet, aus höherer Warte betrachtet gut sind, welcher tiefere Sinn sich dahinter verbirgt. „Star-Historiker“ und einer der „profiliertesten

---

[339] Pedrazzoli, Patric in: "younity" – Eigenwerbung – „dem Onlineverlag für ein Leben voller Freude und Erfüllung. Über diese Emails senden wir Dir regelmäßig exklusive Beiträge, Kurse und Anregungen, die dich einfach daran erinnern sollen, das Leben zu genießen.“ eMail vom 26.11.2020

[340] Hüther, Gerald/Spannbauer, Christa: *Wege zum Wir*, S. 11

[341] Korfmacher, Carsten: *Das große Ganze* in: www.spektrum.de/magazin/psychologie-das-grosse-ganze/1316212 Stand: 10/2020

Vordenker" **Yuval Noah** Harari rät in seinem am 23.10.2020 veröffentlichten Interview[342] dringend zu einer neuen Erzählung von größter Überzeugungskraft. Hierzu soll jeder Mensch sein wahres Potenzial entwickeln und sich als verantwortlicher Teil der ganzen Menschheit empfinden. Aber er rät zugleich, sich ein grundlegendes Verständnis von Wissenschaft und Technologie anzueignen und beide weise zu nutzen. Dies hätte für die Menschheit unermessliche Vorteile. Wenn das nicht meinem Wissenheits-Ansatz entspricht! Ich habe in diesem Kontext die »Quelle meines Seins« befragt und die Lektion erhalten: „Genug ist genug! Du kannst und willst dich nicht länger verstecken und klein machen. Jetzt ist es Zeit, nein zu sagen, wenn du es so fühlst. Aus Liebe zu dir musst du dich manchmal auch abgrenzen und alles infrage stellen. Lasse in dir und deinem Leben nichts mehr gelten, was nicht wirklich deiner Wahrheit entspricht. Dieses Nein aus Liebe zu dir kann zutiefst heilend und befreiend sein – nicht nur für dich selbst, sondern auch für die betroffenen Menschen. Es gibt einen berechtigten Zorn, der, solltest du ihn unterdrücken, sich in dir in Gift verwandelt. Wenn du ihm Raum gibst, macht er den Weg frei für Ehrlichkeit, Klarheit und Liebe. Nachdem du alles ausgedrückt hast, ist es wichtig, innerlich wieder loszulassen und zu entspannen." Deren Vorschlag: „Prüfe, was jetzt nicht mehr deiner Wahrheit entspricht. Entscheide dich, faule Kompromisse zu beenden, selbst wenn dies dir vielleicht Nachteile zu bringen scheint. Spricht mit den betroffenen Menschen ehrlich über deine Entscheidungen, und, wenn nötig, grenze dich klar ab. Fühle deine Liebe zu dir, und sage dir immer wieder: ‚Ich entscheide mich für Wahrheit'." Angesichts dessen, dass sich dieses Buch seinerzeit in seinem Endstadium befand, bedarf es keiner Erläuterung, wohin mich meine Wahrheit führte. Mein »Zorn« gegen eine selbstzerstörerische Wissenschaft inspirierte mich, Ausschau nach deren gedeihlichem Upgrade zu halten. Mit dem Konzept der weisheitsgeleiteten Wissenheit wurde ich fündig.

---

[342] www.t-online.de/nachrichten/wissen/geschichte/id_88582030/harari-zur-pandemie-corona-hat-das-potential-die-welt-besser-zu-machen-.html Stand: 10/2020

Im Modus der Wissenheit (englisch *sciedom*) hätte Corona nicht nur das Potenzial, die Welt besser zu machen, wenn wir uns dafür entscheiden. Der Virus wäre dann ein Anlass im Sinne ihres Zwecks, der Weltverbesserung zugunsten der gesamten Menschheit zu dienen. Andererseits würde es im Zeitalter der Wissenheit zu Ereignissen eines Kalibers wie der Corona-Pandemie gar nicht erst kommen. Denn Corona ist nichts weiter als ein unüberhörbarer Weckruf, der ein Zeitalter der Weisheit einläutet: entweder auf freiwilliger Basis oder zwangs~weise. Auch aus astrologischer Sicht heißt es: „Die Welt und wir befinden uns auf einer Schwelle von der alten in die neue Welt."[343] „Wir befinden uns momentan in einer Übergangsphase, in der alte Strukturen zerbröseln, vielfach neue Fundamente aber noch nicht existieren und erst im Ansatz sichtbar sind."[344]

2 Sinnthese

Die Corona-Krise legte es klar und deutlich an den Tag. Die Wissenschaft in der seitherigen Form und überhaupt die dritte, reduktionistische Dimension des Denkens, Handelns und Kommunizierens haben ausgedient. Die Welt steht im Sinne von Johann Kössners globaler Entropie am kritischen (von gr. *krinein* – scheiden, trennen, entscheiden) Punkt, sich gegen die Trennung von ihrer Weisheit und damit für die Trennung von ihrer Krisenanfälligkeit zu entscheiden. Sie steht am Wendepunkt von der dritten zur vierten und fünften Dimension. Die ursprüngliche paradox-ganzheitliche Doppelbedeutung des Wortes »kritisch« als »scheiden« und »ent-scheiden« dokumentiert eindrucksvoll die in einzelne Lexeme portionierte Weisheit der Sprache. Da Krise »entscheidende Wendung« bedeutet, wird in der Krise etwas getrennt, geschieden und zugleich etwas Getrenntes zusammengebracht, ent-schieden. Auf meine hier angestellten Überlegungen bezogen: Man trennt sich von einem mittlerweile überholten, reduktionistischen Paradigma und wendet sich dem ganzheitlichen zu. Unter Paradigma versteht der Duden ein Denkmuster, welches das wissenschaftliche Weltbild, die Weltsicht einer Zeit prägt. Hierdurch

---

[343] *Allgeiers Astrologisches Jahresbuch für das Saturnjahr 2021*, S. 16
[344] Klinghammer, Alexandra: *Das Jahr 2021*, S. 2

lässt sich der vorletzte Satz präzisieren: Man trennt sich von einem mittlerweile überholten, wissenschaftlichen Denkmuster und wendet sich dem wissenheitlichen zu. Nun lässt sich zum jetzigen Zeitpunkt nicht sagen, worin die entscheidende Wendung der bisherigen Allzeit-Krise namens Corona letztlich bestehen wird. Worauf das derzeitige Geschehen abzielt, ist unübersehbar, nicht dagegen, worauf es am Ende tatsächlich hinauslaufen wird. Ginge es nach mir, würde ich als durch diese Krise ausgelöste »entscheidende Wendung« den Übergang von der dritten zu den beiden nächsthöheren Dimensionen im Sinne der in meinen Büchern zugrunde gelegten Überlegungen bevorzugen.

Man stelle sich vor, Politiker müssten einen Weisheitstest bestehen, d. h. einen Weisheitsnachweis erbringen, um amtseidkonform höhere Ämter bekleiden zu dürfen. Jenes Gelöbnis lautet: „Ich schwöre, dass ich meine Kraft dem Wohle des deutschen Volkes widmen, seinen Nutzen mehren, Schaden von ihm wenden, das Grundgesetz und die Gesetze des Bundes wahren und verteidigen, meine Pflichten gewissenhaft erfüllen und Gerechtigkeit gegen jedermann üben werde. So wahr mir Gott helfe." Platon forderte nicht von ungefähr die Herrschaft der Weisheitsliebenden (= Philosophen). Wikipedia: „Die **Philosophenherrschaft** ist ein zentrales Element der politischen Philosophie des antiken griechischen Philosophen Platon (428/427–348/347 v. Chr.). Platon vertritt in seinem Dialog *Politeia* (,Der Staat') die Auffassung, ein Staat sei nur dann gut regiert, wenn seine Lenkung in der Hand von Philosophen (Freunden der Weisheit) sei. Daher fordert er ein uneingeschränktes Machtmonopol der Philosophen und begründet dies ausführlich. Für die Umsetzung sieht er theoretisch zwei Möglichkeiten: entweder dass die Herrscher Philosophen werden oder dass die Herrschaft Philosophen übergeben wird. Die Einzelheiten legt er in seinem Entwurf für die Verfassung eines von Philosophen regierten idealen Staates dar. Da Platon in diesem Zusammenhang das Wort *basileus* (,Herrscher') verwendet, das gewöhnlich Könige (später auch Kaiser) bezeichnet, ist in der modernen Literatur oft von ,Philosophenkönigen' die Rede. Philosophenherrschaft als Verwirklichung der Gerechtigkeit." Dies auf zeitgenössische Politiker und Wissenschaftler übertragen, hätte uns die Welt bescheren können, die sich die überwiegende Mehrheit der Weltbevölkerung wünscht – weltschätzende Gemeinwohlpolitik und Gemeinwohlwissenschaft.

Dank verschiedenster Quellen ist mir jetzt klar, was sich hinter Corona verbirgt. Einerseits eine weisheitliche Aufgabe, andererseits deren wissenschaftlicher Lösungsansatz. Das Problem liegt demnach darin, den – möglicherweise zeitlich bereits versäumten – Paradigmenwechsel in die vierte Dimension des menschlichen Wissens mit demselben Instrumentarium erzielen zu wollen, das diesen Quantensprung erzwang. Hier sei erneut an Einsteins weisheitliche Überlegung erinnert, wonach Probleme nicht mit derselben Denkweise lösbar sind, mit der sie entstehen. Worum geht es wirklich? Am 18. Oktober 2019 fand in New York unter der Bezeichnung *Event 201* seitens einflussreicher Teilnehmer eine Simulations-Übung einer Corona-Pandemie circa zwei Monate vor ihrem tatsächlichen Ausbruch statt: „Dieses Event 201 ist im Rahmen der öffentlichen Pandemie-Debatte bisher fast gar nicht erwähnt worden, obwohl hier fast unmittelbar vor dem Ausbruch einer realen Pandemie deren Ablauf bis in die Einzelheiten genau simuliert worden ist."[345] Als offizieller Anlass soll laut Wikipedia die Übung Bereiche veranschaulicht haben, ‚in denen öffentlich-private Partnerschaften während der Reaktion auf eine schwere Coronavirus-Pandemie notwendig sein werden, um die weitreichenden wirtschaftlichen und gesellschaftlichen Folgen zu mindern.‘[346] Tatsächlich soll es hingegen darum gegangen sein, zu veranschaulichen, welche Maßnahmen erforderlich sind, die weitreichenden wirtschaftlichen und gesellschaftlichen Folgen der gegenwärtigen Weltlage sowie der Klimakatastrophe zu mildern, wobei Wirtschaft und Gesellschaft offenbar auf bestimmte Sektoren begrenzt worden ist. Sofern es zutrifft, was darüber durchsickerte, sei man zu der Überzeugung gelangt, sich in einem Trilemma zu befinden: Von den drei Kernparametern Hyperglobalisierung, National-

---

[345] www.freewiki.eu/de/index.php?title=Event_201 Stand: 11/2020

[346] https://en.wikipedia.org/wiki/Johns_Hopkins_Center_for_Health_Security#Major_conferences_and_events (obiger Quelle ungeprüft übernommen) Stand: 11/2020

staaten und Demokratie sei angesichts des Primats der Hyperglobalisierung lediglich deren Kombination mit Nationalstaaten kompatibel. Und dass es auch hinsichtlich des drohenden klimawandelbedingten Weltuntergangs nur die Option gäbe, der die Weltgemeinschaft seit Anfang dieses denkwürdigen Jahres 2020 beiwohnt. Nun, einerseits reagierte man beherzt, aber erstaunlich schnell auf Greta Thunbergs am 23. September 2019 beim UN-Klimagipfel in New York vorwurfsvolles *„How dare you?"*. Andererseits hat man sich Thunbergs Worte „Die Welt stehe am Anfang eines Massenaussterbens und wenn es Politiker im vollen Bewusstsein um die Situation nicht fertigbrächten, zu handeln, dann wären sie ‚bösartig'. Wie könnten sie es also wagen zu glauben, dass man das lösen kann, indem man so weitermacht wie vorher – und mit ein paar technischen Lösungsansätzen"[347] wie gewohnt dreidimensional (eigennutzorientiert) und wissenschaftlich (machbarkeitsorientiert) zu Herzen genommen. Die zeitliche Koinzidenz dieser beiden Ereignisse (Klimagipfel – Event 201) ist jedoch mehr als verblüffend. Wenn man sich das Geschehen der seitherigen Monate vergegenwärtigt, darf von der Absicht der Politiker ausgegangen werden, nicht als bösartig gelten zu wollen und daher unmittelbar zu handeln und auch nicht mit ein paar technischen Lösungsansätzen so weiterzumachen wie vorher. Sondern auf bislang beispiellose Art und mit sehr wirksamen innovativen Lösungsansätzen. Ein Schelm, der dabei an die Umsetzung des Thunberg-Statements auf der UN-Klimakonferenz im Dezember 2018 in Katowice denkt: „Was ich auf dieser Konferenz zu erreichen hoffe, ist die Erkenntnis, dass wir einer existenziellen Bedrohung ausgesetzt sind. Dies ist die größte Krise, in der sich die Menschheit je befunden hat. Zuerst müssen wir dies erkennen und dann so schnell wie möglich etwas tun, um die Emissionen aufzuhalten, und versuchen, das zu retten, was wir noch retten können."[348]

Was mir an dieser Stelle wichtig zu bemerken erscheint: Sollte an irgendeiner Stelle dieser Abhandlung bei irgendjemand der Eindruck entstanden sein, ich würde an etwas bzw. jemand (rügende) Kritik üben, dann bedürfte dies folgender Berichtigung: Ich bediene mich

---

[347] https://de.wikipedia.org/wiki/Greta_Thunberg Stand: 11/2020
[348] Ebenda

auch hier nach bestem Wissen und Gewissen der von mir hergeleiteten holistischen Rhetorik. Diese ist jene, die der Gewohnheit widersteht und entsagt, Ansichten, Meinungen und Auffassungen anderer für irrig, fehlerhaft, unangemessen oder abwegig zu halten und sie deswegen zu korrigieren oder zu missbilligen. Holistisch Kommunizierende tadeln nicht, kritisieren nicht und ächten nicht, sie erkennen an, informieren, tolerieren, würdigen, regen zum Hinterfragen, selbständigen Denken und Mitdenken an, setzen verständnisvolle, positive Impulse und inspirieren im Bedarfsfalle zu ausgewogenen Optimierungs- und Lösungsansätzen. Kurzum: ihre Leit(prä)position ist nicht das »Gegen«, sondern das »Für«.

Obwohl ich eine auf einseitigen wissenschaftlichen Grundlagen basierende Politik nicht befürworte, steht es mir im obigen Sinne nicht an, sie zu beanstanden. Dem Credo der holistischen Rhetorik gemäß bin ich daher nicht gegen sie, sondern für eine wissenheitliche, also ganzheitliche, würdevoll-gemeinwohlorientierte Herangehensweise. Und das nicht nur, weil ich nicht weiß, wie ich mich an deren Stelle verhalten würde. Vielmehr, weil ich die Ansicht vertrete, dass die Schöpfung weiß, was jedem von uns zusteht. Im Modus der Wissenheit hätte man die Menschheit rechtzeitig so drastisch wie in diesem Jahr 2020 darauf hingewiesen, welchen Gefahren man die Welt und damit sich bei einem »weiter so« aussetzt und ihr gegebenenfalls Restriktionen und Pflichten auferlegt, die man derzeit für angemessen und verhältnismäßig hält, ohne die Konsequenzen fürchten zu müssen, die einem im Falle schöpfungswidriger Entscheidungen drohen. Da kann die Menschheitsgeschichte gleichsam ein Lied von singen. Fazit: Die Entscheidung, die »Human Resources« – vielleicht bereits erst fünf nach Zwölf – auf ein erdballerträgliches Maß zu bringen, sollte human, respektvoll und gerecht umgesetzt werden. Anderenfalls lässt sich nicht ausschließen, dass die Träger jener Entscheidungen eines Tages noch die ahnungslosen Platzmacher um deren sodann vergleichsweise »barmherziges« Schicksal beneiden könnten. Eine Überschrift im schwedischen *Dagens Nyheter* mag die Thematik verdeutlichen: „‚Die Kronen'-Schöpfer zeigen, wie Macht diejenigen erstickt, die mit ihr in Kontakt kommen. Der britische Drehbuchautor Peter Morgan hat in einer Reihe von Arbeiten für Film und Fernsehen von der korrumpierenden Macht der Macht berichtet. ‚The crown‘ ist auch eine verheerende schwarze Darstellung dessen, was sie den Menschen tatsächlich antut, schreibt Ola Larsmo.“[349]

In jener Lage mag nur das Zitat des amerikanischen Theologen, Philosophen und Politikwissenschaftlers Reinhold Niebuhr (1892-1971) weiterhelfen: „Gott, gib mir die Gelassenheit, Dinge hinzunehmen, die ich nicht ändern kann, den Mut, Dinge zu ändern, die ich ändern kann, und die Weisheit, das eine vom anderen zu unterscheiden.“

---

[349] www.dn.se/kultur/ola-larsmo-the-crowns-skapare-visar-hur-makten-kvaver-dem-som-kommer-i-kontakt-med-den/ datiert vom 18.11.2020

V.   Erleuchtung oder Weisheit

Gert Scobel meint[350], dass die Erforschung der Weisheit immer auch zum Ziel hatte, innere „Bewusstseinszustände zu erklären, die seit jeher mit Weisheit in Verbindung gebracht wurden.“ Erleuchtungszustände wie tiefe *meditatio* (Nachdenken), *samadhi* (Versenkung), *satori* (Verstehen) etc., „in denen die Einheit der Welt erfahren und der Dualismus überwunden wird.“[351] Doch solche Phänomene der Innerlichkeit der Erfahrung erschienen der Naturwissenschaft suspekt. Sich mit derart zweifelhaften Erscheinungen zu beschäftigen hielt die Wissenschaft für unseriös und bestenfalls esoterische Weltfremdheit. Aber spätestens seit der Jahrtausendwende begannen sich die interdisziplinären Neurowissenschaften für diese Thematik zu interessieren, um die meditativen Zustände zu erhellen. In Deutschland veranstaltet die Oberberg Stiftung mit Kooperationspartnern Symposien „zur Entwicklung und Förderung von Wandlungsprozessen ‚ansteckender‘ Gesundheit, innerer Werteorientierung und integraler Heilkunst.“ Das in 2020 wegen Corona abgesagte Symposium »Meditation und Wissenschaft«[352] wäre unter dem Thema „Vom Wissen zum Bewusstsein – Grenzenlos denken“ gestanden. Vom seitens des Universitätsklinikums Regensburg eingegliederten Forschungsbereich »Angewandte Bewusstseinswissenschaften« unter der Leitung von Thilo Hinterberger war bereits im zweiten Kapitel die Rede. Daran erkennt man, dass sich die Wissenschaft, wenn auch bislang noch zaghaft, den Wesensmerkmalen der Wissenheit anzunähern beginnt.

---

[350] Die ersten drei Absätze enthalten größtenteils dessen Ausführungen in a.a.O., 4. Kapitel (S. 170 – 212).
[351] Scobel, Gert: a.a.O., S. 167 ff.
[352] Siehe S. 64

Der Übergang von der dritten zur vierten Wissens-Dimension scheint sich unaufhaltsam zu vollziehen.

In der buddhistischen Tradition stehen Denken, Wissen, Fühlen, Weisheit und Erleuchtung gleichwertig nebeneinander, während sich unsere griechisch-christlich geprägte Tradition lediglich auf das Denken und Wissen konzentriert. Scobel betont, dass Weisheit als Umgangsweise bzw. weiser Umgang mit Komplexität letztlich eine Überlebensstrategie darstellt, was meine Ansicht, dass grundsätzlich jeder Mensch über eine angeborene Veranlagung zur Weisheit verfügt, untermauert.

> ,Ein Mensch, der Erwachen (Erleuchtung) erlangt hat, gleicht dem Mond, der sich im Wasser spiegelt: Der Mond wird nicht nass und das Wasser wird nicht bewegt. Obgleich das Mondlicht groß und weit scheint, spiegelt es sich auf einer winzigen Wasserfläche. Der ganze Mond und der ganze Himmel spiegeln sich in einem einzigen Tautropfen auf einem Grashalm und in einem einzigen Wassertropfen.'[353]
> Eihei Dögen

Die Erleuchtung (plötzliche Eingebung/Erkenntnis), sanskritisch *bodhi*, kennt man in Verbindung mit dem der Legende nach am 08.12.528 v. Chr. unter der Pappelfeige (*Ficus religiosa*), dem Baum der Weisheit, am Ufer des Neranjara-Flusses bei Gaya erwachten/erleuchteten Siddhartha Gautama (563-483 v. Chr. – genaues Geburtsjahr unbekannt) genannt *Buddha* (= der, der erwacht ist/Erleuchtung erlangte). Der Erleuchtung in diesem Sinne werden mehrere Bedeutungen zugeschrieben, das vollständige Versinken in der Gegenwart, die nondualistische Erfahrung der Einheit mit allem was ist, das Erwachen zur eigenen Natur, die jedoch letztlich alle dasselbe umschreiben: Die vollständige Auflösung der Un-Wissenheit, des ,Schleiers der Illusion', hinsichtlich unserer wahren Natur und der Wirklichkeit aller Dinge. Zur wahren Natur zu erwachen heißt, die eigenen Naturanlagen nicht wie üblich nur partiell, sondern umfassend zu verwirklichen. Es heißt zu erfahren, dass innen und außen untrennbar miteinander verbunden ist, sich gegenseitig durchdringt. Die Erleuchtung

---

[353] Ebenda, S. 170

umfasst die Erfahrung, dass es ohne Liebe und Mitgefühl kein Verstehen gibt und dass es am Weg zur Weisheit der Kunst der ethischen Achtsamkeit bedarf. Wobei der ethische Aspekt darin besteht, aktive Verantwortung für die Befreiung aller Lebewesen von Leid zu übernehmen und sich klarzumachen, dass die Ursache des Leidens Begehren ist. Zudem, dass alles eins und zugleich vieles ist, dass man ganz und gar nur im ‚Hier und Jetzt' existiert, dass also Sein und Zeit instantan zusammenhängen, indem sich alles, was ist, im gegenwärtigen Augenblick ereignet und dass Erleuchtung, den Zustand ‚wolkenloser' Klarheit, grundsätzlich jeder Mensch erreichen kann. Wie ist es zu verstehen, wenn Buddha sagt, dass zusammen mit ihm alle Lebewesen der Vergangenheit, Gegenwart und Zukunft Erleuchtung erlangten und zu ihrer wahren Natur erwachten? Auf zweierlei Weise: Zum einen, indem die Zeit des Menschen »Erfindung«, d. h. Orientierungshilfe seines dreidimensionalen Modus ist. Dies lässt sich allein an der Vielzahl seiner Zustände (Tiefschlaf, Träumen, Sinnieren, Dösen, Warten, Langeweile, Spannung, Stress, Genervtsein, Ungeduld, Neugier, Nervosität, Spielen, Kreativsein, »Flow«, Meditation, Demenz, Narkose, Koma, …) erkennen, die der Mensch zeitlos verbringt, zumal, wenn er keine Zeitmesser nutzt. Zum anderen, indem unter dem Aspekt der eigentlichen Einheit aller Lebewesen in Verbindung mit der eigentlichen Zeitlosigkeit jedes universale Phänomen zeitgleich alle Beteiligten tangiert. Letzteres wird durch die Erkenntnisse der Quantenphysik (Korrelation[354], Verschränkung[355]) untermauert.

Gemäß der mahayanisch-buddhistischen Lehre sei die Erfahrung der Erleuchtung die universale Grundlage für Weisheit. Diese Erfahrung erfolge jenseits von Einsichten, Gedanken, intellektuellen Erkenntnissen, Unterscheidungen, Vorstellungen oder Wahrnehmungen. Der Weg zur Weisheit führe über das Vergessen des Selbst. Doch

---

[354] https://refubium.fu-ber-lin.de/bitstream/handle/fub188/9722/3_KAP2.PDF?sequence=4&isAllowed=y Stand: 11/2020

[355] „Von Verschränkung spricht man in der Quantenphysik, wenn ein zusammengesetztes physikalisches System, z. B. ein System mit mehreren Teilchen, als Ganzes betrachtet einen wohldefinierten Zustand einnimmt, ohne dass man auch jedem der Teilsysteme einen eigenen wohldefinierten Zustand zuordnen kann." https://de.wikipedia.org/wiki/Quantenverschr%C3%A4nkung Stand: 11/2020

um die Gedanken, Vorstellungen und Gefühle „abzuschütteln", d. h. durch jedermann/jedefrau den Zustand zu erreichen, in dem Körper und Geist fallen gelassen wird, bedarf es des „richtigen" (in „korrekter" Körperhaltung) Sitzens (= *Zazen* = im Zen übliche Meditation im Sitzen), sprich der „richtigen" Meditation: „Richtig zu sitzen, durch und durch, bedeutet nichts anderes, als ein Buddha zu sein: Nicht im Sinne einer Werkethik, sondern in dem Sinne, dass alltägliche Praxis wie das Sitzen und die Erfahrung der Erleuchtung am Ende eins werden. Die direkte Erfahrung der Weisheit meint einen Zustand, in dem Körper und Geist hier und jetzt eins sind mit der jeweiligen Handlung des Übenden. ‚Man tut es einfach, ohne auch nur das geringste Gefühl, dass man es tut. In diesem Augenblick gibt es kein Subjekt, das etwas tut, keine Tat als Objekt und auch keinen Begriff des Tuns. Erst im nächsten Augenblick, wenn man die Sache analysiert, wird sie zum Begriff. Beim Zazen üben wir diese Form der direkten, nicht begrifflichen Handlung, in der wir untrennbar eins sind mit dem, was wir tun.' Genau das ist für Dögen Verwirklichung höchster Weisheit: ein Zustand großer Befreiung, frei von allen Hindernissen, kurz *bodhi* – das Erwachen zur Wahrheit."[356] Eihei Dögen sei im Jahr 1200 im Raum Kyoto geboren worden und werde heute laut Scobel zu den hellsten und klarsten Köpfen der Ideen- und Geistesgeschichte der Menschheit gezählt. Er soll in einer politisch wie kulturell wirren, starken Veränderungen unterworfenen Zeit gelebt haben, in der Japan in gewisser Weise eine Art früher Globalisierung durchlaufen habe.

Nun sind seit Dögens kontemplativen Reflexionen rund 800 Jahre spektakulären geistigen, gesellschaftlichen, technischen und sonstigen Wandels vergangen. Für eine über Jahre in klösterlicher Abgeschiedenheit täglich stundenlang zu praktizierende Meditation fehlt es – heute noch mehr als damals – zu vielen von jedermann/jedefrau an hinreichender Möglichkeit. Was jedoch meiner Überzeugung nach an Buddhas »Verschränkungsprinzip« angelehnt nach wie vor gilt, ist der Gesichtspunkt, wonach (grundsätzlich) jedermann/jedefrau Erleuchtung zu erfahren bzw. Weisheit zu aktivieren vermag. Wenn für Dögen „die schrankenlose, d. h. ungehinderte Weisheit kein fernes

---

[356] Scobel, Gert: a.a.O., S. 200

Ziel, sondern eine Wirklichkeit ist, zu der man ‚erwachen' kann"[357], hätten bei strikter Befolgung der Zazen-Richtlinie unter den Prämissen der heutigen Welt ebenso wenige wie seither die Chance, zur Weisheit zu erwachen. Ob nun Erleuchtung deren Vorstufe oder mit der Weisheit in enger Verbindung steht, sei dahingestellt und scheint mir lediglich von begrifflicher Relevanz zu sein. Wikipedia bezeichnet Erleuchtung als eine spirituelle Erfahrung, bei der ein Mensch realisiert, dass sein Alltagsbewusstsein überschritten ist und er eine dauerhafte Einsicht in eine – wie auch immer ausgeprägte – gesamtheitliche Wirklichkeit erlangt.[358] Die »moderne« Art, Erleuchtung und Weisheit zu erlangen, bedarf meines Erachtens keines Zazen- bzw. Meditationsvorbehalts. Traditionell heißt es, dass aus der unmittelbaren Erfahrung des meditativen „Nicht-Denkens", der Erleuchtung im Hier und Jetzt, die Weisheit resultiert.[359] Und „wenn Weisheit aufscheint, so offenbart sich das wahre Wesen. Wenn du die Trübung des Geistes überwinden willst, musst du das Denken an Gut und Böse aufgeben."[360]

Obwohl ich hin und wieder meditiere und in diesem Zustand das Nicht-Denken praktiziere, gelang es mir auch ohne intensives »richtiges Sitzen«, intuitiv zum Prinzip der Weisheit zu erwachen und die Weisheit zugleich intellektuell zu erfahren. Erleuchtung anhand intellektueller Erkenntnis lässt sich auch indirekt folgendem Passus entnehmen: „Nyojö trat hinter den Mönch und sagte laut: ‚Beim Zazen sind Körper und Geist abgefallen. Wieso schläfst du dann?' In diesem Moment wurde Dögen erleuchtet. Während er neben einem schlafenden Mönch meditierte, öffnete sich sein Geist. Seine Zweifel fielen ab."[361] Diese und meine Erfahrung untermauern meine Auffassung, dass grundsätzlich jeder Mensch von Natur aus latent fähig ist, weise zu denken, zu handeln und zu kommunizieren, bis er sich zur Aktivierung dieser angeborenen ultimativen Begabung, der aristotelischen

---

[357] Ebenda, S. 171 f.
[358] Vgl. https://de.wikipedia.org/wiki/Erleuchtung Stand: 11/2020
[359] Scobel, Gert: a.a.O., S. 203
[360] Ebenda, S. 189
[361] Ebenda, S. 199

eudaimonia (von einem guten Dämon geleitet, Glückseligkeit) ent-
schließt[362]: Die Bedeutung der griechischen Herkunft des Begriffs
»Eudämonie« lautet dudengemäß: eũ (= „wohl, gut, schön, reich")
und Dämon (= „dem Menschen innewohnende unheimliche Macht").
Weisheit entspricht somit einer dem Menschen innewohnenden unvergleichlich wohlwollenden Macht, die in der dritten Wissens-Dimension unerwünscht ist und mithilfe der Wissenheit zum Kennmal
der vierten avanciert. Die Deutung des *Homo sapiens* (vernunftbe-
gabter Mensch) als weiser Mensch ist euphemistisch, irreführend
und entbehrt jeder Grundlage. Der heutige Mensch ist bestenfalls ein
wissender Mensch (*Homo sciens*). Von Weisheit scheint er weiter
weg denn je zu sein. „Wissen ist der aktuelle Stand des Irrtums" (Volker Mann), Weisheit der aktuelle Stand der zeitlosen Erkenntnis. Wissen (Sehen, Gesehenes) ist wandelbar, man besitzt es vorübergehend, kann es vergessen. Von Weisheit (»-heit« bildet mit Adjektiven
und zweiten Partizipien die entsprechenden Substantive, die dann
einen Zustand, eine Beschaffenheit, Eigenschaft ausdrücken) ist man,
so man sie sich gönnt, zeitlebens unwiderruflich durchdrungen.

Meine vorstehenden Reflexionen stehen mit der Weisheitsforschung, die Weisheit analog meiner Herangehensweise möglichst aus
einer ganzheitlichen Panorama-Perspektive zu erfassen versucht, einerseits in Einklang, andererseits in gewissem Widerspruch. Letzterer
rekurriert auf die Unvereinbarkeit der Weisheit mit totalitären Strukturen. In diesem Zusammenhang wird argumentiert, dass die auf
„Maß, Mitte, Ausgleich und Ausgewogenheit" abstellende Weisheit
mit extremen Positionen und Gewalt in doppelter Hinsicht inkompa-
tibel sei. Weil es nicht nur dem Gewalttätigen, sondern auch demjenigen, der sie als gegeben hinnimmt, an Weisheit fehle. In totalitären
Systemen sei Moral gefragt und eine mithin „moralisch-ethisch frag-
würdige" Weisheit unangemessen: „Sich in einem totalitären Regime
‚weise' zu verhalten, bedeutet, quietistisch, fatalistisch, opportunis-
tisch zu sein. Es bedeutet, direkter Konfrontation auszuweichen, sich
den Umständen anzupassen und persönliches Risiko zu vermeiden.
Solches Verhalten kann dazu beitragen, perverse ‚Ordnungen' zu

---

[362] Vgl. S. 55 f. und 201

stärken und sie als gegeben und unabänderlich zu akzeptieren. Unter solchen Umständen ist vielleicht eine moralische Haltung wirkungsvoller als eine weise. Damit ist umrissen, [...] wo Weisheit vom ethischen Standpunkt her unmöglich ist."[363] Dies ist meines Erachtens eine unweise Ansicht. Weisheit ist nicht nur uneingeschränkt möglich, sondern gerade bei solchen Konstellationen besonders nötig: Denn Weisheit weiß, dass

- alles Sein (s)einen Sinn hat, d. h. alles so ist, wie es sein soll.

- aus ganzheitlicher Sicht Sein und Sinn identisch sind. Sowohl das Hilfszeitwort »sein«, woraus erst im Neuhochdeutschen das substantivierte Infinitiv »Sein« abgeleitet wurde, als auch das Nomen »Sinn« hießen im Alt- und Mittelhochdeutschen *sīn* bzw. *sin*.[364]

- wenn Sinn und Sein, wie es nicht nur die Etymologie nahelegt, identisch sind, der Sinn des Seins das Sein, der Sinn des Sinns das Sein und das Sein der Sinn von allem ist.

- im Umkehrschluss alles Sein einen Sinn oder alles Sinn hat, so wie es ist. Mithin nicht sein kann, was keinen Sinn hat.

- alles eins ist, wodurch Wertungen keine objektiven Tatsachen, sondern subjektive Ur~teile darstellen, die das kosmische Urganze nach den jeweils individuellen Vorstellungen (in vornehmlich »gut« und »schlecht«) teilen.

- wenn alles im Sinne der zwei Seiten einer Medaille eins ist, totalitäre Gefüge eine symptomatische systemimmanente Erscheinung sind, die ihren Sinn hat.

- Sinn zu haben nicht bedeutet, deshalb auch wünschenswert zu sein.

- Sinn zu haben bedeutet: wer ihn erkennt, kann sich dementsprechend weise verhalten.

---

[363] Rösing, Ina: *Weisheit*, S. 235 unter Verweis auf Aleida Assmann (*Wholesome knowledge: Concepts of wisdom in a historical and cross-cultural perspective*, Hillsdale 1994)
[364] Vgl. *Duden – Das Herkunftswörterbuch*, S. 753 u. 770

- was der Mensch wahrnimmt, insbesondere was ihn an seinen Wahrnehmungen stört, Spiegelungen dessen sind, das seines *Gnothi seauton* („Erkenne dich selbst") bedarf.

Deshalb weiß ein Weiser, dass weder ein moralisches Gerede noch Gehabe ein totalitäres System aus den Angeln zu heben vermag. Weil der Moralische den Sinn des ihm missliebigen Seins nicht erfasst hat, das ihm und den anderen von totalitären Strukturen unbehaglich Betroffenen spiegelt, sich selbst »totalitär« (intolerant, inhuman, willkürlich, gewalttätig, egoistisch, kompromisslos, undemokratisch) z. B. gegenüber Andersdenkenden, Anderskulturellen, Andersreligiösen, Tieren zu verhalten. Deshalb weiß ein Weiser, dass eine Änderung der ihm missfallenden äußeren Verhältnisse nur unter Beachtung der Goldenen Regel »Was du nicht willst, dass man dir tu', das füg' auch keinem and'ren zu« erreichbar ist in Verbindung mit dem Motto: „Ändere dich selbst und du veränderst die Welt!"[365]. Sich in einem totalitären Umfeld weise zu verhalten heißt daher mitnichten, sich der Unterdrückung passiv, schicksalsergeben und linientreu zu fügen, direkter Auseinandersetzung auszuweichen und persönliche Unannehmlichkeiten zu vermeiden. Ganz im Gegenteil. Weise versuchen nicht, sich unausweichlichen Lebenslagen zu widersetzen, sondern aktiv, empathisch und konstruktiv deren Sinn zu ermitteln und gerecht zu werden. Weise kämpfen nicht gegen Herausforderungen ihres Lebens, sie stellen sich ihnen. Sie wissen: Unvermeidliches bekämpfen zu wollen wäre ein Kampf gegen Windmühlen. Weisheit befähigt das Leben zu meistern und damit auch Lebenswidrigkeiten zu überwinden. Hingegen trifft es zu, dass sich Weise durch ihre Fähigkeit zur Adaptation an komplexe Anforderungen stets den jeweiligen Gegebenheiten anpassen – allerdings im Sinne der spezifischen Weisheitskompetenz im Umgang und in der Bewältigung von Lebensbelastungen und Anpassungsstörungen. In einem repressiven Milieu bleibt die gleichgewichtende Weisheit mithin weder passiv noch renitent. Sie leistet aktiven Widerstand, indem sie der Drangsal widersteht und das ihr zu deren Abwendung jeweils individuell sowie situ-

---

[365] www.rubikon.news/artikel/segensreicher-wandel Stand: 01/2021

ativ Mögliche unternimmt. Die Ansicht, ausgerechnet von Weisheits-forschern[366], dass Weisheit an bestimmte Bedingungen geknüpft ist, d. h. „in einer Welt, in der alles vorbestimmt, institutionell geregelt und kontrolliert" wird, in der „alle Dinge beliebig, zufällig oder unvor-hersehbar sind" und „wo wissenschaftliche, juristische oder ethische Gesetze vorherrschen", nicht existieren kann, halte ich daher für in-konsistent weisheitswidrig.

Da Weisheit kein theoretisches, sondern ein pragmatisches Instru-ment der Entscheidungshilfe darstellt, kann ich nicht umhin, gegen Ende der Abhandlung eine sophialogische Anregung zu unterbreiten: Besinnen wir uns, dass Johann Kössner im Zusammenhang mit dem epochalen »Corona«-Geschehen Entropie als eine Entwicklung ver-steht, die auf ihren Kulminationspunkt zuläuft, kollabiert und daher ihren seitherigen Lauf nicht weiter beibehalten kann. In diesem Fall scheint das Schlagwort »Neue Weltordnung« unabwendbare Rele-vanz erhalten zu haben. In der Soziologie wird die Entropie als ein Maß für den Grad der Ordnung bzw. Unordnung innerhalb eines so-zialen Systems begriffen, beispielsweise zur Beschreibung der sozia-len Ungleichheit. Die sozialwissenschaftliche Zusammenfassung lau-tet: „Entropie ist Informationsmangel."[367] Ich ergänze: Entropie ist Mangel an ausgewogener Information. Letzteres haben wir in diesem Schicksalsjahr 2020 seitens der Lei(d/t)medien bis zum Überdruss er-fahren. Die bildungssprachlichen Synonyme des Duden für »ausge-wogen« lauten nicht grundlos »salomonisch« und »sokratisch«, also weise. Der tiefere Sinn der Corona-Entropie liegt mithin meiner An-sicht nach darin, als Initialzündung für die Wissenschaft zu dienen, sich in die vierte Dimension des Wissens, zur weisheitsgeleiteten Wis-senheit aufzumachen.

---

[366] Baumann, Kai/Linden, Michael: *Weisheitskompetenzen und Weisheitstherapie*, S. 37 unter Verweis auf Aleida Assmann (1991).
[367] https://de.wikipedia.org/wiki/Entropie_(Sozialwissenschaften) Stand: 12/2020

„Der traurigste Aspekt derzeit ist, dass die Wissenschaft
schneller Wissen sammelt als die Gesellschaft Weisheit."

Isaac Asimov

VI. Weisheitstherapie

So bliebe zu guter Letzt nur noch darauf hinzuweisen, dass die Wissenschaft, die sich an die Erforschung der Weisheit herangewagt wagte, kürzlich die wohl kaum überraschende Erkenntnis gewann, dass Weisheit ein unnachahmlicher Resilienz- und Copingfaktor im Umgang mit belastenden Lebenslagen sei. Resilienz ist die Fähigkeit, schwierige Lebenssituationen ohne anhaltende Beeinträchtigung zu überstehen, Coping die Bewältigungsstrategie im Umgang mit problematischen Lebensereignissen wie Armut, Enttäuschung, Jobverlust, Krankheit, sozialen Auseinandersetzungen, Tod, Trennung u. Ä. Damit bestätigt die Wissenschaft erneut, dass Weisheit als Kompetenz im Umgang und der Bewältigung schwieriger Lebensfragen zu verstehen ist. Zudem fanden auch jene Forscher heraus, dass Weisheit lehr- und lernbar ist und entwickelten darauf aufbauend eine Weisheitstherapie zur Bewältigung von Belastungsereignissen[368]. Dieses unvergleichliche Therapiekonzept ist interessanterweise eins zu eins in den von meiner Frau und mir praktizierten weisheitsgeleiteten Ansatz integrierbar, den wir »Lebensmeis(t)erei« getauft haben. Wie das?

- Therapie wird zwar im Allgemeinen mit Patienten assoziiert, doch die Bedeutung des griechischen *therapeúein* heißt »dienen« und steht mithin letztlich in viel engerer Verbindung mit Klienten.

- Alle therapeutischen Module der Weisheitstherapie sind auf unsere die Persönlichkeit entwickelnden, die Problemlösungskompetenz fördernden sowie die Lebensqualität forcierenden Lebensmeisterei-Dienste nahtlos übertragbar.

---

[368] Baumann, Kai/Linden, Michael: a.a.O.

- Das zentrale Element der Weisheitstherapie stellt die Förderung weisheitsaktivierender Strategien und Denkansätze anhand eines Weisheitskompetenzen-Trainings dar. Dies setzt nicht nur die Kenntnis, sondern in erster Linie den Besitz dieser Kompetenzen auf Seiten der Therapeuten voraus, der in unserem Fall nicht zuletzt durch die forschende Beschäftigung mit dem Weisheitswesen vorhanden ist.

Die Kulturanthropologin Ina Rösing stellt am Ende ihrer Weisheitsstudie die Frage, ob wir die Weisheit brauchen und auch gebrauchen können, d. h. Verwendung für sie haben. Bevor sie darauf antwortet, stellt sie fest[369], dass Weisheit kein Wissen sei, das veraltet. Sie sei vielmehr eine bestimmte Art des Umgangs mit Wissen. Sie sei gerade das Wissen um die Grenzen des Wissens. Sie sei Wissen um viele verschiedene Perspektiven, um die Uneindeutigkeit der Realität, um die Kontextgebundenheit sogenannter Fakten. Weisheitliches Wissen unterscheide sich vom intellektuellen Wissen: Im Kontext von Intelligenz stehe die quantitative Anhäufung von Wissen im Vordergrund, während das weisheitliche Wissen prinzipiell auf Qualität setze. Letzterem gehe es um ein tieferes Verstehen grundlegender Phänomene (d. h. aus meiner Sicht um deren Sinn). Die Intelligenz stelle darauf ab, wie etwas zu erreichen sei, die Weisheit darauf, was man erreichen solle. Dem Intellekt sei die Bewältigung der Außenwelt und die Befreiung von äußerlichen Zwängen wichtig, der Weisheit die Meisterung der inneren Welt durch Befreiung von inneren Fesseln. Ziele des intellektuellen Denkens seien Sicherheit, Regelmäßigkeit und Voraussagbarkeit zur Zukunftsplanung, ein Wissen für den Umgang mit dem zu Erwartenden. Hingegen akzeptiere Weisheit Unsicherheit, Irregularität, Unvorhersehbarkeit und den Wandel. Sie interessiere, wie man mit dem Unerwarteten und Unbekannten umgeht. Der intellektuelle Zugang sei wissenschaftlich, theoretisch, abstrakt, abgelöst vom Inhalt, unemotional und unpersönlich; der weisheitliche angewandt, konkret, emotional-involviert, persönlich orientiert, spirituell, wertgetragen und sucht nach einer Integration von Form und Inhalt. Intellektuelle Orientierung trenne Subjekt und Objekt, während

---

369 Vgl. Rösing, Ina: a.a.O., S. 235 f.

sich Weisheit um deren Synthese bemüht. Der Intellekt versteht sich zuvorderst auf Linearität, Weisheit auf (ich ergänze: sinnthetische) Dialektik. Intellektuelles Wissen sei zeitabhängig, weisheitliches zeitlos. Intellektuelles Wissen sei fragmentiert und selektiv, weisheitliches integriert, ganzheitlich, holistisch. Intellektuelles Wissen basiere eher auf Kognition, wissenheitliches auf Intuition. Der Intellekt ist individualistisch, die Weisheit universalistisch-gemeinwohlorientiert. Und so gelangt Rösing zu der wenig überraschenden Schlussfolgerung: „Weisheit brauchen wir alle – Weisheit gepaart mit Leidenschaft. Offensichtlich brauchen wir ganz ungemein große Mengen an Weisheit."[370] Der schließe ich mich vorbehaltlos mit dem Schlusswort an: Am 14.12.2020 fand eine totale Sonnenfinsternis statt. Der bei einer totalen Sonnenfinsternis sichtbare Strahlenkranz der Sonne wird »Korona« (lateinisch *corona* = Kranz, Krone) genannt. „Jetzt beginnt die Zeit tatsächlich umzubrechen, jetzt brechen wir in diesem Monat in eine völlig neue Zeit auf. Die Zeitenwende beginnt mit einer totalen Sonnenfinsternis."[371] Offenbar hat die 14.12.2020-Korona tatsächlich eine Zeitenwende, den Aufbruch von der dritten, Wissen schaffenden, in die vierte, Weisheit fördernde Wissensdimension der Wissenheit eingeläutet. Dem Anschein nach bedarf die coronisierte Welt einer globalen Weisheitstherapie.

---

[370] Ebenda, S. 241 und 248

[371] Allgeier, Michael: *Die Sterne im Dezember 2020* auf www.youtube.com/watch?v=nHr4uunJ2q8&feature=youtu.be vom 22.11.2020, Stand: 12/2020

Literaturverzeichnis

Agud, Ana: *Wissen und Weisheit in der Philosophie der Upanischaden* in *Weisheit und Wissenschaft* von Tilman Borsche/Johann Kreuzer, S. 33-47, München 1995

al-Khalili, Jim: *Im Haus der Weisheit – Die arabischen Wissenschaften als Fundament unserer Kultur*, eBook, Frankfurt am Main 2011

Arifuku, Kogaku: *Was ist die Buddha-Natur? Anstelle der Frage: Was ist der Zenbuddhismus?* in *Weisheit und Wissenschaft* von Tilman Borsche/Johann Kreuzer, S. 69-86, München 1995

Assmann, Aleida: *Was ist Weisheit? Wegmarken in einem weiten Feld* in *Weisheit – Archäologie der literarischen Kommunikation III* von Aleida Assmann, S. 15-44, München 1991

Assmann, Aleida: *Weisheit und Alter* in *Weisheit und Wissenschaft* von Tilman Borsche/Johann Kreuzer, S. 237-253, München 1995

Assmann, Jan: *Weisheit, Schrift und Literatur im alten Ägypten* in *Weisheit – Archäologie der literarischen Kommunikation III* von Aleida Assmann, S.475-500, München 1991

Balmer, Hans Peter: *Weisheit der untröstliche Tröster – Der moralistische Diskurs* in *Weisheit – Archäologie der literarischen Kommunikation III* von Aleida Assmann, S. 525-536, München 1991

Baumann, Kai/**Linden**, Michael: *Weisheitskompetenzen und Weisheitstherapie – Die Bewältigung von Lebensbelastungen und Anpassungsstörungen*, Lengerich 2019

Bermeiser, Marion: *Lebensmeisterei – Persönliche Potenziale meisterhaft entwickeln*, in *Lebensmeisterei – Herausforderungen unserer Zeit meisterhaft begegnen* von Marion Bermeiser/Martin Bermeiser, Stuttgart 2019.

Bermeiser, Martin: *Václav Havels Reden – Aspekte einer holistischen Rhetorik*, Stuttgart 2017

Bermeiser, Martin: *Lebensmeisterei – Meisterhaft denken, handeln und kommunizieren* in *Lebensmeisterei – Herausforderungen unserer Zeit meisterhaft begegnen* von Marion Bermeiser/Martin Bermeiser, Stuttgart 2019

Berner, Rudi: *Auf ein Wort – Eine Reise zum Gipfel der Philosophie,* digitale Version, 2010

Borsche, Tilman: *Philosophie – Weisheit oder Wissenschaft?* in *Weisheit und Wissenschaft* von Tilman Borsche/Johann Kreuzer, S. 15-31, München 1995

Cancik, Hubert/**Cancik-Lindemaier**, Hildegard: *Senecas Konstruktion des Sapiens – Zur Sakralisierung der Rolle des Weisen im 1. Jh. n. Chr.* in *Weisheit – Archäologie der literarischen Kommunikation III* von Aleida Assmann, S. 205-222, München 1991

Duden – *Das Herkunftswörterbuch*, 4. Aufl., Mannheim 2006

Duden – *Das große Fremdwörterbuch*, 4. Aufl. Mannheim 2007 [CD-ROM]

Erdheim, Mario: *Psychoanalyse als moderne Form der Weisheit* in *Weisheit – Archäologie der literarischen Kommunikation III* von Aleida Assmann, S. 223-230, München 1991

Falkenburg, Brigitte: *Mythos Determinismus – Wieviel erklärt uns die Hirnforschung?* Berlin/Heidelberg 2012

Freisinger, Gisela Maria: *Innenansichten eines Chefs* in *manager magazin* 06/2014, S. 105-110

Gabriel, Markus: *Warum es die Welt nicht gibt, eBook,* Berlin 2013

Gabriel, Markus: *Ich ist nicht Gehirn – Philosophie des Geistes für das 21. Jahrhundert, eBook,* Berlin 2015

Gestmann, Michael: *Medienpsychologie: "Bad News are good news!",* in *tv diskurs* 2016: S. 40-41.

Girndt, Helmut: *Die negative Dialektik Platons und Nagarjunas* in *Weisheit und Wissenschaft* von Tilman Borsche/Johann Kreuzer, S. 49-67, München 1995

Gloy, Karen: *Von der Weisheit zur Wissenschaft – Eine Genealogie und Typologie der Wissensformen,* Freiburg/München 2007

Glück, Judith: *Weisheit – Die fünf Prinzipien des gelingenden Lebens,* , München 2016

Groys, Boris: *Weisheit als weibliches Weltprinzip – Die russische Sophiologie des Wladimir Solowjow* in *Weisheit – Archäologie der literarischen Kommunikation III* von Aleida Assmann, S. 345-354, München 1991

Hahn, Alois: *Zur Soziologie der Weisheit* in *Weisheit – Archäologie der literarischen Kommunikation III* von Aleida Assmann, S. 47-57, München 1991

Hauck, Wilhelm Albert: *Rudolf Sohm und Leo Tolstoi – Rechtsordnung und Gottesreich,* Heidelberg 1950

Hay, Jeanne: *Unser volles Potenzial als Mensch entfalten* in *Im Haus der Weisheit* von Christa Spannbauer, S. 49-66, München 2008

Heisenberg, Werner: *Über den anschaulichen Inhalt der quantenmechanischen Kinematik und Mechanik* in *Die Deutungen der Quantentheorie* von Kurt Baumann/Roman U. Sexl, S. 53-79, Wiesbaden 1984

Hölscher, Uvo: *Heraklit über göttliche und menschliche Weisheit* in *Weisheit – Archäologie der literarischen Kommunikation III* von Aleida Assmann, S. 73-80. München 1991

Hummel-Liljegren, Hermann: *Weisheit – eine Geisteshaltung: Guter Wille, Intuitive Einsicht, Praktische Vernunft,* Rosengarten bei Hamburg 2011

Hüther, Gerald/**Spannbauer**, Christa: *Wege zum Wir* in *Connectedness – Warum wir ein neues Weltbild brauchen* von Gerald Hüther/Christa Spannbauer, S. 7-13, Bern 2012

Joseph, Frank: *Lemurien,* Hanau 2013

Jullien, François: *Der Weise hängt an keiner Idee – Das Andere der Philosophie,* München 2001

Kaiser, Annette: *Der Weg führt durch das Feuer der Liebe* in *Im Haus der Weisheit* von Christa Spannbauer, S. 67-89, München 2008

Kaufmann, Eva-Maria: *Sokrates,* München 2000

Kiesewetter, Carl: *Die Geheimwissenschaften – Eine Kulturgeschichte der Esoterik,* Ansata Verlag 2003, Nachdruck der Ausgabe Leipzig 1895

Kittsteiner, Heinz-Dieter: *Über Weisheit, Kasuistik, Moralität und Geschichte* in *Weisheit – Archäologie der literarischen Kommunikation III* von Aleida Assmann, S. 513-524, München 1991

König, Siegfried: *Grundwissen Philosophie – Eine systematische Einführung,* eBook, 2013

Könneker, Carsten: *Wissenschaft kommunizieren – Ein Handbuch mit vielen praktischen Beispielen*, Heidelberg 2012

Kreuzer, Johann: *Weisheit bei Eriugena – Vom Nichtwissen Gottes* in *Weisheit und Wissenschaft* von Tilman Borsche/Johann Kreuzer, S. 97-114, München 1995

Kössner, Johann: *2020 – Eine globale Entropie*, Heidenreichstein 2020

Kuße, Holger: *Tolstoj und die Sprache der Weisheit,* Göttingen 2010

Lang, Bernhard: *Klugheit als Ethos und Weisheit als Beruf: Zur Lebenslehre im Alten Testament* in *Weisheit – Archäologie der literarischen Kommunikation III* von Aleida Assmann, S. 177-192, München 1991

Laotse: *Tao te king – Das Buch vom Sinn und Leben,* München 2006

Lauster, Peter: *Wege zur Gelassenheit – Souveränität durch innere Unabhängigkeit und Kraft,* Hamburg/Berlin 2007

Levine, Peter A.: *Sprache ohne Worte – Wie unser Körper Trauma verarbeitet und uns in die innere Balance zurückführt,* München 2010

Liessmann, Konrad Paul: *Theorie der Unbildung,* München 2011

Matting, Matthias: *Die faszinierende Welt der Quanten,* eBook, Passau 2014

Mc Taggart, Lynne: *Das Nullpunkt-Feld,* München 2007

Metzinger, Thomas: *Bewußtsein: Beiträge aus der Gegenwartsphilosophie*, Paderborn 1996

Müller, Alexander/**Blumenthal**, Erik: *Sinnergie: Die Seele lebt vom Sinn,* Rosenheim 1990

Müllern, Valentino:*Heilsame Wissenheit,* 1672

Pape, Helmut: *Weisheit, Wissenschaft und die kategoriale Struktur der Erfahrung bei C. S. Peirce* in *Weisheit und Wissenschaft* von Tilman Borsche/Johann Kreuzer, S. 139-169, München 1995

Pigliucci, Massimo: *Die Weisheit der Stoiker – Ein philosophischer Leitfaden für stürmische Zeiten*, eBook, München 2017

Pötter, Carsten: *LebensNetze – Motive und Wirkungen menschlichen Handelns*, eBook, Norderstedt 2015

Popper, Karl R.: *Alles im Leben ist Problemlösen – Über Erkenntnis, Geschichte und Politik,* München 2012,

Popper, Karl R.: *Auf der Suche nach einer besseren Welt,* München 2014

Raabe, Kristin: *Oma Hilde, Sokrates und der Dalai Lama – Was wir von weisen Menschen lernen können,* Reinbek bei Hamburg 2012

Rapp, Christof: *Metaphysik,* eBook, München 2016

Reinalter, Helmut: *Die Freimaurer,* München 2010

Rösing, Ina: *Weisheit – Meterware, Maßschneiderung, Missbrauch,* Kröning 2006

Russell, Peter: *Das Weltgehirn – Die nächste Stufe unserer Entwicklung* in *Eine Welt für alle – Visionen von globalem Bewußtsein* von Andreas Giger, *Rosenheim 1990*

Schmidt, Siegfried Johannes: *Weisheit oder <> in Weisheit – Archäologie der literarischen Kommunikation III* von Aleida Assmann, S. 555-563, München 1991

Schröder, Gerhart: *Weisheit und Gelächter – Zum Begriff der Weisheit in der frühen Neuzeit* in *Weisheit – Archäologie der literarischen Kommunikation III* von Aleida Assmann, S. 501-512. München 1991

Schüssler Fiorenza, Elisabeth: *Auf den Spuren der Weisheit – Weisheitstheologisches Urgestein* in *Auf den Spuren der Weisheit. Sophia – Wegweiserin für ein weibliches Gottesbild* von Verena Wodtke, S. 24-40, Freiburg im Breisgau 1991

Scobel, Gert: *Weisheit,* Köln 2008

Senf, Bernd: *Der Tanz um den Gewinn – Von der Besinnungslosigkeit zur Besinnung in der Ökonomie,* Kiel 2009

Spannbauer, Christa: *Im Haus der Weisheit – Spirituelle Lehrerinnen und Lehrer sprechen über ihre Visionen für unsere Zeit,* München 2008

Speer, Andreas: *Von der Wissenschaft zur Weisheit – Philosophie im Übergang bei Bonaventura* in *Weisheit und Wissenschaft* von Tilman Borsche/Johann Kreuzer, S. 115-127, München 1995

Spencer Brown, George: *Laws of Form,* Lübeck 1999

Sundermeier, Theo: *Der Mensch wird Mensch durch den Menschen – Weisheit in den afrikanischen Religionen* in *Weisheit – Archäologie der literarischen Kommunikation III* von Aleida Assmann, S. 117-129, München 1991

Thießen, Friedrich: *Einleitung/Zusammenfassung* in *Grenzen der Demokratie – Die gesellschaftliche Auseinandersetzung bei Großprojekten* von Friedrich Thießen, S. 9-24, Wiesbaden 2012

Thießen, Friedrich: *Manipulationen bei Großprojekten und ihre gesellschaftliche Funktion* in *Grenzen der Demokratie – Die gesellschaftliche Auseinandersetzung bei Großprojekten* von Friedrich Thießen, S. 50-62, Wiesbaden 2012

Tolstoj, Lev N.: *Чи мы?* in *1929 – 1958 Полное собрание сочинений в 90 томах* von Lev N. Tolstoj, S. 127-131, Moskau/Leningrad 1879

Tolstoj, Lev. N.: *Что такое искусство* in *1929 – 1958 Полное собрание сочинений в 90 томах* von Lev. N. Tolstoj, S. 27-203, Moskau/Leningrad 1897-1898

Tolstoj, Lev N.: *Что такое религия и в чём сущность её* in *1929 – 1958 Полное собрание сочинений в 90 томах* von Lev N. Tolstoj, S. 157-198, Moskau/Leningrad 1901-1902

Tolstoj, Lev N.: *Путь жизни* in *1929 – 1958 Полное собрание сочинений в 90 томах* von Lev. N. Tolstoj, Moskau/Leningrad 1910

Tugendhat, Ernst: *Aufsätze 1992-2000,* Berlin 2001

Villoldo, Alberto: *Die vier Einsichten – Weisheit, Macht und Gnade der Erdenwächter,* München 2008

Voigt, Dieter/**Meck**, Sabine: *Über Glück und Gelassenheit,* Kevelaer 2012

Wahl, Svenja: *Selbst- und weltbezogene Wissenskomponenten von Weisheit. Studie zur Konstruktvalidierung des Berliner Weisheitsmodells,* Hamburg 2000

Warnke, Ulrich: *Quantenphilosophie und Spiritualität – Der Schlüssel zu den Geheimnissen des menschlichen Seins, Berlin-München 2012*

Weiß, Anton: *Der trügerische Verstand,* eBook, 2013

Weiß, Anton: *Die große Ratlosigkeit – Fakten, Hintergründe und Lösungsansatz,* eBook, 2014.

Weizsäcker, Carl Friedrich von: *Zeit und Wissen,* München/Wien 1992

Wiehl, Reiner: *Weisheit und praktische Vernunft* in *Weisheit – Archäologie der literarischen Kommunikation III* von Aleida Assmann, S. 81-100, München 1991

Zeilinger, Anton: *Einsteins Schleier – Die neue Welt der Quantenphysik,* München 2005